首饰工艺完全指南
为首饰设计师呈现100+的技法详解

灵感工匠系列⑫

首饰工艺完全指南
为首饰设计师呈现100+的技法详解

[英] 阿纳斯塔西娅·扬　著

(Anastasia Young)

王　磊　译

上海科学技术出版社

目录

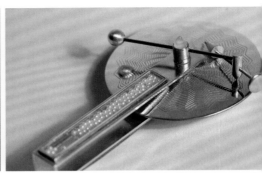

工艺
示范

工艺示范速查	页码
32　折弯成型：在轧片机上制作单折成型示范	138
33　折弯成型：锤击多重折叠成型示范	138
34　鞍形反翘手镯的制作示范	141
35　鞍形反翘弧面：开放形式示范	142
36　通过窝作冲头进行反翘锻造的示范	143
37　将工件固定在沥青碗上的示范	145
38　錾刻出轮廓线的示范	146
39　錾花锻造示范	147
40　实物冲压成型示范	149
41　液压冲压成型示范	150
42　阳模冲压成型示范	151
43　借助模具制作亚克力手镯的示范	153
44　雕刻戒指蜡模的示范	156
45　制作硫化橡胶模具示范	158
46　制作冷固化模具的示范	159
47　乌鱼骨铸造示范	161
48　翻砂铸造的示范	162
49　银黏土压模成型示范	164
50　聚酯树脂浇铸示范	166
51　水泥模制的示范	167
52　石膏铸形示范	168
53　天然材料的切割雕刻示范	170
54　在金属表面雕刻图案的示范	172
55　耳环挂钩制作的示范	175
56　桥连式耳环配件的制作	176
57　旋转式袖扣配件的制作示范	177
58　简单的胸针配件制作示范	178
59　铆接式胸针扣的制作示范	179
60　"S"形挂钩的制作示范	181
61　"T"形卡扣制作示范	182
62　管式卡扣	183
63　磁力卡扣的制作示范	184
64　弹簧扣的制作示范	185
65　基础环链的制作示范	187
66　锁子甲的制作示范	188
67　镂空装饰的连接示范	189
68　混合金属链的制作示范	190
69　为冲压成型的盒式挂坠制作铰链的示范	192

工艺示范速查	页码
70　轧片机轧印肌理的示范	195
71　用锤子、图章戳记和冲头制作肌理图案的示范	197
72　用氯化铁蚀刻黄铜的示范	199
73　用PnP胶蚀刻示范	200
74　耐蚀笔的应用示范	201
75　贝壳的蚀刻示范	202
76　安装雕刻刀的示范	204
77　肌理的雕刻示范	205
78　雕刻线条和文字的示范	206
79　表面处理示范	208
80　褶皱效果的创作示范	209
81　珠粒工艺装饰耳环的示范	210
82　锈蚀着色操作示范	212
83　硫酐溶液着色示范	213
84　顺铂（PLATINOL）着色示范	214
85　着色聚酯树脂示范	216
86　阳极氧化处理操作示范	218
87　箔片和金属粉末的应用示范	220
88　皮革轧花工艺示范	222
89　在银材上镂空嵌入贝壳的操作示范	224
90　木纹金属坯料的制作示范	226
91　木纹金属展现图层的示范	227
92　木纹金属的完成效果示范	228
93　混合材料的叠层示范	230
94　制备釉料的示范	232
95　反衬珐琅烧制的示范	233
96　金箔仿蛋白石效果袖扣的制作示范	234
97　掐丝珐琅工艺制作示范	236
98　蛋面宝石镶嵌示范	239
99　用锥形嵌框镶嵌刻面宝石的示范	241
100　爪镶刻面宝石的操作示范	243
101　齐顶镶的制作示范	245
102　钉镶示范	247
103　花式镶嵌切面宝石的示范	249
104　眼镜式镶嵌	250
105　用细绳或丝线打结的示范	255
106　用串珠线穿珠的示范	256
107　用PhotoShop优化图像	289

本书共分为5个章节，基本涵盖了首饰制作技艺的全部内容，以及首饰艺术的发展简史。

关于本书

珠宝首饰艺术简史（第12～25页）

珠宝首饰艺术简史，是对珠宝首饰制作历史的"暂停"与回顾，它展示了从史前到21世纪首饰艺术创作的过程、历史积淀和优秀代表。

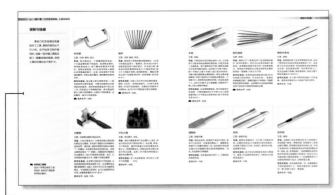

工作空间布局、工具和材料（第26～85页）

本章首先介绍如何布局工作空间，然后详细、全面地介绍制作工具，从简单手动工具到高级机器全部涵盖其中，包括为初学者提供的"专用工具包"购买指南，最后是对珠宝首饰制作材料的详细探索，从贵金属和宝石到"智能"塑料、古董纺织品及其他所有可能的物品。

工艺与技术（第86～271页）

本章包含了从穿孔、焊接和抛光等基础核心工艺，到技术含量更高的各类工艺技术（如铸造、石材镶嵌、蚀刻和珐琅等）。即使你将部分工艺委托给专业手工艺人，本书也提供了需要考量的主要技术参数。所涉及的每种技术都列在"工艺速查表"中，包含所有主要工艺和细分工艺的概览。

每种工艺介绍前给出"工艺速查表"，这样可以结合技术内容，轻松地查阅前后文。整个工艺与技术章节的内容都具有承上启下的关系，并配有工艺示范，通过清晰的步骤图和详细的说明来讲解。书中每一种工艺示范都有编号，可以通过目录页直接找到。

工艺速查表　　　　　工艺编号

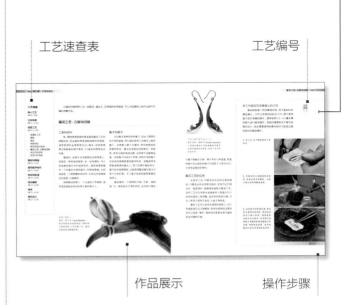

作品展示　　　　　操作步骤

设计（第272～283页）

本章介绍了整个设计过程，包括寻找灵感、创作草图到呈现设计思路的步骤，再到发掘设计作品的内涵和深入创作的过程。设计可能是受客户委托而进行的，也可能是系列作品中的一部分。

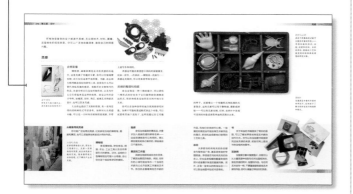

附录（第300～310页）

在这里你会发现完备的数据信息，包含宝石目录、宝石形状和工具形状介绍、单位转换表、标准的戒指圈口和对应尺寸、专业术语表等各类信息，可供参考。

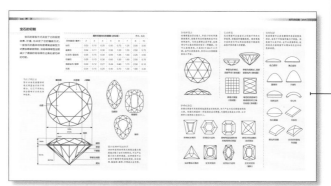

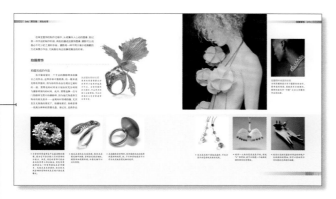

商业经营（第284～299页）

这一板块中，你可以学到经营自己作品的基础技能，包括如何拍摄作品照片和设计宣传材料。此外，你还可以了解如何建立网站、自己是哪类珠宝商、如何出售自己的作品，以及如何在画廊和展销会上展出作品。

作品展示

书中有许多来自世界各地的当代珠宝首饰艺术家的作品，它们都是被精心挑选出来的，不仅是为了展示书中描述的技术和工艺的可能性，更是为了传达当代首饰设计师创作的多样性和他们的多元思想。

珠宝首饰制作方面的健康和安全建议大多数属于常识,但仍有一些特殊规则应该遵守,尤其是在家里制作首饰的时候。

健康和安全

防护装备

一些关键的防护装备是必须购买的,每个工作室可以根据实际情况配备,珐琅工艺或铸造等技术则需要更为专业的设备。操作机械时,包括使用吊机,要佩戴护目镜。护目镜由防碎塑料制成,受到飞行物体或微粒的撞击时不会破碎,可以戴在眼镜上起保护效果。焊接时戴的护目镜可以防止眼睛干燥,对戴隐形眼镜的人也有好处。在进行有尘屑产生的操作时应佩戴防尘口罩,因为任何进入肺部的粉尘颗粒都有潜在危险。当使用会释放有害气体的化学品时,即使是在户外,也要佩戴口罩,这些化学品包括聚酯树脂、稀释的酸溶液等。橡胶、乳胶或乙烯基手套应作为防护腐蚀性化学品的屏障,隔热皮手套则用来防止手部遭受过度的热辐射。

防护装备在工具部分的末尾有更详细的描述,参见第64~66页。

使用机械设备的安全提示

高速旋转的机械(如抛光电机和钻头)如果使用不当,会很危险。使用旋转式机器时,应佩戴安全护目镜,并将宽松的衣物和头发系好。抛光时千万不要戴手套——如果需要保护手指,应使用皮革护指套。

抛光金属链时请确保始终在抛光桶中进行,不要使用吊机或抛光轮。如果在抛光时物体卡在了轮子里,必须马上松手,并关掉发动机,待机器停下之后再将其取出。

加热金属的安全提示

加热金属时,应该遵循采用有效的预防措施:使用气焊炬进行操作时,为保护工作台面,应始终在耐热表面进行相关操作。为防止

护目镜
使用抛光设备和钻头时,应佩戴安全护目镜。

防尘口罩
进行所有会产生尘埃粉末的操作时,都应佩戴好防尘口罩。

乳胶手套
处理化学品时应佩戴橡胶、乳胶或乙烯基手套。

皮手套
皮手套用来防止手被烫伤。

燃气泄漏,用完燃气后应关闭并拧紧气瓶阀门;如果连接焊炬和气瓶的胶管可能存在泄漏,可以在胶管表面涂肥皂液,观察是否有气泡出现,从而做出判断。点燃焊炬时,先将打火机靠近火炬头,再慢慢增加气体;点燃焊炬之后,务必把打火机存放在安全的地方,使其不会因为暴露在高温下而爆炸。烧制珐琅时,要佩戴防护手套以保护双手免受烫伤。不要长时间直视窑内,以免对眼睛造成伤害。操作熔融金属时要系上皮质围裙,以防液体金属溅出而灼伤。

使用及储存化学品

酸、盐、溶剂和黏合剂都是具有潜在健康风险的化学物质。在购买化学品时,一定要向供应商索要健康和安全数据表,并遵守使用和储存建议。某些化学品需要佩戴防护装置才能安全使用,如聚酯树脂和硝酸。在家里操作不要使用有毒化学物质,可以选择一些替代材料,如硝酸铁或环氧树脂等毒性较小且可行

的替代品。刺激性化学物质(如硫黄溶液)应该在室外使用,要远离敞开的窗户,还要注意风向。

理想情况下,化学品应储存在可上锁的金属柜中,并清楚地标明溶液的名称和配制日期。

用玻璃或塑料容器装盛化学溶液时,需要在一个大的塑料托盘上操作,这样可以阻隔化学物质溢出,保护木质桌面。

配制溶液时,必须向水中加酸(不可以反过来操作)。向水中加酸,溶液的浓度逐渐增大,而向酸中加水,则会引起危险的化学反应。

反复接触某些化学品会导致接触性皮炎,所以在接触化学品时,应佩戴防护手套。小苏打可以用来中和溢出的酸。在用大量的水彻底清洗被酸污染的区域之前,需要先用报纸将酸性物质吸收干净。此外,不要把化学品直接倒入下水道,因为许多化学物质有毒,会对水生生物造成伤害,有些还会腐蚀下水管道。

健康与安全小贴士

- 在通风良好的地方进行操作,以便操作时产生的灰尘或烟雾可以很快消散。
- 确保工作空间光线充足,适当的照明将有助于操作的准确性,并防止眼疲劳。
- 将长发束在脑后,并避免服装或首饰松脱,以免被设备缠住。
- 操作完成后,请迅速清理和整理化学品、工具和材料,因为锤击或其他操作产生的振动很容易使工具和容器从台面上掉落。
- 确保工作空间的地面没有可能导致绊倒或跌倒的物品。
- 尽快清理溢出的液体和灰尘。
- 不要让孩子或宠物进入工作间。
- 配备急救箱,以防轻微的割伤和烧伤。

警示标识

熟悉常用的危险标识(如下)是非常有必要的,因为这些标识常用来警告和提示所有可能发生在工作室的危险。

易燃

有腐蚀性

有毒的

氧化剂

易造成伤害

易爆炸的

珠宝首饰艺术简史

研究珠宝首饰的历史可以为首饰设计提供丰厚的历史底蕴和积淀，也可以为设计提供多元的灵感——形式、图案、结构和制作技巧，以及固定装置、配件和展示等。珠宝首饰有着悠久的历史，本章主要介绍其传统装饰功能之外的其他功能。

人类的祖先在设计、制作服装之前，就已经开始佩戴饰品了。随着服装的发展，饰品也与其同步发展了起来。佩戴首饰的历史可以追溯到现代人类行为的起源，这一事实表明佩戴饰品是一种本能。在当今社会，它作为一种文化概念，有着更为全面的发展。

创造和理解艺术是人类独有的能力，创造的冲动是古老的。正是这种冲动，至今仍然吸引着人们创造出形形色色的饰品，包括钟情的材质、技艺的挑战、项目完成后的喜悦和不可避免需要解决的问题。设计师们希望做出属于自己的设计，并通过这一具有挑战性的作品阐述自己的想法或表达自己的观点。一些设计师痴迷于珠宝的私人属性，佩戴者会因此对其格外珍爱，这给设计师带来的兴奋感可能和给佩戴者带来的感受一样强烈。

金质月牙形项圈
月牙形项圈是欧洲青铜时代早期的典型装饰。在爱尔兰和欧洲其他地区，特别是大不列颠岛区域都发现了许多月牙形项饰的实物。

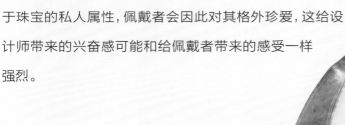

凯尔特风格的设计
凯尔特风格的装饰结合了原有的珠宝传统以及古日耳曼人和维京人的装饰风格，特别是动物装饰纹样方面表现得尤为突出。这种几何图案和动物纹样交织组合的独特风格，还被广泛应用于文身设计领域。

古代首饰

身体装饰

　　装饰是一个普遍的概念：地球上的每一种文化都找到了装饰的方式。珠宝饰品只是这种现象的一个方面。身体装饰包括文身、瘢痕装饰、身体穿孔、化妆以及本书专门论述的珠宝。这种对装饰的渴望影响了首饰制作的技术，并时刻驱动着它们不断发展。不同的文明和文化都发展出了自己独特的制作风格和技法，虽然它们被地理位置和时间所分隔，但始终使用着相似的材料。

金属之前的首饰

　　有证据表明首饰和人类一样古老，但是早期人类是如何制作首饰的呢？他们使用的材料是随手可得的贝壳、种子、动物牙齿和爪子以及石头等。他们通过在这些物体上打孔或刺穿最薄的部位来制作简单的串珠。早在石器时代（公元前9000—公元前4500年）就有了石雕技艺的发展，伴随着陶器和纺织技术的发展，石器在线条和表面处理工艺上达到了新的高度，但是这时的首饰除了能够雕刻出规则的形状进行装饰外，并没有太大的变化。

金属在首饰中的运用

　　几乎每一种金属，当它第一次被发现时，都是用来装饰人体的。除了最著名和最常用的首饰用金属——金和银外，许多其他金属也同样很早就被使用，并被运用至今。我们对这些金属的认识受16世纪中期探险家们在新大陆开矿的影响——在此之前，黄金和白银是稀缺资源，很难获得。开矿后，黄金和白银似乎取之不尽、用之不竭。因此，现在看来，这些金属曾经是那么珍贵，有些令人费解。

金属加工技术

　　在古代，工匠们制作专属于自己的简单工具很可能是一种普遍做法（这种做法今天仍然适用于专业工具），因此古代工匠使用的各种工具得以保存下来。早在古埃及金属加工的早期，人们就已经认识到退火的必要性。

　　金属丝加工技术是金属加工技术发展的一个重要标志：在古代珠宝首饰中发现了大量金属丝，它们被用来制作珠子、链子和表面装饰。

古代中东的珠宝技术

　　中东地区早期的珠宝首饰囊括了来源不同的多种元素，这些元素有的相隔几百英里（1英里≈1.61千米），其中颜色鲜艳的原材料是最受欢迎的，人们对这些原材料的需求基于公元前5000年之前存在的贸易网络的发展。最早的黄金首饰是在苏美尔乌尔城（今伊拉克的济加尔省）的皇家陵墓中发现的。苏美尔人具有

埃及胸饰
这是一件镶嵌着半宝石、费昂斯(faience,一种釉面陶瓷复合材料)、取自图坦卡蒙宝藏(约公元前1325年)的玻璃黄金胸饰,展示的是鹰头神荷鲁斯头上顶着一个太阳圆盘,象征着给予生命之光的力量。鹰的每只爪子都握住一个安卡(ankh,又译为安可架,源自埃及的一个神秘符号)——生命的象征。

高超的技术,金

工匠人遍布西亚、土耳其北部和希腊南部。到公元前1900年,珠宝首饰在埃及文化中扮演着重要的角色。大量的珠宝首饰之所以被保存下来,是因为在埃及的文化中,珠宝在与死亡有关的仪式中非常重要,有些珠宝首饰是专门为死者制作的。黄金是埃及人制作首饰的首选金属,他们很幸运,因为他们可以依靠自己国家以及更南方的黄金来满足这一需求。

埃及王朝首饰的特点是:具有丰富的色彩以及潜在的象征意义。紧扣领口的宽圆领(wesekh)胸饰项链是其最典型的形式之一,通常由圆柱形的珠子按照大小、颜色的顺序垂直排列,并用黄金间隔。在这些珠子的终端,一般用黄金打造的半圆形或猎鹰头形结构做扣环。圣甲虫是法老珠宝的常见主题,此外莲花和太阳神荷鲁斯之眼也是非常常见的题材。

希腊:青铜时代到古典时期

米诺斯人(公元前3650—公元前1100年)在希腊克里特岛繁衍生息,擅长金属制品和珠宝的设计制作。他们成功地掌握了金银丝、金珠粒和錾花技术。同时,他们也熟练地掌握了各种宝石的雕刻技艺,如玛瑙、碧玉、赤铁矿、玉髓和岩石晶体。迈锡尼人入侵并征服了米诺斯人,他们延续了当时珠宝创作传统的同时,又进一步发展了传统的古埃及印章戒指。在技艺方面,他们完善了彩色宝石的镶嵌工艺和简单的珐琅技艺以及精细链条的制作工艺。在古风和古典时期(公元前600—公元前300年),希腊工匠的创作受到了黄金稀缺的限制。而到了希腊化时期(公元前330—公元前27年),黄金的供应量空前充足——一方面通过在色雷斯开采矿石获得,另一方面也通过亚历山大大帝从波斯掠夺而来。由于领土扩张到了埃及和西亚的大部分地区,使得宝石供给的种类和数量不断丰富,珠宝技艺和设计影响力不断传播。缤纷色彩的引入(在单一物品中使用多种色彩)极大地改变了希腊珠宝的外

民族传统首饰

本书介绍的内容大部分集中在西方传统珠宝,本节的重点是非欧洲的、非西方的样式和技术。

非洲

饰品的佩戴是非洲大陆各种不同文化的共有特征。有机材料(骨头、毛发、木头、根茎、种子等)的使用是广泛存在并一直延续的古老传统。通过贸易和殖民所引进的新材料,特别是有色玻璃珠和精炼金属的使用大大提升了饰品的视觉效果。非洲珠宝也往往会因其对非传统材料的独特性和创造性使用而引人注目。比如:通过熔化旧容器和烹饪锅具来获得首饰里的铝材,马赛人将报纸卷进耳洞做成耳饰,用旧轮胎内胎的橡胶和浴室瓷砖的碎片做成项链等。

印度

印度的珠宝设计至少有5 000年的历史。印度珠宝的特点是与宗教、财富和健康有关。珠宝除了具有美化形象、象征地位、彰显尊严、储存财富和标志佩戴者身份的功能外,

观。那时的首饰以宝石切割、玻璃镶嵌和珐琅烧制为特色，刻有浮雕的宝石或贝壳也被嵌入首饰中。当时最流行的主题包括大力神赫拉克勒斯、双绳结造型等，缠绕在手臂或手指上的蛇是手镯（臂钏）和戒指的流行设计，以动物头部为装饰的耳环、链条和项链也极具特色。

伊特鲁里亚的珠宝首饰

早期伊特鲁里亚珠宝（公元前7—公元前5世纪）的特点是题材多元、技艺纯熟、种类繁多。这一时期首饰最显著的特点是使用了金珠粒工艺。晚期伊特鲁里亚珠宝（公元前400—公元前250年）的标志是表面装饰的转变，此时人们更喜欢在大片的黄金上运用錾花工艺创造出浮雕效果。这一时期以后的首饰受意大利南部希腊城市的影响，逐渐转变为希腊风格。

罗马

虽然早期的罗马珠宝首饰受希腊风格的影响，但它最终发展出了属于自己的独特风格。罗马珠宝的特点是有色宝石的运用、简洁的装饰和厚重的底托。大概是由于持续用黄金资助军事活动，早期的罗马珠宝存世量相对稀少。直到帝国时期（公元前27年以后），大

量的贵金属才被用于制作饰品。以凹雕和凸雕工艺为主要特征的贵金属制作持续发展，以蛇为主题的设计仍在持续。来自埃及的祖母绿、石榴石和来自印度的蓝宝石很受欢迎，来自波罗的海的琥珀和戒指上的原钻晶体也很珍贵。罗马人发展了精细的镂空雕刻技法（opus interrasile）和乌银工艺，为后续的拜占庭风格奠定了工艺基础。

拜占庭和中世纪

拜占庭

拜占庭帝国于330年在希腊城市拜占庭的基础上建立了君士坦丁堡。拜占庭帝国一直存在到1453年君士坦丁堡被奥斯曼帝国占领。君士坦丁堡是东西方贸易的集散地，也是象牙、宝石和珍珠的交易中心。它还受益于巴尔干半岛、小亚细亚和希腊的国内黄金资源。拜占庭帝国国力强盛，其影响力也巨大。拜占庭是封建等级制社会，珠宝和某些特定装饰的佩戴受到法律的严格约束——每个人都有权佩戴金戒指，但只有法庭和教会有权广泛使用黄金和宝石。

基督教的传播丰富了珠宝首饰的形式，如十字架吊坠、新的肖像类装饰以及高度发

罗马时期的耳坠（3—4世纪）
一副镶嵌有玻璃珠的金质耳坠。

在宗教仪式中还具有特殊的功能。对印度以外的许多人来说，莫卧儿风格的宝石、雕刻、錾花和珐琅是印度珠宝的典型形象。但事实上，印度不同地区的风格千差万别，而且还在不断发展。

美洲

在欧洲"发现"新大陆之前，美洲文明就已经繁荣

起来了。注重个人装饰是美洲所有古代民族的共同特征，但在被西班牙征服之后，只有在受西班牙殖民影响最小的地区，传统技艺才得以继续繁荣和发展。美洲的金属加工技术体系在其与欧洲人接触之前就已经建立起来了。阿兹特克人和玛雅人珍视玉石，并用它制作精美的浮雕。当地可利用的自然材

料也被使用，如羽毛、兽皮和骨头；贸易货物也被纳入其中，如珠子、金属、镜子和其他小饰品。

北美本土珠宝

很明显，早在与欧洲人接触之前，北美人就已经有了佩戴饰品的传统，这可以从早期旅行者对当地居民服饰的生动描述中体现出来。所采用

材料的广泛分布表明早在公元前5000年就有庞大的贸易网络。金属加工工具的获得和欧洲商品的引进，促使更多天然材料用于饰品组件的创作，并使本土的饰品式样得到了发展。新的材料，如玻璃珠、金属丝和非天然羽毛开始出现在饰品中。随着白银的广泛使用，金属加工在平原上生活的人们，特别是纳瓦霍人中间蓬勃发展。

罗马和拜占庭耳环

上：一枚罗马金箍耳环（2—3世纪），包镶了蛋面宝石，并进行了镂空饰边。

下：拜占庭新月形状的金耳环（6—7世纪），带有镂空和雕刻的装饰，融合了当时流行的拜占庭孔雀图案。

达的图形表现。罗马时期的秩序感和古典传统在基督教的肖像画中得以保存。在黄金器物的表面镶嵌宝石是当时的新风尚，使用乌银工艺以突出雕刻效果和增强与贵金属的色彩对比也是流行的技巧。早期拜占庭的珠宝以雕琢精细的镂空效果为特征。雕镂和錾花是当时的流行技术，有时也会将它们与透雕（opus interrasile）技术混用。罗马人对彩色宝石的喜爱是永恒不变的，并在此基础上增加了珐琅技艺。黄金掐丝珐琅首饰成为当时独具特色的标志性风格。雕刻的宝石（浮雕和凹雕工艺）也被广泛运用，肖像徽章和硬币上的图案也多采用雕刻工艺，题材通常是描绘一些宗教场景，如天使报喜节或基督对新婚夫妇的祝福等。

早期欧洲

欧洲最早的金属加工技术可以追溯到公元前4000年左右的巴尔干半岛，但随着多瑙河盆地周围新矿源的开发，这些技能似乎慢慢地在向西传播。到了公元前2000年，随着金属加工技术的不断引进，在青铜时代（公元前1800—公元前600年）出现了相对统一的样式——尽管不同地区的风格有所不同。中欧和北欧的首饰是独立于地中海地区发展的。

爱尔兰有丰富的冲积金矿，所以早在青铜时代就发展了金工技术。他们有两种典型的装饰：一种是缝在衣服上的、有中央十字架装饰的大徽章，另一种是月牙形的颈环。

在中欧，一种典型的首饰风格是使用金属丝螺旋形缠绕进行装饰造型。在爱尔兰、英国

和法国，人们会将十字形金属丝扭曲成长长的三维螺旋状戴在脖子或胳膊上。

凯尔特

凯尔特人在铁器时代统治了欧洲，并建立了一种独特的风格传统，这种风格贯穿于罗马时期及以后的欧洲部分地区，至今仍具有现实意义。有证据表明，早在公元前400年，凯尔特人的工匠就开始使用珐琅和镶嵌物。与凯尔特人最相关的珠宝是一种金属环（torc），这是男女战斗服装的重要组成部分。凯尔特珠宝本质上是功能性的（用来固定衣服），最普遍的形式是胸针。

日耳曼

日耳曼风尚在整个欧洲传播的原因可以归结为日耳曼雇佣兵在罗马帝国服务数量的巨增，以及4—5世纪日耳曼部落入侵并定居于西欧广大地区。之前的日耳曼人属于半游牧部落状态，虽然他们被希腊人和罗马人称为"野蛮人"，但他们的手工艺水平却很高超，他们的占领使前罗马传统得以繁荣发展。复杂的石榴石拼镶和珐琅运用是日耳曼珠宝饰品的主要特点。黄金是最受欢迎的金属，几何图案和动物造型装饰被广泛采用。早在8世纪早期，欧洲大部分地区就抛弃了异教将珠宝与死者一起埋葬的习俗，从此以后流传下来的珠宝很少。

维京人

维京人和日耳曼部落一样，从来没有受到罗马人的统治。他们的首饰与日耳曼部落类似，动物主题主导了维京人的饰品。他们将凸纹錾花和金银掐丝工艺结合，用以丰富铸造的基本形状。独特的是，他们发明了一种被称为"切屑"（chip-cutting）的装饰技艺，即用凿子在

十字架圣骨匣吊坠
由银、银镀金、红宝石、蓝宝石、石榴石和珍珠（1400—1500年，德国）制成的吊坠式圣骨匣，用于存放小型文物。它的背面有虔诚的图像，盖子上有十字架符号。吊坠式圣骨匣的装饰花纹可以是非宗教题材的，也可以是宗教题材的，它们既是为了冥想，也是出于珠宝装饰的需要。

金属表面进行切削,制造出能产生闪闪发光效果的刻面。这是对装饰元素的重要发展,因为他们的创作一般不使用宝石。大多数维京人的饰品是银制的,通常编织成项圈和手镯。

中世纪(5—15世纪)的珠宝饰品,除了其各种各样的装饰功能外,显示佩戴者的社会地位已经成为一个重要功能,有严格的禁奢法进行规定,此时期不同含义的纹章符号被广泛使用。珠宝首饰中使用的材料,其宗教、巫术和药用价值高于其内在价值。刻有铭文的珠宝——无论是宗教祈祷、巫术仪式,还是爱情格言——都很受欢迎。11世纪中期修道院的繁荣意味着虔诚的宗教珠宝首饰十分流行。

哥特式的影响

13世纪以后的珠宝首饰开始呈现出中世纪哥特式建筑中经常使用的形式和装饰,如大教堂窗饰中的四叶形、三叶形和纺锤形。这一时期的珠宝是由金匠创造的,他们同时也创造了各种各样的物品,包括器皿、餐具和教堂的盘子。虽然有非宗教和修道院的两种金匠,但大部分生产和加工都是在修道院内进行的,直到后来才有专门的讲习班。这些金匠经常把微型建筑形式融入他们的创作中,清晰的图案和线条取代了密集的表面细节。胸针仍然是佩戴最频繁的饰品,环形胸针最受欢迎。碟形胸针和集束式胸针结合了浮雕和凹版图案,由于宝石是按图案排列的,并点缀着人物、动物或龙的微小雕像,凸显了设计的形式感。后来哥特式风格的自然主义采用了新的浮雕(en ronde-bosse)技法,将珐琅应用于高浮雕的造型上,从而用珐琅镀金工艺创造出具有象征意义的作品。

古典的影响

类似这尊罗马武士雕像作品对文艺复兴时期的珠宝产生了巨大影响。文艺复兴时期的珠宝艺术被古希腊和罗马的文化、艺术和建筑深深吸引。

文艺复兴时期的革命

文艺复兴时期

文艺复兴时期的珠宝首饰受到了古希腊和古罗马文化艺术复兴的影响。古典建筑为首饰创作提供了灵感,当时的珠宝设计中大量使用了受其影响的装饰图案。这时期,历史和神话题材为雕刻提供了素材,源自自然的主题受到欢迎,尤其是新发现土地上的奇异动物。然而,基督教的意象仍然流行,除了圣经场景之外,其他的符号(包括动物)也被用来代表基督教的美德。最引人注目的宗教作品是"死亡纪念物"珠宝,它展示了死亡的意象,提醒人们死亡,并鼓励人们善良地生活。此外,海洋探险的灵感被塑造成加隆、海怪、美人鱼的形象,展现在珠宝首饰中。

15世纪末,由西班牙和葡萄牙赞助的航海活动极大地影响了宝石的贸易和可用于珠宝制造的贵金属数量。都铎王朝时期的亨利八世对珠宝的热情使得他拥有英国国王所拥有的最伟大的珠宝宝库。都铎王朝流行的图案是花押字体和纽结,这也被广泛运用于珠宝首饰的设计上。"王冠珠宝"的概念诞生于文艺复兴时期,当时法国国王弗朗西斯一世(Francis I)将王室的个人珠宝与后来成为王室传家宝的珠宝进行了区分。很快,其他君主也纷纷效仿。

文艺复兴时期的首饰以色彩鲜艳的珐琅、黄金和宝石为特色。浮雕和凹雕继续流行,宝石雕刻技艺达到了新的高度,成为一种备受推崇的欧洲艺术形式。这一时期的珠宝难以按地区加以区分。

30年的战争也许是文艺复兴时期许多珠宝丢失的原因。法国、荷兰、意大利和英国等国家都尽可能地利用各种资源来弥补这一损失。

巴洛克风格

　　17世纪的时尚向飘逸的丝绸面料转变意味着文艺复兴晚期僵硬的、紧绷的服装变得过时了,大型的礼仪珠宝展览也过时了。一种更柔和的风格出现了,珍珠越来越受欢迎,甚至有人为了满足需求而开始了人工生产。植物题材(尤其是花卉)最为典型,就像蝴蝶结一样。蝴蝶结源于文艺复兴时期用来将珠宝首饰固定在服装上的丝带,它们多采用对称的布局,以强调聚集的宝石。此时黄金制品的主导地位逐渐淡化,演变为首饰的基本框架或镶嵌宝石的基础。此时新的珐琅技艺出现了,特别是画珐琅技艺,有助于自然主义描绘植物主题以及呈现更为柔和的效果。

　　在战争和瘟疫的影响下,骷髅图案的运用一直流传至今,并且开始成为纪念某些人死亡而专门制作的首饰。17世纪中期的英国珠宝深受内战和清教主义的影响。1649年查理一世被处决后,人们制作了许多纪念珠宝(秘密佩戴或谨慎佩戴)。珠宝引起了清教徒的敌意,甚至连结婚戒指也遭到了蔑视(尽管它们仍被人佩戴),风格从朴素的金戒指到缤纷各异的珐琅和镶宝石戒指。

18世纪的首饰

　　这个世纪见证了宝石的兴起,人们开始区分白天和黑夜分别佩戴的珠宝。新兴的中产阶级在晚上进行娱乐活动,因此对能够产生光闪效果的珠宝需求大幅增加。腰带,作为系在腰间的一种装饰性皮带钩或带扣,其上悬挂着一系列的链条,并穿挂着一些常用家用物品,如剪刀、顶针、手表、钥匙等。宝石的衬垫(在宝石底面放置一层衬垫以增强其光泽)是一种创新发展。洛可可风格的出现和它流动的自然主义也影响了珠宝设计,不对称的珠

宝花束、曲线、叶子和羽毛等古典元素被广泛运用。

　　新古典元素出现于18世纪60年代,与自然主义的花束和丝带共存。浮雕和凹雕成为这种风格的主要元素,它们是用陶瓷和玻璃等替代材料制作,或者用珐琅制作。

钻石

　　1725年,巴西发现了一种新的钻石来源,这对18世纪的珠宝产生了深远的影响。钻石开采数量的增加和宝石切割工艺的革新使宝石更加夺目,镶嵌珠宝的底座也变得更加精致。这时珠宝首饰通常是由不同的单元组合

镶嵌宝石的蝴蝶结胸针
钻石和褐松石、石榴石镶嵌在银色和金色的卷叶托上,垂饰背面刻着花朵(1680—1700年,荷兰)。丝带的色彩是通过在宝石下面放置箔片来增强的。这种设计后来被称为塞维涅蝴蝶结胸针,人们对它的喜爱一直持续到18世纪以后。

维多利亚时代的石榴石胸针

在维多利亚时代（1837—1901年），石榴石被认为可以充沛血液，使佩戴者长寿、健康，并赋予佩戴者真理、恒心和信仰。在这一时期，石榴石首饰发展出了它的特色设计，与金属底托相比，密集的宝石主导了整件首饰。

而成，这些单元可以拆卸，并以不同的组合佩戴。此外，个头较大的珍贵宝石往往可以拆卸，使它们可以被装配到更多饰品上。用金箔等衬托来改变钻石的色彩也被实践，这种方式使钻石具有柔和的色彩。

18世纪的加工作坊

此时，珠宝行业已经变得结构清晰、组织有序。高度专业化的加工作坊已经发展起来（有学徒、熟练工和师傅），他们为零售珠宝商供货，这时大多数经销商已经不再在店铺里自己制作珠宝并预留大量存货了。

19世纪

19世纪，随着首饰加工机械化的出现和大规模生产的开始，珠宝首饰变得比以前更容易获得。这是一个伟大的工业发展和社会变革的时代，19世纪珠宝设计明显受到考古发现和民族主义的影响。国际展览，就像1851年在伦敦举行的"水晶宫博览会"一样，全面促进了艺术和技术的革新。到19世纪末，设计变革的思想在英国和欧洲大陆引发了两个新的运动——工艺美术运动和新艺术运动。随着蒂芙尼（Tiffany）等大型奢侈品公司的声名鹊起，美国走上了精致珠宝的国际舞台。

浪漫主义和民族主义

浪漫主义是对秩序和理性的一种反抗，这种秩序和理性是典型的古典主义，尤其是18世纪的新古典主义，它的特点是欣赏自然之美，关注民族、民族文化和民族起源。浪漫主义的一个重要思想是主张民族主义，这成了浪漫主义艺术的中心主题，对当时的珠宝首饰产生了深远的影响。随后出现了整个历史风格的复兴，如哥特式和文艺复兴风格的元素以及巴洛克和洛可可的自然主义形式，就像是民族试图确立自己的身份。

考古复兴风格

考古复兴风格的珠宝首饰往往是根据考古发现原样复制而来的，这就是它与早期新古典主义珠宝首饰的不同之处。这种风格的珠宝在19世纪60—80年代的知识分子中特别受欢迎，因为它为奢华且镶嵌有钻石的自然主义珠宝提供了一种陪衬。黄金是主要的材料，与珠宝首饰的古代起源保持一致——古代伊特鲁里亚人和希腊珠宝最有影响力。1897年，苏伊士运河开挖后，埃及的图案在巴黎展览会上很受欢迎。卡斯特拉尼家族的珠宝匠人是这种风格的先驱，他们的努力具有政治倾向：他们的特色是复制在意大利发现的古代经典物品，并用这一系列的珠宝来象征意大利的团结。巴黎的厄让·德丰特奈（Eugene Fontenay）没有传达这样的政治信息，他将不同时期的元素融合在一起，制作出极其优雅的珠宝，甚至还加入了经典作品中从未出现过的切割钻石。

美国

19世纪中期以前，几乎所有的西方珠宝都是在欧洲设计和制造的。现在，美国和澳大利亚在淘金热的推动下，也与欧洲专业的珠宝商一道在其主要城市落户并经营。

规模化生产

珠宝行业机械化加工的引入，见证了大量廉价首饰的批量生产。粘贴首饰，作为一种现象出现于18世纪，并发展成为一个成熟的服

自然主义项链

珠珠黄金项链（1835—1845年）

这是一款高端时尚的自然主义珠宝，它用珍珠模拟葡萄，配以金色的、绿色的"树叶"来诠释设计理念，并用彩色珐琅模仿自然的色彩，用金色的花纹或磨砂来模仿树皮和树叶，是很有代表性的自然主义作品。

饰行业。贵金属也无法逃脱机械化模式：先通过轧制机生产厚度均匀的黄金大板材，再将这些板材冲压成珠宝的零部件。过去制作金属链是一项费时费力的技术，现在由于使用专门的机器而变得效率极高。制作珠宝首饰所需的时间一般减少了2/3。然而，这一发展并没有得到普遍的欢迎，反而促进了人们对艺术首饰设计和传统手工艺的更大尊重。

廉价小饰品

维多利亚时代人们开始喜欢新奇和俏皮的小饰品。日常用品、车辆和宠物都被纳入设计，运动和狩猎也是重要的题材。在维多利亚时代，标本制作的狂热在珠宝首饰中得到了体现——珠宝首饰上镶嵌着珍奇的鸟头和色彩斑斓的昆虫。另一个特点是出现了可以运动的、由电力驱动的首饰或装饰品。

艺术和工艺

艺术珠宝被拉斐尔前派兄弟会所推崇，在19世纪70年代开始产生广泛的影响。他们对不同寻常的材料和手工制品的欣赏，为英国的工艺美术运动奠定了基础。在珠宝首饰行业，这是对机械化和大规模生产的反思。被遗忘

已久的手工技艺得到了复兴，尽管手工技艺和机器生产同样有用，但手工工匠仍然是至高无上的，而手工制品的生产被认为提供了创造性和令人满意的就业机会。这一运动以个体工匠为中心，因而在风格和生产方法上有很多变化。

20世纪

20世纪首饰的主要特点是出现了两种截然不同的发展方向——奢侈品珠宝公司的崛起以及个人设计师/艺术家/珠宝商的崛起。20世纪珠宝首饰替代材料的使用也有所增加，因为在此之前，首饰制作主要使用的是贵重和半贵重的材料。

装饰艺术运动风格

装饰艺术运动作为一种艺术思潮，在第一次世界大战爆发之前的1910年左右起源于巴黎。然而，它既没有立即取代新艺术运动，也不是一种特别针对新艺术运动的反应。许多个人和公司在不同的时间用不同的风格创作出了大量精美的作品，勒内·拉里克（Rene Lalique）就是这一时期最有代表性的艺术家。1925年的国际装饰艺术与工业博览会是这一时期具有重要意义的盛会，这种风格的名称就取自此次展会名称的缩写。装饰艺术运动风格借鉴了包豪斯、立体主义、帝国新古典主义、未来主义等其他现代主义思潮。

在第一次世界大战后，各个国家被迫实行通货紧缩政策，大量艺术创作在设计上也发生了彻底改变。装饰艺术首饰的特点是线性形式、程式化和抽象的几何图案。在这个"机械时代"，技术对艺术产生了巨大的影响，棱角和圆柱形的形状结合起来就像机器内部的工作构件。具有工业感的白色金属铂、钯和铑开

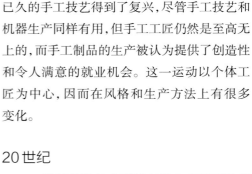

装饰艺术运动时期的胸针
卡地亚
抽象现代主义风格的爵士时代珠宝。这枚硬边几何形蝴蝶结胸针以卡地亚独特的模式（由两个相对的三角形构成），创造出完美的对称。卡地亚充分利用了金属铂的特性，使镶嵌的痕迹尽量隐匿，更让群镶的钻石尽可能闪耀夺目。

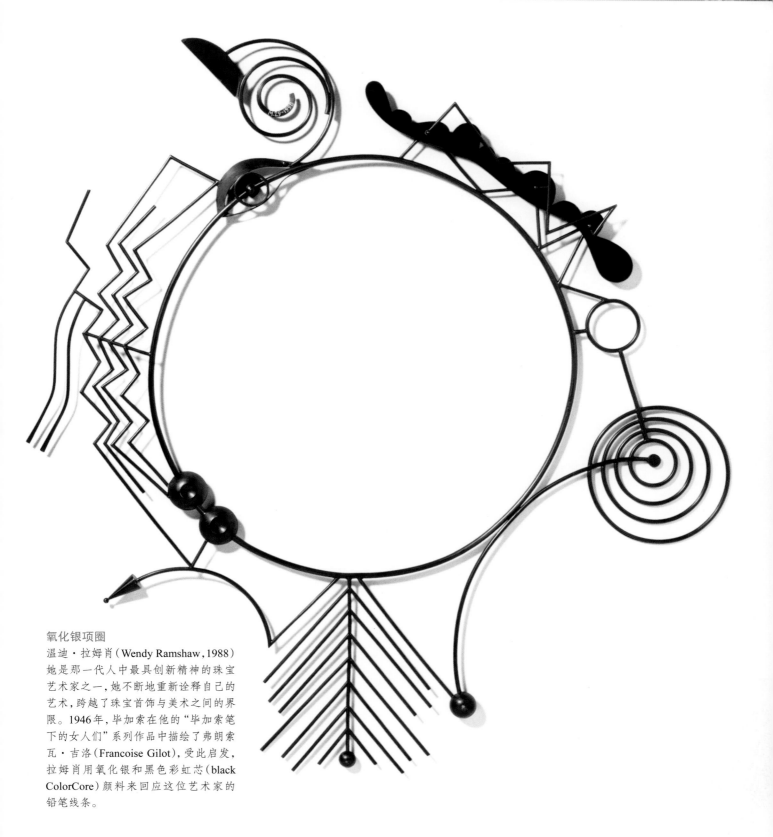

氧化银项圈

温迪·拉姆肖（Wendy Ramshaw，1988）

她是那一代人中最具创新精神的珠宝艺术家之一，她不断地重新诠释自己的艺术，跨越了珠宝首饰与美术之间的界限。1946年，毕加索在他的"毕加索笔下的女人们"系列作品中描绘了弗朗索瓦·吉洛（Francoise Gilot），受此启发，拉姆肖用氧化银和黑色彩虹芯（black ColorCore）颜料来回应这位艺术家的铅笔线条。

《二次组合》
菲丽珂·凡·德·李斯特（Felieke van der Leest，2008）
由塑料动物、氧化银和玻璃珠制成，这款项链的特色之一是将传统的金属加工技艺与现代塑料玩具进行了结合。

《疲惫》
斯科特·米勒（Scott Millar，2008）
将61枚由钢铁排气管制成的胸针组合成一件装置艺术作品，并展示了艺术家将胸针别在衣服上的一系列效果。

始作为珠宝金属出现在首饰舞台的中心。由于非洲新钻石来源的发现扩大了供应，钻石主宰了精美的珠宝。宝石以最小的线性形式或几何图案紧密地排列在一起，镶嵌在精致的白金或银色背景中。虽然精美的晚装珠宝几乎全是白色的，但大胆的色彩组合也存在，当时的许多首饰灵感也来自印度莫卧儿首饰、中国传统元素和"原始"的非洲艺术；此外，古埃及和阿兹特克文明也提供了灵感。通过建立一种充满异国情调的国际化方式，卡地亚和其他巴黎公司，如梵克雅宝、宝诗龙和梦宝星等品牌走在了珠宝装饰艺术设计的前沿。

人造材料的珠宝首饰

尽管人造材料的首饰源于普通人想要拥有富人专属的精美珠宝同款的愿望，但它在20世纪达到了一个新的高度，甚至连可可·香奈儿（Coco Chanel）和伊尔莎·斯奇培尔莉（Elsa Schiaparelli）的首席设计师让·史隆伯杰（Jean Schlumberger）也鼓励他们富有的客户穿着奢侈、夸张的奇异服装，并佩戴令人兴奋和富有想象力的饰品——不受宝石和材料束缚、创意天马行空的服装配饰。

20世纪60年代以来的珠宝

从20世纪60年代开始，在艺术学校接受专业培训的个体艺术家和设计师的增多，促成了珠宝行业发生的巨大变化。他们的想法更倾向于自我表达而不是商业利益，这与当时主流的国际豪华珠宝品牌恰恰相反。新的材料被广泛接受，原本传统首饰的形式和功能受到前所未有的挑战，首饰艺术家们试图探索和打破珠宝、雕塑、服装和表演艺术之间的界限。此时，制作首饰使用了很多新开发的材料，各门类的材料在饰品制作中都可能被运用，甚至使用废弃材料进行再创作。例如，纸张并不是一种新材料，但纸首饰可以说是一种全新的创造。这在当时首饰的发展中显然具有鲜明的时代感，从那时兴起的观念也在不断地影响着当代珠宝首饰的创作实践。

21世纪的珠宝首饰

以权威的语言来描写21世纪的首饰艺术是非常困难的，因为它实际上才刚刚开始。虽然可以做出预测，但没有人知道21世纪在社会变革、艺术和设计发展方面究竟会发生什么。我们已经清楚的是，在艺术和设计学科的所有媒介中，创造力都在惊人地激增。20世纪兴起的旧观念和教条正在受到挑战，最明显的变化之一是装饰重新回到了前台。计算机和制造技术的进步导致了新材料和生产方式的演进。尽管奢侈品牌的崛起是否会完全止步不前令人怀疑，但在工业革命效应的刺激下，奢侈品的概念已经从获得理想的消费品和服务转变为以体验为基础，包含时间、旅行和自我实现等主观感受的奢侈品。

在20世纪后期发生的"奢侈品"民主化之后，开始出现的是与实物有关的、更复杂的特殊性和排他性概念，它们围绕着产品起源（包括材料、制造方法）的新兴趣以及所涉及的工艺技术（无论是手工制作还是创新的计算机辅助制造）逐渐形成。

当代首饰艺术较好地融入了这些新的思维模式，自20世纪70年代以来，首饰已经朝着两个不同的方向发展。有些作品借鉴了金工艺人的传统技艺，并对首饰艺术的可穿戴性与"美"的内涵进行了独特诠释。作品创作语言更加抽象，有较强的信息表达能力或较强的形式感，并使作品与身体适应并展现出与身体的密切联系。与此相对的当代时尚首饰则是围绕着产品的时效性展开创作，并充分运用传播手段推广新的思想和灵感。然而，变化正在进行，这两种模式之间的交叉影响正在发生，来自艺术创作界的永恒、技术创新和文化相关性的概念正在被时尚首饰所吸纳，以获得更多思想性的投入。

艺术首饰工作室

艺术首饰工作室自20世纪60年代开始出现以来，不断发展壮大，吸引了更广泛的关注，并逐渐被认为是一种具有丰富理念和可能性的通俗艺术形式。虽然功能性仍然是许多设计师所关心的问题，但他们当今的创作中往往包括行为艺术和概念性思想。它被视为艺术设计创作的一个门类，就像是建筑、美术和其他一系列的应用艺术学科一样。在拥抱日益创新的技术、回归传统的手工技艺以及有机的装饰和形式之间，正在形成一种有趣的对话，围绕可持续性和可循环利用的实践展现出越来越多的问题，为许多当代从业者的珠宝创作提供了思路。工作室创作的主题和思维方式是多元的，除了对美学方面的关注，我们还可以看到与创作者文化身份、心理和记忆、存在主义思想以及价值观相关的思想表达。

活动的金盘戒指
伯娜丁·切尔瓦纳亚格姆
（Bernadine Chelvanayagam，
2009）
他将精美的18K黄金和白金半球铆接到戒指柄上，并内置一组可以自由移动的圆片。

第一章

工作空间布局、工具和材料

工作空间布局及工具

　　珠宝首饰设计师的首要需求就是一个坚实的工作台或工作桌, 既可以是临时"征用"的餐桌, 也可以是专门为珠宝制作定制的。无论用什么, 重要的是要考虑工作空间的布局, 除了要考虑制作首饰所需要的工具和设备, 更重要的是如何布局一个安全的工作场所。将来可能还会有更多工具逐渐将工作室填满, 需要将其细分为许多类别。本章包含了需要的所有工具的列表 —— 从简单的手工工具到复杂的机械部件。

初学者工具箱

　　选择购买的设备在某种程度上取决于你希望从事的工作类型。然而, 有一些工具是每个初级首饰设计师都必须具备的, 在后续的内容中, 这些工具将被标记上"初学者工具箱"字样及图标。

　　无论在条案上固定一个台塞，还是要改造一个闲置的房间，抑或租用专门的工作室，找到适合的工作空间是第一步。本节介绍创建小型工作室的一些基本要求，设计师可以在这里进行创作和加工。

打造一个小型工作室

工作室的家具

　　许多手工艺人最初都是在条案型工作台上工作的，并在条案上固定一个台塞。这对于开展一般的手工操作来说已足够，但是想要开展更多的工艺或技术操作时，可能需要更具体的设备和设施。

　　除了珠宝设计师的工作台之外，还要为焊接和加热区域分配专门的空间，并为操作化学品、工具存储以及固定设备（如虎钳、轧机或台钻等）预留专门的区域。

　　在工作室内安装水槽是非常重要的，在此区域内，应该留出使用酸液和其他化学制品的位置。

　　工作台面可以由厚的、超大的木板制成，木板的一侧应牢牢地固定在墙上，另一侧有支撑腿。需要强调的是，工作室所有家具的结构一定要牢固且安全，通常应通过固定到地板或墙壁上来实现。在工作实践中，独立的家具更易受到震动的影响，因而使加工过程的噪声更大，精度也会降低很多。震动还会将工具从台面上震落。在轧片机和台钳等重型设备下需要适当增加支撑腿，以实现更好的固定效果。

　　树桩可以很好地吸收锤击的噪声，可以对其进行调整，确保树桩处于合适的工作高度，

打造一个工作空间
带虎钳、工具架和角灯的通用工作台。

钻头和剪刀
常用的工具和设备（如钻头和剪刀）可以放在手边的小金属抽屉里或挂在架子的挂钩上。

以便放置、安装一些小工具。

工作台面的高度至关重要——工作台面、设备过高或过低，都会导致健康问题。良好的通风也很重要，以消除粉尘和低浓度的化学烟雾，但危险化学品只能在通风橱或室外使用。

工具的收纳

首饰工作室的布局取决于个人的工作类型，因为不同工作类型下经常使用的工具将决定布局方案。工作台下的金属抽屉用于存放小型工具和设备，如锯条、钻头、砂纸和木棍。钳子、锤子和木槌之类的工具可以放在架子上，这样可以很容易地选择和取用它们。墙壁四周的架子可以用来存放书籍、盒子和其他物品，还可以开辟一个空间并在此设置挂钩，将一些工具或材料挂在此处。

设置焊接区域

焊接和加热的工作台表面必须有能充分隔热的耐火层，以保护台面下的部分。虽然在小型焊接作业中，工作台面上的耐火层可以起到隔热作用，但仍建议为大型作业预留一个特定的加热区域，如在隔热层上铺设一层耐火砖，并用更多的耐火砖围砌成墙，使加热大型物体时效率更高（因为热量会被反射），值得注意的是，要确保加热区域通风良好。虽然在焊

焊接区域
对于小型焊接作业，一个耐火盘就足够了，但是对于较大的工件，需要用耐火砖和隔热垫设置一个专门的焊接区域。

接和加热过程中通风会对火焰产生一些不利影响，但这些过程会释放有害烟雾，最好在进行相关操作时打开窗户。此外，还需要定期对加热区域进行吸尘处理，以清除耐火层上的粉尘和助焊剂以及从加热的金属表面剥落下来的氧化物。

首饰设计师的打金台

打金台可以说是所有首饰设计师最重要的一件装备，它为各种操作提供了坚实的工作表面，还能够进行精确的操作和工具的存储。你可以以相对便宜的价格买到自行组装的板式打金台，但它们的质量不如手工制作的实木打金台。传统上，手工制作的打金台由山毛榉木制成，经久耐用。

传统珠宝设计师的工作台由大约2英寸（1英寸≈2.54厘米）厚的实木制成。工作台的一侧被牢牢地固定在墙上，或底端被牢牢地固定在坚实的地板上。工作台的前缘挖掉一个"半圆"，"半圆"下面挂一张"皮革"，用来收集金属屑和粉尘。理想情况下，木制表面应该用上光蜡密封，可以防止金属屑穿透表面，还很容易清洗和维护，但需定期上蜡。当然，也可刷漆或用塑料表面代替木制台面，但这些表面不耐高温，不适合用作焊接工作。

工作台的表面大约高3英尺（1英尺≈30.48厘米），往往比普通桌面高，目的是方便设计师操作工具。特别是珠宝设计师在使用锯割工具的时候，能够更清楚地看到操作区域。当设计师坐在工作台前保持上身直立时，工作台面应与其前胸中部水平。可调节高度的椅子是最理想的选择——某些操作需要比其他操作坐得更高。此外，当你坐着的时候，需要确保背部得到了正确的支撑——肩膀会很快让你知道椅子的高度是否合适。

工作台需要充足的光线和直接的照明，

将可调节亮度的阅读灯夹在工作台的左后角（适合习惯右手操作的人）是理想的选择。

　　柔性轴电机（吊机）一般安装在工作台的右侧，可以安装在工作台的支架上，也可以悬挂在工作台上墙面的挂钩上。小型虎钳台，可以固定到工作台上，以帮助固定被加工的物体或工具。锉刀、钳子和锯架通常放在工作台面上或工作台周围，这样就可以很容易地取用它们。

台塞

　　工作台塞用于稳定和支撑工件，并位于弧形切割段的中心。台塞为楔状，一侧倾斜，一侧平坦。通常将工作台塞倾斜的一侧朝上安装，更方便收集和清理。台塞可以用钉子紧紧地钉住，也可以用螺母拧紧固定，以便于翻转。许多人还会在工作台的左边另外固定一个台塞，这个台塞是平的，使用珠宝锯时，这种平面

台塞更方便。台塞还应该适合具体需求：切割出一个"V"形的豁口，在操作时工件将获得更多的支撑和有效的固定。

　　具体操作时，用手将工件按压在台塞上以支撑和固定它，这样就可以准确地施加更大的压力，比没有支撑时能更有效地利用能量。

　　使用完工具后，请将它们放好，并定期清理工作台表面，尤其在使用不同材料后。不同金属粉末应单独存放；这些金属可以在熔炼后和其他废金属一样被回收利用。

台塞
台塞是一种必不可少的装置，可以用虎钳或螺母将其固定在工作台上，这取决于是否有专用工作台。

首饰设计师的工作台
将椅子摆好，你就有机会把需要的一切都安排妥当。

锯割与锉磨

像锉刀和珠宝锯这类基础手工工具，是制作首饰必不可少的。在开始学习制作首饰时，准备一些关键工具就足够了，随着技能的提高，使用工具的范围也会不断扩大。

珠宝锯

工艺： 切割、镂线、镂空。

用途： 珠宝锯是由一个弹簧钢框架连接一个木制或塑料把手构成的。框架略有弹性，利用框架的张力，两个螺母将锯条牢牢固定。框架比较轻盈，可以在很多材料上锯割出非常精确的细节。注意，切勿用钳子拧两端的螺母，否则会损坏螺纹，缩短螺母的使用寿命。

型号及类别： 珠宝锯主要有两种类型——固定框架和可调节框架。可调节的框架允许使用较短的锯条。较深的框架锯适用于较大的工件，但较重且不易精确控制。珠宝锯通常配以几种不同的螺母，以固定不同的锯条；这些螺母一般可以单独替换。

 技术水平： 初级。

锯条

工艺： 切割、镂线、穿孔。

用途： 锯条用于首饰的锯切割或镂空。2/0型号的锯条适用于一般操作，而4/0或5/0型号的锯条更适合于制作细节。作为设计师，锯条最有效的锯割厚度是2.5个锯齿厚度（较大尺寸的锯片更厚，齿间距更宽）。螺旋式锯齿应用于切割软质材料，如首饰蜡（参见第90页）。

型号及类别： 市场上有许多不同品牌的锯条、锯线，它们有一系列标准型号。4/0型号是最粗的，8/0型号是最细的。经硬化后的锯条可切割铂金，还可以对不锈钢进行镂空和锯割。

 技术水平： 初级。

切管器

工艺： 切割管或圆杆型的材料。

用途： 小的台钳是为了方便使用珠宝锯切割时固定住金属管，并有助于锯割出许多相同长度的短管。操作前，请将切管器支撑在台塞的"V"形槽处，并设置好管材的切割长度。再将金属管放置在"V"形槽上，用操纵杆拧紧固定住金属管后，用左手拇指将其按紧。然后，以切管器的间隙为引导，用锯子切割金属管。

型号及类别： 有多种不同的设计可供选择，比如单纯的固定装置或割管刀具。在金属管或金属杆被锯割时，这些工具和刀具可以安全地将其固定。与坑铁配合使用时，也可以起到同样的作用，还能确保截面为90°或45°。

技术水平： 初级、中级。

冲孔片模

工艺： 冲压圆片、冲孔。

用途： 冲孔片模最常用于在金属片上冲孔，但也可用在许多不同的材料上，如金属、纸张、卡片和皮革。操作时将退火后的金属放在孔眼之上，用虎钳固定后，用相应的冲头锤击或强行穿过金属。这些工具不能为厚度超过1毫米的金属冲孔。

型号及类别： 该工具成套使用，冲头的大小型号与其窝槽一一对应。

技术水平： 初级。

 初学者工具箱
当这个符号出现在工具旁边时，表示该工具应是初学者必备的。

手锉

工艺：锉削。

用途：手锉是珠宝设计师必备的工具，它们被用于去除多余的金属和打磨表面，以便为其他工艺做准备。锉刀通常没有手柄，需要单独购买并在使用前安装好，这样锉刀才便于操作，拆下手柄后又便于对锉刀进行保存和养护。当锉刀被向前锉磨金属表面时，部分金属会被锉磨掉，但锉刀退回时不会锉削金属表面。不用锉刀时，需要将其放置在织物工具包里或架子上，这样它们就不会互相碰撞，还能保持干燥，以防生锈损坏锉齿。

型号及类别：有多种锉磨强度、型号和造型可供选择。半圆形截面的0号手锉以及小范围磋磨用的2号手锉是比较常用的（锉刀形状参见第309页）。

🧰 **技术水平**：初级。

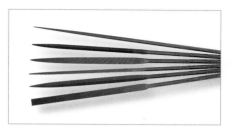

整形细锉

工艺：锉削。

用途：细锉比手工锉更适用于复杂精细的操作，因为针锉更小，而且可以在更多情境下被使用。高质量的细锉非常昂贵，但却值得购买。首饰设计师通常会为黄金或铝等金属单独准备一套细锉，以防交叉污染。

型号及类别：各种类型的细锉参见第309页中的锉刀形状列表。作为初学者，一套便宜的细锉就足够了，随着技能水平的提高，可能需要更多种类的细锉。由较硬的合金制成的细锉适用于铂金和不锈钢等坚硬的金属。

🧰 **技术水平**：初级。

精密钟表锉

工艺：锉削。

用途：制表师的锉刀是非常精细的针锉，适用于狭窄的空间或非常复杂细致的工作。这些锉刀往往齿纹细密，因此锉削形成的表面较为光滑。收拾整理这种工具时要非常小心，因为这些锉刀很薄，很容易损坏，因此尽量不要给其施加太大的压力。

型号及类别：有几种不同形状的锉刀可供选择。通常齿纹粗度为6号的锉刀最为常用。

技术水平：中级。

缝隙锉

工艺：锉磨凹槽。

用途：整体呈矩形，较宽的平面是平滑的，锉齿只分布在有一定弧度的侧边上。缝隙锉是锉磨平行沟槽的理想工具，如在制作和处理金属合页的缝隙时就会使用到缝隙锉。因此，其也被称为焊缝锉。

型号及类别：有标准的型号和尺寸，与薄砂轮的效果类似。

技术水平：中级。

曲锉

工艺：锉削凹面。

用途：曲锉有弯曲的头，可以锉入凹陷的表面，金属的表面也不会被锉尖划伤或损坏。这些锉刀都是双头的，有短的、锥形的尖端，造型基本类似。

型号及类别：锉刀依齿纹粗细有很多不同型号。通常2号是最常用的型号，当然也可以找到其他型号。

技术水平：中级。

金刚锉

工艺：锉削。

用途：金刚砂（此处指氧化铝为主材的刚玉类金刚砂）锉是一种整形锉，其表面有工业级金刚石颗粒，因而磨料表面具有耐久性，可用于各种材料（从硬度较低的材料到坚硬的材料，如钢、铂、钛和玻璃）。虽然像塑料这样的软材料碎屑会填塞锉刀的齿纹，但是它们比传统的锉刀更容易清洗——注意需使用专门的清洗溶剂而不是水，否则容易生锈。

型号及类别：和其他整形锉一样，金刚锉拥有不同的造型和大小。粘贴有碳化硅（金刚砂的一种）的锉刀是另一种选择。

技术水平：初级。

标记与测量

首饰设计师需要一些工具来精确标记和测量组件。对于精密制造来说，零件的尺寸是很重要的，否则它们将不能顺利地装配在一起，而且在操作中，需要随时知道钻头或其他工具的准确尺寸。还有一些工具是为了快速准确地测量戒指、手镯、手指和手腕的尺寸。

钢尺

工艺： 测量、校验精度、画直线。

用途： 为了准确地在金属上做出标记，钢尺通常与划线器或分度器一起配合使用，一旦测量出准确的位置，划线器或分度器就会被用来在金属上做出标记。尺子也可以帮助标记工具画出直线。

型号及类别： 通常有英制和米制两种比例尺，长度一般为6英寸或12英寸。一些标尺的反面有实用的换算表。

📦 **技术水平：** 初级。

直角尺

工艺： 打标、测量、校验精度。

用途： 测量精度高，可配合划线器在金属上画线。直角尺对于检查直角的准确性非常实用：将直角尺立起来，让被测量金属的基准边贴合住直角尺的厚边，让被测金属的另一条边尽可能贴近直角尺较薄的边缘。如果能看到金属和直角尺之间有光线透过，那么这个角度就不是直角。

型号及类别： 直角尺有多种尺寸可供选择，通常决定于所制作物体的大小。

📦 **技术水平：** 初级。

划线笔

工艺： 标记。

用途： 通常与钢尺或直角尺结合使用，用于精确地标记测量值。设计师可能需要不时地重新打磨，以保持其尖端的锋利。设计师们也可以用其在金属上徒手画出图案或标记，为精细穿孔或雕刻做准备。

型号及类别： 划线器通常有三种类型。一种是一端平直、一端尖，并有带纹理的手柄；另一种是双头的，一端是直头，一端是弯头；第三种是划线器和抛光钢压笔的组合。

📦 **技术水平：** 初级。

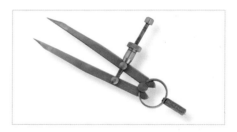

分度规

工艺： 在金属上做标记、分度、画圆。

用途： 分度规通常用于标记标准的圆、同心圆以及寻找圆心、标记起始点与终端等。另一种用途是为金属片做平行线条标记。如果使用后不调整分度器，则可以重复使用相同的测量值。分度器也用于在蜡环管上标记平行间隔，使精确切割更容易。

型号及类别： 分度规有不同的大小，并可以进行适当的数值调整。分度器的"腿"可以向外弯曲，用以标记内部的空间；调整合适的角度还可以精确地标记垂直表面。

📦 **技术水平：** 初级。

📦 **初学者工具箱**
当这个符号出现在工具旁边时，表示该工具是初学者必备的。

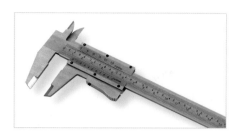

游标卡尺

工艺： 内外尺寸的精确测量。

用途： 用于测量金属片的厚度和棒材（或钻头）的直径。将被测物体置于量规的夹口之间，再将夹口滑动收紧至可以紧密地卡住物体。然后从刻度上读出测量值。内部尺寸可以通过卡尺顶部突出的钳口来测量。

型号及类别： 钢质的卡尺比塑料卡尺更精确，但也更贵。在滑动方式、数字显示器和固定旋钮方面有几种不同的款式可以选择。大多数卡尺上都有英制和米制两种标注。

技术水平： 初级。

中心冲

工艺： 确定即将钻孔的中心点，进行冲压定位。

用途： 使用通用金属锤轻敲中心冲，就可以在金属表面形成一个导向标记。钻孔时，将钻头卡进去可以防止钻头打滑。中心冲形成的点不同于划线器的点，它会深得多。也可以在不同点位敲击中心冲，从而在金属表面"积点成线"，形成图案。

型号及类别： 有两种类型的中心冲，一种需要用锤子敲打，另一种是弹簧加载的自动中心冲头，可以调节以改变其工作时的冲击力。

技术水平： 初级。

划槽器

工艺： 在折叠前为金属进行刻痕或创造装饰性的线条。

用途： 要在金属上形成尖锐的棱角或褶皱，必须预先将部分金属从褶皱的内部移除。这就要用到划槽器，当笔尖沿着金属表面拖动时，划槽器就会刻出一条金属槽。其通常需要一把钢尺作为导轨，以确保直线切割。

型号及类别： 划槽器的起始点有的是固定的，有的可以调整，但通常都会配置木制把手。可以将自己的旧锉刀最后1厘米折弯并磨尖，自制一个划槽装置。

技术水平： 中级。

戒指圈与戒指棒

工艺： 测量戒指的圈口，以确定戒指的大小。

用途： 戒指圈是一系列环，并标有尺寸。这些圈可以直接戴在手指上，测量手指粗细。但是戒指的宽度会影响它所需的圈口尺寸，因而佩戴较宽的戒指时，应该选择更大的圈口，以适应关节活动。戒指棒上有不同的尺寸标号，这样戒指可以套在其上，并在卡住的位置读出数值。

型号及类别： 有些戒指圈还有很多不同造型，以提供更精确的测量（如"D"形或窄边的）。它们要么与普通类型的戒指圈串在一个环上，要么单独出售。有些套装包括半号的尺寸。塑料戒指圈和卡纸圈口模板虽也可用，但并不准确。带尺寸标号的戒指棒通常由钢或铝制成。

技术水平： 初级。

手围测量尺（厄度圈）

工艺： 测量手或手镯的尺寸。

用途： 手围测量尺是一种一端有卡针的金属片，并带有一系列孔洞，可以将其固定在一个特定的直径上。它可以用来模拟手镯，套在手上测量直径，必要时随时进行调整。这些测量尺上标有刻度，可以指示出所选直径的周长。木质手镯棒用于测量成品手镯的尺寸，并可以通过刻度标记内径尺寸。

型号及类别： 有两种基本的手围测量尺，一种用于测量手，另一种用于测量手镯。

技术水平： 初级。

钢压笔

工艺： 光滑金属表面、硬化金属。

用途： 钢压笔是一种多功能工具，可用于多种不同的技术。因为钢比贵金属更坚硬，因而钢压笔会使其摩擦过的部位产生光泽，通过光泽突出边缘与哑光饰面的对比，尤其是穿孔的边缘。此外，它可以用来手工硬化金属丝（如制作耳环挂钩或胸针时）。在雕刻中，纺锤形钢压笔可以用来修整凹槽内的雕痕，让曲线更顺畅，从而掩盖一些瑕疵。当用油或蜡润滑与之配合时，钢压笔的效果更好。钢压笔也可以用于对折叠造型的开启操作（参见第136页）。

型号及类别： 抛光钢压笔可以分为纺锤形钢压笔和尖形钢压笔两种，并有不同的长度和粗细可选。

技术水平： 初级。

锤子和木槌

珠宝设计师可以买到各种各样令人眼花缭乱的锤子。圆头锤和生牛皮锤可以满足初学者的基本需求，更高水平的技术（如锻造、錾花等）则需要更为专业的锤子。

圆头锤

工艺：通用锤击和锤击变形。

用途：又称工作锤。平整的锤面可用于铆接时敲打其他工具，如中心冲、花样冲头、打孔冲头等。由于钢冲和锤子一样坚硬，所以在使用过程中，锤子的表面也会留下痕迹。因此，如果对锤子表面的平整光滑度要求不高，可以使用价格较为便宜的锤子。球面的部分可以用于许多不同的操作，包括下沉造型和锤击出纹理。

型号及类别：可以选择不同重量的头部。锤头通常是"圆头"的，也可能是"十字头"的。

📷 **技术水平**：初级。

铆钉锤

工艺：铆接、锤击纹理。

用途：铆钉锤有一个圆形平面和一个窄的矩形平面。重量轻的锤头可以用于完成制作珠宝首饰的许多"小任务"，如在不拉伸金属的情况下硬化和取直金属线、找平金属表面。铆钉锤也用于制造平头铆钉和将销钉敲入合页等操作。

型号及类别：有不同重量的锤头，小型的铆钉锤用途最多。

技术水平：初级。

起高锤

工艺：隆起、鞍形隆起、锻打、锤击纹理、填缝。

用途：这种锤有两个长方形弧面，其中一个面比另一个面的曲度更大。这种锤用来延展金属——将一个金属片锻造延展成一个立体的圆柱形，这一过程必须进行精确的控制。如果用其他锤子锻造一个物体，那么金属片的边缘往往会比中间厚。

型号及类别：不同的头部重量和形状，可以水平或垂直设置。颈锤的头较长、面较小。

技术水平：中级。

锻打锤

工艺：压块、锻打、镦锻、锻制纹理。

用途：一种有两个圆顶的锤头，用于在金属薄板上构建拱起造型。这一过程可以垫在沙袋上进行，也可以在木桩或树桩的凹陷处进行。锻打锤也可以用来"镦锻"金属线或杆，此时需要垂直固定金属并打击金属末端，从而将末端变形分散。

型号及类别：此类锤子有不同重量的锤头和不同的表面弧度可供选择。

技术水平：中级。

📷 **初学者工具箱**
当这个符号出现在工具旁边时，表示该工具应是初学者必备的。

錾花锤

工艺：錾花、锤击纹理、铆接。

用途：锤头通常由一个稍大的圆形平面和一个稍小的球面组成（这是其主要特征），平的锤面是用来轻击钢錾的。该锤还具有独特的手柄形状，该造型的锤柄可以在錾花时在手中有节律地摇动，锤击到钢錾以后较细的锤柄会弹回。锤的球圆面常用于散开铆钉头。

型号及类别：錾花锤的基本形状相同，但头部的重量有区别。轻锤用于制作非常精细的细节，重锤则具有更大的击打力度。

技术水平：中级。

展平锤

工艺：平整、锻打、硬化、锤击纹理。

用途：平锤用来去除其他锤子留下的痕迹，使金属表面具有微妙、均匀的纹理。锤子的一个面是完全平的，另一个面则有柔和的曲面——两个面都保持高度抛光，这样才能保证被敲击的金属表面相对光滑。为了达到最佳效果，锤痕应该相互重叠。敲击时，工件应置于金属砧板上，如戒指铁或铁砧。

型号及类别：有不同尺寸、重量和形状的锤可供选择。

技术水平：中级、高级。

肌理锤

工艺：锻造、錾刻、锤击肌理、起拱。

用途：肌理锤有两个狭窄的拱形锤面，可以向一个方向拉伸金属，方式类似于起高锤。肌理锤的窄头使它能有效地加强小的反碎屑效果，因为它可以进入某些细小的局部，而不与作品的其他区域接触。

型号及类别：根据制造商的不同，可以找到不同重量和曲面的款式。

技术水平：中级。

尼龙锤

工艺：弯曲成型、整形成型。

用途：尼龙锤可以确保在金属表面不留下任何痕迹就能为金属造型，它也可以用来击打其他工具（如圆顶冲头），其力度和噪声都比金属锤小。尼龙表面最终会因使用而磨损，但可以将其重新研磨平整。小尼龙锤对于塑造薄的或小的造形较为实用，但是打造更大的器物可能需要更重的锤；"暴力"锤中有沙子或铅块封装在锤头，以便击打更有力。

型号及类别：有不同大小、形状和重量的尼龙锤。一些品牌的木锤可以更换头部，如有必要，可以对锤头进行切割和造型。

技术水平：初级。

生皮锤

工艺：弯曲、成型、整形、渐进拉伸。

用途：刚使用时，生皮槌坚硬，阻力小。随着使用时间的延长，头部会开始软化，最终锤面会变形，但可以通过修剪重新呈现规整的槌面。皮锤通常用来塑造或平整金属，由于皮槌本身比金属柔软，因而不会形成痕迹。当金属被皮槌击中时，可以用铁砧作为底面的支撑。轻量的皮槌适用于戒指的成型及其他厚度小于3毫米的金属制品，成功的弯曲有赖于技术而不是力道。

型号及类别：生皮锤一般有几种不同的尺寸和重量。

🧰 **技术水平**：初级。

蛋形木槌

工艺：凹陷造型、整形。

用途：这种梨形木槌最常用于银器的制造。窄端用于控制金属板在硬木桩上形成凹形，宽端用于对圆拱桩上的形状进行整形。使用宽端时，冲击力会分布得更均匀；而窄端则会施加更集中的力道，因此会使金属造型变化得更为迅速。

型号及类别：有不同的重量和尺寸可供选择，但包套木槌应由黄杨木材制成，因为这种木材密度高而且坚硬。

技术水平：初级、中级。

成型：铁砧、坑铁、戳记冲

铁砧和坑铁常与锤子和木槌一起配合使用，用来为金属片、杆和金属丝造型。一些带有花纹的冲头可以以冲压的方式在作品表面形成浮雕式样的装饰花纹。

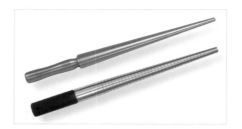

戒指棒

工艺：弯曲、成型、整形、圈口调整。

用途：戒指棒最常见的用途是与尼龙锤配合为戒指弯曲造型。在焊接成型之后，也可以利用戒指棒对戒指进行整形，迫使戒指圈口变大。戒指棒通常用虎钳水平固定，但在对戒指进行圈口调整或整形时，也可以用台塞的"V"形口作为支撑。

型号及类别：戒指棒有多种形状和尺寸可供选择。最常见的是横截面为圆形的款式，但椭圆形和方形戒指棒也很有用。其他类型还包括截面是梨形带凹槽的戒指棒（用于调整圈口或修整宝石戒指）以及标有戒指圈口尺寸的戒指棒。

技术水平：初级。

手镯棒

工艺：弯曲、成型、整形、圈口调整。

用途：与手镯相比，椭圆形手镯棒更适合于开口袖口的成型，在弯曲丙烯酸等热塑性材料时也是实用的成型模具。正圆的手镯棒配合锤子或橡胶锤使用，可以用来塑造圆形手镯或其他较大弧度的造型。将手镯棒固定在虎钳中前，可以加用木塞来防止手镯棒的表面受到损坏。

型号及类别：钢质手镯棒通常有圆形或椭圆形两种规格可供选择。木质芯棒比钢芯棒更便宜，但使用寿命较短。

技术水平：初级、中级。

平砧（方铁）

工艺：锻造、铆接、整形、制作肌理、冲压。

用途：平砧可置于虎钳、工作台或沙袋上，以减少锤击产生的噪声。平砧具有坚硬平整的表面，可以给金属片以支撑，并矫正木质表面敲击时形成的弯曲。平砧的表面应该是完全平坦的，所以它对于检查工件是否绝对平整也很有用。两块平砧配合起来可以用来拉直退火后的金属线，方法是将其夹在平砧中间，并让其来回滚动。

型号及类别：独立的平砧有不同的尺寸——建议购买所能负担的最大尺寸。一些平砧安装在阀杆上，在使用前需要用虎钳固定。

📦 **技术水平**：初级。

铁砧台

工艺：成型、弯曲、整形、铆接。

用途：它还被称为"鹰铁"。铁砧台是一种有平面的支撑铁砧，此外还有两个不同外形的角状突起，这些凸出部分可以用来调整难以处理的造型，或者在有限的空间里进行铆接。当使用铆接等技术时，它通常是重要的工具，除了独立使用之外，有时还需要和虎钳搭配使用。

型号及类别：铁砧台的设计略有不同，但形式大致相同。

技术水平：初级。

📦 **初学者工具箱**
当这个符号出现在工具旁边时，表示该工具应是初学者必备的。

窝作

工艺：制作半圆形拱起。

用途：窝作也叫窝砧，通常与冲头（钢或黄杨木）配合使用，可使金属薄板弯曲起拱。窝作应放置在沙袋上，以减少锻打时产生的噪声。它也可以用来为热塑性材料塑形。

型号及类别：立方体型的窝作通常由钢或黄铜制成，并有一系列的凹坑。凹坑最常见的尺寸范围是2～30毫米（直径），也有一些大窝作只有一个或两个大型凹坑，通常与相应的冲头一起出售。

技术水平：初级。

窝冲

工艺：制作圆顶、錾刻、下沉、起拱、整形、铆接、制作肌理。

用途：窝冲的一端有一个抛光的球体，另一端可以用木槌或铁锤击打，可用于多种技术。当与窝作一起使用时，可使金属面弯曲。窝冲也可以像蘑菇桩一样用于修整或找平，但仅可以用于较小规模的工件。窝冲还可以进行錾刻和制作肌理。

型号及类别：冲头由钢或黄杨木材制成，可单独或成套销售。

技术水平：初级。

坑铁

工艺：模具、成型、"D"形线材。

用途：与窝作相似，但其只能在一个平面上弯曲金属薄板。笔直的钢冲头用于将金属板锤入"U"形凹口。该工艺可用于将金属片折出曲面，如果金属片在模板内连续小幅度弯曲，则最终可使其两端相接，并通过焊接制成金属管。金属圆线可以锤入凹槽，使顶部变平，变成"D"形截面的线材。

型号及类别：坑铁有不同的型号，每一种都有一系列独特的凹槽。

技术水平：初级。

正曲线打型砧

工艺：鞍形抬升。

用途：正曲线打型砧几乎完全用于锻打时鞍形的塑造（参见第140页），这种砧的特殊形状是为了在用楔形木槌或铁锤击打时对金属片的维度产生特定的影响。砧槽和砧顶的尺寸将影响正在创建的形状和可获得的曲率。

型号及类别：通常有大、中、小等型号，有些砧只有一个弯曲的弧形。正曲线打型砧可从珠宝工具的专业供应商那里选购。

技术水平：中级。

沙袋

工艺：沉陷、穹隆、隆起、雕刻。

用途：沙袋是装满沙子的皮垫子，用来支撑工件或工具，沙袋还有一个额外的优点就是减少锤击产生的噪声。在下凹或起拱等过程中，沙袋在成型时支撑着工件，提供了一种抗冲击的可锻打介质，实现了金属变形。新沙袋的皮革需要一段时间才能变得柔软，这样才能确保金属下沉、凹陷的程度合适。将沙袋固定在木桩上，用于支撑雕刻操作时，最好将一块皮革垫在木桩下，这样就可以更容易地转动。

型号及类别：有不同直径的沙袋。

技术水平：初级。

蘑菇桩

工艺：锻造、起绒、平整。

用途：在银匠的作坊里最常见到此类用虎钳固定的圆顶铁砧。这些铁砧可以用来最大限度地体现锤在锻造时的作用，形成真正凸起的形状，并通常用来塑造顺滑的曲线。操作时，可以选择使用与现有曲线轮廓最接近的蘑菇桩，这样曲线就不会被扭曲或拉伸得太多。

型号及类别：有不同直径和曲率可选。

技术水平：中级。

沥青碗

工艺：金属细工的錾花操作。

用途：一种很重的铸铁碗，底部为圆形，充满沥青，在进行细致的錾花操作时作为支撑介质。碗需要支撑在一个底环上，这样它的位置可以很容易地调整。沥青是一种固体介质，但有轻微的弹性，因此允许金属在一定阻力下运动、变形。当金属被固定在沥青碗的表面时，錾花冲头和錾花锤被用来对金属进行浮雕加工。

型号及类别：有不同直径的沥青碗，可根据工件大小进行选择。沥青是单独出售的，需要与其他成分混合，才能获得合适的黏稠度。

技术水平：初级、中级。

錾冲头（錾子）

工艺：錾花、制作肌理。

用途：錾花冲头与錾花锤和沥青碗是一起配合使用的，它们可以将三维浮雕设计实现于钣金件上。用来錾刻出轮廓的衬模冲头、弧面或圆顶的挡模冲头、平缓的平冲头、有纹理的花头冲，用于对设计区域进行肌理处理。通常每种冲头都有一定的尺寸型号供选择。

型号及类别：可以直接购买各种各样的冲头，也可根据不同需求，用钢錾自己加工冲头。

技术水平：中级。

花錾

工艺：装饰肌理、錾花。

用途：花錾冲头用于打击后在金属表面形成图案，使用时需要保持垂直，并将金属置于铁砧上，再用錾花锤敲击。天鹅颈冲头有一个弯曲的部分，以便可以用来在戒指的内壁冲压上文字、图案。可以用工具钢自己制作专属的花錾，可以蚀刻或雕刻出独特的花纹，但是在使用之前需要对其进行回火和硬化处理。

型号及类别：字母和数字的冲头都是成套出售的，通常有直式或天鹅颈式两种。纹样类花錾通常是单独销售的，花卉或肌理等设计种类繁多。用于制造冲头的钢棒有各种直径可供选择。

技术水平：初级。

丝锥板牙套装

工艺：螺纹、变形线和棒。

用途：丝锥和模具用于切削螺纹，制作贵金属材料的螺母和螺栓。丝锥需要用专门的丝锥绞手夹住螺纹钢杆，用于制作带有螺纹的孔或管。板牙则需要用板牙绞手固定，将金属棒或杆的外部切削出螺纹。板牙绞手可以调整，以微调螺纹外径。

型号及类别：可以买到英制和公制的丝锥和板牙。坚持使用一个测量体系是很重要的，因为它们不可互换。盒装设备通常包含一系列不同尺寸的丝锥、板牙和绞手，但零件可以单独购买。

技术水平：中级。

成型：钳子

在金属加工过程中，需要一系列的钳子来弯曲、成型和固定金属。钳口的形状将直接影响钳子使用时的效果。操作时，需要首先选择适合当前工作的钳子，并确保钳子关节部位活动顺畅、钳口匹配良好。

🧰 **初学者工具箱**
当这个符号出现在工具旁边时，表示该工具应是初学者必备的。

半圆钳

工艺：弯折、弯曲成环。

用途：也称环钳，可以用来将薄板或金属线弯曲成环状。钳子的弯曲面始终位于正在形成曲线的内表面上，而平坦的一面提供了杠杆作用，金属可以在不留印痕的情况下弯曲。它们也常用来制作耳环钩等配件。

型号及类别：钳口宽度和弯曲度不同，有些半圆钳大且弧度小，有些薄且弧度大。此外，也有尼龙口的钳子可供选择。

🧰 **技术水平**：初级。

圆嘴钳

工艺：弯曲、卷曲。

用途：圆嘴钳用于弯曲和卷曲金属丝，可制作非常小直径的弯曲。如果弯曲压力过大，可能会在弯曲金属的外缘留下痕迹。对于较粗的金属线和较大直径的曲线，可使用半圆钳操作。

型号及类别：在钳嘴变细的程度和圆嘴钳的钳嘴直径方面有许多细微的变化。

🧰 **技术水平**：初级。

扁嘴平钳

工艺：弯曲、折叠、矫直。

用途：扁嘴钳有两个平滑的钳嘴，用于弯曲、折叠金属片和金属丝，或拉直扭结的金属丝。扁钳也可用来牵引铆钉或销针穿过孔洞。

型号及类别：有不同宽度的钳嘴可供选择，具体哪种最有用取决于个人偏好。大多数类型的钳子分为普通钳子或弹簧钳子两种，区别在于它们在关闭后是否会自动重新打开。弹簧钳子比普通钳子稍微贵一点，但更易于使用。

🧰 **技术水平**：初级。

尖嘴钳

工艺：弯曲、调整、闭合链环。

用途：尖嘴钳钳嘴呈锥形。钳嘴表面是平的，可以进入狭小的空间，在闭合和调整链条时，能很容易地深入圈内和外围。

型号及类别：不同的尺寸和锥度随品牌而异，也可以选购带有锯齿状嘴的鹰嘴钳。

🧰 **技术水平**：初级。

平行钳

工艺：折叠、弯曲、矫直、牢固夹紧小工件。

用途：与其他钳子使用剪刀动作不同，平行钳是平行打开的，因此可以用来夹住工件而不损坏工件。在弯曲直角和矫直扭结的金属线时，用平行钳不会在金属表面留下夹痕。

型号及类别：有许多不同种类的平行钳。最常见的是平嘴的，也有尖嘴、半圆和加有助力弹簧的款式，平行刀也是这样。

🧰 **技术水平**：初级。

顶切钳

工艺：切割金属线、杆。

用途：用于切割直径在1.3毫米以下、较软的金属线，较硬的金属线直径需在0.5毫米以下。对于直径较大的金属杆，则需要使用重型刀具或珠宝锯。不要用这种剪钳剪切钢丝，否则会损坏刀具。平时准备一套便宜的、可相对随意使用的剪钳很有必要，并保持好锋利精准的钳口，以备切割。

型号及类别：有很多不同的型号可供选择。有的顶切钳具有狭窄的尖头，可以方便进入狭小的空间内进行切割。侧切刀是另一种选择，但它们都不是"万能"的。

🧰 **技术水平**：初级。

手捻钻、钻头和砂轮磨头

本节介绍了用于钻孔、打磨和部分金属造型的工具，以及用于宝石镶嵌、铆接或雕刻等技术的工具。钻头和打磨头等可以与手捻钻和索嘴搭配使用，非常便宜且实用，也可以与吊机搭配使用。

手捻钻

工艺： 钻孔。

用途： 这种小型钻孔设备有一个可活动的夹头，可以绕着轴旋转，使头部在夹头上下移动时旋转。螺旋的钻头只能在一个方向上实现钻削，但钻头却需要双向运动，而且需要双手操作，所以效率不高。

型号及类别： 有很多不同的规格可供选择。一些手捻钻安装了助力弹簧，使它们更容易操作。

技术水平： 初级。

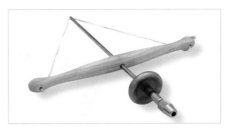

弓钻（三簧钻、牵钻）

工艺： 钻孔。

用途： 弓钻是手动的，由一根连接中心轴和木柄的绳子驱动。手柄上下移动，绳子绕着中心轴旋转并松开。确保节奏统一不中断需要不断练习，但这一工具可以用一只手操作钻头，并精确地控制切削的压力和速度。

型号及类别： 在传统的设计上有不同的变化，不同尺寸的钻头可以随弓钻一起购买。

技术水平： 初级。

索嘴

工艺： 铆接、钻孔、镶石。

用途： 当手工钻孔或为确保宝石与底托完美契合而进行微调时，索嘴对于固定钻头、打磨头等小型工具非常有用。夹在索嘴中的钻头还用来在金属表面标注参考标记，以备在不同的材料层上打孔，为铆接做准备。

型号及类别： 有多种不同的类型和组件可供选择：单头、双头、带夹头的双头以及旋转帽或木制把手。

🧰 **技术水平：** 初级。

手摇钻

工艺： 钻孔、捻金属线。

用途： 由于手摇钻需要双手操作，其应用受到限制。旧款式钻头的齿轮可能外露，所以在操作钻头时，要注意手指不要接触运动部件。手钻不适合精密操作，因为它们比较大且笨重，很难进行精确的控制。但将金属线的一段固定在虎钳上之后，它可以帮助我们完美地扭曲、缠拧金属线。

型号及类别： 有几种不同的款型可供选择，可以用专用钥匙或手拧紧索嘴。

技术水平： 初级。

🧰 **初学者工具箱**
当这个符号出现在工具旁边时，表示该工具应是初学者必备的。

钻头

工艺：钻孔。

用途：钻头用于钻孔，可作为装饰或铆接等操作的起始环节。它们通常由高速钢制成，也可能是钨钢，因为钨钢不会很快变钝。润滑剂可以延长钻头的使用寿命。

型号及类别：在0.2～25毫米范围内，有很多不同的型号。通常可以成套购买，内含首饰制作常用尺寸。

🧰 **技术水平**：初级。

金刚砂钻头

工艺：钻孔。

用途：为玻璃、瓷器和半宝石等比较坚硬的材料钻孔时，必须使用涂有金刚砂的钻头。这些钻头在钻孔时应该用水润滑。为了达到最终的尺寸，需要循序渐进地使用不同尺寸的钻头逐步扩大孔径。最后要使用金刚砂磨头或钻孔器对孔洞的边缘进行倒边，以防止毛刺存在。

型号及类别：有不同的直径，范围通常为0.8～2.0毫米。

技术水平：初级、中级。

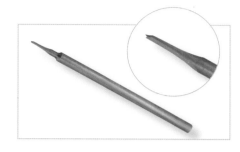

珍珠钻

工艺：在珍珠上钻孔。

用途：该系列钻头是为防止为珍珠打孔时珍珠层碎裂而设计的，可用于为珍珠钻半孔、全孔以及扩大预钻孔。钻孔时，可以用珍珠钳夹住珍珠确保其不会滑落，并用保护带包裹在手指上。

型号及类别：各种直径的珍珠钻头均可选用。

技术水平：中级。

吊机车针

工艺：造型、雕刻、镶石、打镶嵌孔。

用途：吊机车针安装在吊机上之后，可以快速清除小面积的金属或其他材料，也可以被固定在索嘴上，用来清理钻孔或非常轻微地调整宝石位置。用它为宝石群镶钻磨出镶口时，钻头的直径应与石材相同。不同形状的机针参阅本书第309页。车针应该竖直地储存在带有一个个插孔的木板或木架上，以防止车针间互相接触摩擦，并且应该确保其与润滑剂搭配使用，有利于它们保持锋利。

型号及类别：有各种形状和尺寸的高速钢车针可供选择。

技术水平：初级、中级。

金刚砂车针

工艺：造型、雕刻、打镶嵌孔。

用途：金刚砂针是一种带有异形头部的钢柄，表面涂有工业级金刚石粉。用于研磨玻璃、宝石等坚硬的材料，使用时需要用水作为润滑剂，确保其浸没在水中，还能使操作时产生的粉末随水流走。需要提醒的是，使用电动工具时必须特别小心。

型号及类别：有各种造型和尺寸可供选择。低质量的金刚石毛刺是一个更便宜的选择，因为毛刺磨损很快。

技术水平：初级。

硬质合金磨头（刚玉磨头）

工艺：打磨、成型、雕刻。

用途：安装在吊机上后，硬质合金打磨头能打磨大部分材料，比高速钢磨头耐用。不用时，刚玉磨头应该被储放在架子上，这样它们就不会因为互相接触而磨损。

型号及类别：有多种不同造型的刚玉磨头固定在钢柄上。硬质合金有小块或棒状的可供选择，它常被当作粗糙的磨料，在珐琅被烧到金属表面后再进行打磨操作。注意，进行打磨时需要配合水一起使用。

技术水平：初级、中级。

焊接工具

焊接是珠宝首饰制作中的一项关键技术，恰当的焊接设备是必不可少的。对于那些刚开始接触小型饰品制作的人来说，一个便携式焊枪就足够了，但是对于大型金工制品或者打算做大量焊接，必须要配备好瓶装气体与大焊炬。

🧰 **初学者工具箱**
当这个符号出现在工具旁边时，表示该工具应是初学者必备的。

便携式焊枪

工艺： 退火、焊接、热着色。

用途： 内部填充较轻的可燃气体（丁烷）。其较小的火焰意味着便携式焊枪只适合小规模的焊接和退火工作，因为体积较大的金属块需要较长的时间才能达到合适的温度。这种焊枪最适合焊接链条及其他精细的修补工作。

型号及类别： 有许多不同的品牌可供选择，但要尽量选择可以调节火焰大小的款式。

🧰 **技术水平：** 初级。

焊炬

工艺： 退火、焊接、热着色、熔焊、加热沥青碗。

用途： 虽然需要一笔较大的开支，但如果你打算在珠宝制作过程中焊接和持续加热，一个高质量的焊炬是必不可少的。焊炬需要通过专用的橡胶管连接丙烷等可燃气体罐，并需要气体压力调节器进行控制。不同尺寸的喷嘴可在焊炬前端进行互换，以调整火焰的类型和大小，来配合正在进行的操作。

型号及类别： 应确保购买同一个品牌的喷嘴和附件，否则零件可能不兼容。向供应商咨询设置气源的建议，并遵循制造商的指导进行操作。

技术水平： 初级。

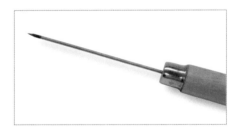

焊接探针

工艺： 焊接。

用途： 当焊料被加热时，探针用于其定位或将焊料放置于工件上，也可用于将熔化的焊料涂在工件表面。探针本身导热性较差，所以即使它相对较短，也可以在靠近热源的情况下保证另一端不烫手。

型号及类别： 通常由钛棒制成，并固定在木制手柄上。

🧰 **技术水平：** 初级。

绑丝

工艺： 焊接、制模、镀铜。

用途： 主要用于焊接时将工件固定在适当的位置。所使用的钢丝直径取决于工作情况——双股细钢丝适用于大多数小尺寸的操作。金属受热时会膨胀，如果金属丝太紧或太粗，就会留下很深的印痕。铁丝如果与工件一起浸没在酸洗溶液中，会为其他金属镀铜。不锈钢绑丝没有这个缺点，但价格略高。

型号及类别： 软铁丝或不锈钢绑丝有多种直径可供选择，通常成卷出售。

🧰 **技术水平：** 初级。

耐火砖、焊瓦、焊台

工艺： 焊接、退火、热着色、熔化。

用途： 耐火砖和焊瓦用于保护工作台表面不受热，也可以在被加热的工件四周围起一堵"墙"，使加热效率更高，因为热量会反射到工件上。焊瓦不能用于长时间加热，会损坏工作台表面，所以应该将台面铺满耐火砖后，再放上焊瓦或者使用焊接转盘，但一定要确保你用来焊接的地方有足够的保护。

型号及类别： 各种形状和大小的耐火砖和焊瓦可用作防火隔热层。它们或是固体纤维材料，或是陶瓷蜂窝。蜂窝状焊台非常实用，可用绑线和铁钉将焊件固定在其上，而且比较耐脏。

技术水平： 初级。

炭块

工艺： 金珠粒、木纹金属。

用途： 在进行某些加热操作时可能需要借助炭块，特别是为小型物体进行高温加热时。木炭可以保温并防止热量散失，这意味着将花费更少的时间和精力来达到所需的温度。也可以在炭块表面雕刻凹槽，或用钢针将物体固定在炭块表面（炭块比较柔软）。使用前，应用绑扎线将炭块绑紧，以免其受热开裂。

型号及类别： 珠宝供应商提供的大多木炭块都是标准尺寸的压缩木炭。

技术水平： 初级。

焊接转盘

工艺： 焊接、退火、涂着色、熔化。

用途： 转盘用于加热时旋转工件，特别适用于将体积较大的工件均匀地加热到一定温度。转盘顶部应使用耐火焊台，以保护表面不受火焰的破坏。

型号及类别： 一般有两种类型的转盘——直径不同的圆形金属转盘和易于装配耐火砖的方形转盘。

技术水平： 初级。

反向镊子

工艺： 焊接。

用途： 在焊接时，钢质镊子可将零件固定在适当的位置，也可吸收较薄零件的热量，防止零件过热。镊子应该在耐火砖上保持平衡，或者安装在"第三只手"上，以确保加热开始时零件不会移动。

型号及类别： 反向镊子有直的或斜的钳口，如果是钢制的，则有绝缘手柄。焊接铂时应使用钨尖镊子。

技术水平： 初级。

镊子

工艺： 焊接、酸洗、蚀刻、打孔。

用途： 镊子用于夹取和移动化学溶液或水中的工件。在酸或其他化学品中操作时，塑料镊子是较理想的工具，因为它们不会划伤金属，但不能用于热加工。应使用黄铜镊子将加热后的金属浸入酸洗溶液中。

型号及类别： 镊子有几种不同的材料，包括塑料、黄铜、钢和钛。

技术水平： 初级。

锡剪

工艺： 剪切。

用途： 也叫剪刀，最常用于剪切焊料，也可用于剪切薄金属片和绑丝。剪口深处的切割效率最高，而嘴尖的部分就要差得多。

型号及类别： 直刃剪刀最适合剪切焊片，而弯刃剪刀更适合剪切金属薄片。带助力弹簧的款式也很实用。

技术水平： 初级。

研磨剂和抛光材料

　　磨料是用来打磨金属和其他材料表面的,通常是为抛光做前期准备或进行表面肌理处理。可供手工或机器使用的选择有很多,抛光包含手工抛光、吊机抛光、布轮抛光机及抛光机桶抛光等很多种形式。

钢丝棉

工艺:清洁、表面处理、肌理处理、蜡雕。

用途:钢丝棉在清洁金属表面时,会摩擦掉很少量的表层金属,是进行锈蚀着色等工艺时理想的准备步骤。钢丝棉也可作为打磨工具,用于清理失蜡浇筑所需的蜡模。在对抛光蜡模进行精细抛光之前,往往会先使用中等颗粒度的钢丝棉去除锉刀和雕刻工具留下的痕迹。

型号及类别:有多种粗细等级的钢丝棉可供选择,包括从非常粗糙的到0000级的,0000级的丝光棉非常细腻,使用其进行表面处理后会呈现出光亮的金属表面。

💼 **技术水平**:初级。

浮石粉

工艺:清洁、表面处理、肌理处理与抛光。

用途:浮石粉用于金属表面、工作台的洗刷和清洁,通常与液体洗涤剂和水混合使用。火山岩粉末还是一种磨料,能去除少量金属,但更重要的是去除污垢、油脂和酸洗的痕迹。由于浮石粉清洗会在金属表面产生哑光效果,有时会将此效果作为最终的表面。

型号及类别:有多种等级,从粗糙到非常细腻的粉末均可选择。

技术水平:初级。

砂纸棒

工艺:清洁、打磨。

用途:用双面胶带将砂纸粘在木棒或方木上,即可制成砂纸棒。这样可以快速和高效地利用砂纸表面。通常需要配备粗糙程度不同的一组砂纸棒,并有圆形、半圆形和三棱形等不同的造型,以处理特殊的部位。

型号及类别:可以直接购买砂纸棒成品,也可以自制。任何类型的砂纸都可以使用,当然也有自带粘贴功能的砂纸可供选择。

💼 **技术水平**:初级。

砂纸

工艺:清洁、轧印纹理、表面处理、抛光。

用途:砂纸用于去除金属和其他材料的表面锉痕、划痕和火斑。在进行抛光之前,需要先用较粗目数的砂纸进行打磨,再逐渐换用细砂纸。当打磨软性或潜在有害材料(如塑料)时,应用水湿润砂纸或置于水下,确保粉尘"固定"在液体里,防止它们飘浮在空气中。

型号及类别:有许多不同类型的砂纸。最常用的是干砂纸,通常在干燥状态下使用。防水碳化硅纸,又称湿砂纸,有180~2 500目等级供选择,最常用的是600~1 200目。

技术水平:初级。

💼 **初学者工具箱**
当这个符号出现在工具旁边时,表示该工具应是初学者必备的。

砂纸夹杆

工艺： 打磨清理。

用途： 也称为砂纸夹。使用时，先将砂纸插入狭缝中，并缠绕在杆上，固定在吊机上进行操作，可以用胶带将砂纸底部固定。在使用过程中，可以撕下已经磨损的砂纸，以露出新的砂纸。在用砂纸夹进行清理打磨时，不要施加过大的压力。

型号及类别： 砂纸夹杆有圆柱形的，也有圆锥形的。

技术水平： 初级。

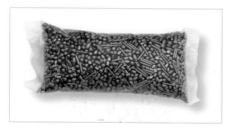

不锈钢抛光珠

工艺： 抛光、硬化。

用途： 不锈钢抛光珠与抛光液混合放置于桶式抛光机内，可以为金属抛光。抛光珠通过不断敲击金属为金属抛光并加以硬化。为了防止锈蚀的形成，必须将不锈钢抛光珠浸泡在水和皂液中，或者干燥后保存。

型号及类别： 有不同形状的抛光珠，可以单独购买，也可以混合购买。使用滚筒抛光机时，最好将各种形状的抛光珠混合在一起使用。

技术水平： 初级。

磨料锥

工艺： 打磨清洁、表面处理。

用途： 磨料介质置于抛光桶中，可以实现工件表面的抛光或磨砂操作。通过从工件的表面磨削掉少量的金属，最终使其边角变得柔和或圆润。如果在抛光桶内同时使用研磨锥和磨料粉，打磨强度将大大增加。

型号及类别： 磨料锥或磨料粉通常由陶瓷材料或树脂塑料制成，有不同的等级。

技术水平： 初级。

刷子

工艺： 清洁、表面处理。

用途： 刷子用于酸洗、抛光或蚀刻等操作之后的清洁操作，以去除残留物。它们也经常被用在锈蚀着色之前的清洁准备操作中。在通常情况下，对金属进行彻底清洁和去除油脂污渍时，应该使用洗涤剂或浮石粉。

型号及类别： 刷子的刷毛分别由尼龙、毛发、黄铜或钢等不同材料制成，刷柄由木头、塑料或骨头制成。旧牙刷也是一种便宜的替代品。

🧰 **技术水平：** 初级。

抛光线

工艺： 抛光。

用途： 抛光线用于打磨孔或槽等狭小的空间，这种技术也称为"穿线"。操作时，几根线穿过一个孔，然后沿着这个孔的内壁上下滑动，直到打磨满意为止。在抛光之前，需要在抛光线上涂硅藻土或抛光粉。

型号及类别： 通常作为捆绑用的棉线束出售，它们也可用来清理狭小空间。绒面革条也可以以类似的方式用于较大的作品。

技术水平： 初级。

抛光布

工艺： 抛光、上光。

用途： 抛光布用于抛光后的最后上光，或者在展览、佩戴前去除操作中留下的手指痕迹或污渍。银器表面的氧化物也可以用抛光布去除。抛光布应该小心存放，以免沾染灰尘或沙砾，导致使用时划伤饰物。

型号及类别： 浸有上光剂的布料能迅速恢复银器的光泽。此外，还有专门为黄金、宝石和珍珠制作的抛光布。

技术水平： 初级。

液体抛光剂

工艺： 抛光、去污。

用途： 可将液体上光剂涂在软布或麂皮上，擦拭塑料和易碎物体的表面，因为它们无法承受电机抛光的强度。在金属表面使用上光剂，可以恢复其表面光泽，虽然有些抛光剂只适用于特定的金属，但它们通常都可以应用于塑料。例如，布拉索（Brasso）只对铜、镀金金属和黄铜有明显效果，而西尔沃（Silvo）对银的上光效果最好。

型号及类别： 可以直接选用液体或棉布浸渍后使用。其中，擦银布并不能起到抛光的效果，但能有效地恢复银器表面的光泽。

技术水平： 初级。

抛光蜡

工艺： 抛光、打磨。

用途： 与抛光电机、吊机配套的布轮搭配使用。马达的旋转运动会导致抛光物体表面被磨损，损耗少量材料，但可以减少表面的缺陷，使其无法被肉眼发现。在手工打磨抛光时，抛光蜡也可以应用于抛光线、毛毡、绒面革或抛光棒。

型号及类别： 硅藻土适用于有色金属的初始抛光，抛光粉适用于细抛光操作。还有许多可用的化合物往往具有特定的用途，如 Vonax 专用于塑料，另一种抛光化合物专用于钢铁。

技术水平： 初级。

抛光轮

工艺： 抛光。

用途： 抛光轮安装在抛光电机主轴上，通过高速旋转可以快速抛光物体表面，特别是金属表面。电机运行时必须在抛光轮上涂上抛光蜡，注意每个抛光轮只能涂抹一种抛光蜡，以确保达到最佳抛光效果。不同的抛光轮有不同的功能，这取决于金属的类型和预期的效果。

型号及类别： 抛光轮有多种不同的材质，从硬毛毡、细棉布到羊毛和棉绒，这些材料都非常柔软。

技术水平： 初级、中级。

铜丝扫

工艺： 抛光、表面肌理、表面抛光。

用途： 这是一种安装在钢柄上的小黄铜刷，与吊机配套使用，可用于快速提亮金属色泽，特别是铸件上一些难以触及的区域。少量的黄铜可能会在打磨过程中残留在工件的表面，但这也许有助于在贵金属表面形成普通金属的一些着色效果，如在黄金表面点缀的锈蚀着色或氧化效果。

型号及类别： 有几种不同的形状，包括轮形、杯形和锥形。

技术水平： 初级。

毛扫

工艺： 抛光。

用途： 这是一种小型抛光轮，与吊机一起使用，对抛光戒指的内壁非常有用。在开始抛光前，需要将抛光液涂在毛扫上，并使用与抛光电机相同的工艺进行操作。毛扫的半径较小，这意味着它通过摩擦迅速升温，所以对塑料树脂等进行抛光时，要以稍慢的速度进行，以避免产生污损。

型号及类别： 有棉轮、细布轮、毛轮等几种材质；扫头也有多种形状，适用于不同形状的表面。

技术水平： 初级。

胶轮

工艺： 清洁、表面处理。

用途： 胶轮是磨料与硅胶混合成型的胶头固定在钢柄上制成的，便于在吊机上使用。虽然它们对于清理包含弯曲凹槽和边角空间的部件非常有用，但价格并不便宜。

型号及类别： 有各种形状和不同粗细等级的胶轮可供选择。粗细等级由颜色表示，不同的厂家有不同的颜色代码。

技术水平： 初级。

贵金属黏土工具

用于贵金属黏土的工具
与用于传统黏土加工的工具
非常相似,也有专门用于金属
黏土的工具。

箱式电阻窑

工艺: 烧结贵金属黏土。

用途: 造型完毕之后,必须烧制贵金属黏土,
以去除有机黏合剂。黏土的种类决定烧制温
度。黏土可以在高温下短时间烧制完成,也
可以在低温下长时间烧制完成。

型号及类别: 适用于烧成温度接近箱式电阻
窑的操作,可能不适合珐琅烧制等操作。

技术水平: 初级。

黏土造型工具

工艺: 塑造和雕刻贵金属黏土。

用途: 当贵金属黏土处于湿润状态时,这些工
具可以用来塑造形状和刻画纹样,或者在模
具中压印出造型。当黏土干燥后,还可以通
过雕刻进一步加工,并将表面处理光滑。

型号及类别: 光滑的橡胶刀和用于雕刻、抛
光的钢尖都可以用于贵金属黏土的创作。此
外,蜡雕工具或刻刀也可以用于贵金属黏土
的塑造。

技术水平: 初级。

硅胶模具胶

工艺: 模具制造。

用途: 硅胶模具适用于肌理或素面器物的压模。
使用时,将两种化合物等量混合,直到获得均匀
的色泽。将该溶液混合后,10分钟内就会固化。
由此产生的模具可以填充贵金属黏土,也可以
注入熔化的蜡液,从而采用失蜡铸造法进行铸
造。硅胶模具也可用于铸造树脂、蜡和石膏。

型号及类别: 通常要把模具切分成两部分,以
方便取出。

技术水平: 初级。

切形刀

工艺: 将贵金属黏土切割出规则的形状。

用途: 当贵金属黏土在湿润状态时,可以将其
放置在不易粘连的垫子上,薄薄铺开;然后用
刀具将其切割成各种规则的形状。大多数刀
具都很小,主要用于设计制作吊坠或耳环等
小型饰品。

型号及类别: 有许多不同的形状和大小,包括
圆形、菱形、心形和星形。

技术水平: 初级。

🧰 **初学者工具箱**
当这个符号出现在工具
旁边时,表示该工具应是
初学者必备的。

首饰蜡和雕蜡工具

制作失蜡铸造用的蜡模需要一套专门的工具。首饰蜡可以进行切割、雕刻,细节丰富、造型细腻,然后再铸造成金属。

螺旋形锯片

工艺:对蜡、塑料等软材料进行切割和穿孔。

用途:这些专用锯条与直锯条用于锯弓的方式相同。这种锯条的锯齿呈螺旋状排列,这样可以防止锯条被卡住,锯齿会把切下来的碎屑带出来。直锯条也可以用来切割蜡,但是由于切割过程中摩擦产生的热量会导致蜡熔化,从而使锯片很容易被卡住。

型号及类别:有不同的尺寸。

技术水平:初级。

戒指蜡刀尺(掏蜡刀)

工艺:制作戒指蜡模。

用途:用于增加戒指蜡坯的内径。当戒指蜡坯套在蜡刀尺上被来回扭动时,蜡刀尺上的刀片会逐渐将戒指内壁的蜡刮掉。蜡尺刀上标识的尺寸是将要生产的戒指圈口尺寸,不是当前实际圈口尺寸。

型号及类别:设计基本一致,都是在锥形木棒上安装带有刻度的刀片,刻度上标的可能是英国或欧洲的不同标准(参阅第310页,了解戒指尺寸的转换)。

技术水平:初级。

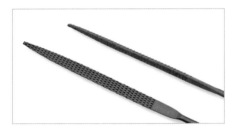

蜡锉

工艺:蜡模雕刻。

用途:蜡锉的表面密布间距大且粗糙的锉齿,能够尽可能地清除蜡屑而不嵌入锉刀。当蜡模形状大小确定并被切下来之后,蜡锉可以快速磨削掉大量蜡,做出大体轮廓,清洁后就可以进行细节刻画和添加。

型号及类别:有手锉和针锉两类,每类都有一系列不同的配置。可单独或成套购买。

技术水平:初级。

雕蜡刀

工艺:雕蜡、造型,也可用于石膏和黏土。

用途:通常情况下,在基础轮廓完成后,雕蜡刀用来精雕,通过尖头工具去除少量的蜡以实现精致的细节或纹理,也可以用来"雕刻"蜡、石膏或黏土。

型号及类别:有各种形状,通常成套出售。刻刀、牙科工具等也可以用来在蜡的表面雕刻细节。

技术水平:初级。

🧰 **初学者工具箱**
当这个符号出现在工具旁边时,表示该工具应是初学者必备的。

珠宝秤

工艺： 铸造前称量蜡和金属。

用途： 通过称量雕刻完成的蜡模，可以确定最终成品所需的金属量。珠宝秤也可以用来称量成品（在镶嵌宝石之前），确定金属的量，从而有助于定价。

型号及类别： 便宜的珠宝秤具备大多数功能，通常称量的极限为10盎司（1盎司＝28.35克），精确度为1/400盎司。

技术水平： 初级。

酒精灯

工艺： 蜡模制作。

用途： 酒精灯以变性酒精为燃料，可以产生清洁的火焰，不会在工具或蜡模表面沉积烟灰。火焰用于加热蜡或工具，使零件的表面可以在熔化时连接起来。用火焰"舔"蜡面会产生光滑的效果。注意灯芯应保持较短的状态，以免火焰过于旺盛。

型号及类别： 有许多不同的品牌，替换灯芯和变性酒精可以分别购买。

技术水平： 初级。

蜡管

工艺： 蜡雕、蜡模铸造。

用途： 蜡管可以切成薄片，方便雕刻成戒指。在用蜡锉雕刻大形并用钢丝球清理之前，可以先用蜡刀尺将圈口开到适当的尺寸。当从蜡管上切下蜡块以备雕刻时，应考虑将要雕刻工件的最大测量值；如出现失误，也可以通过添加蜡的形式进行补救，如使用软蜡或通过加热局部来熔接它们。

型号及类别： 有多种不同的型材可供选择——圆形或"D"形、中心有孔、圆形有偏心孔或实心杆无孔；还有蓝色或绿色之分。

技术水平： 初级。

蜡块

工艺： 蜡雕、蜡模。

用途： 蜡块可以用螺旋锯条切割成合适的尺寸，并雕刻成复杂的三维造型。绿色的蜡非常坚硬，可以雕刻出精度要求较高的细节，但它很脆，更适用于实心造型。蓝色的蜡也很硬，但有轻微的弹性，即使被雕刻得很薄，也不会有断裂的风险。

型号及类别： 蓝色蜡和绿色蜡都有块状或各种厚度的切片。

技术水平： 初级。

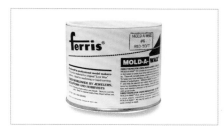

造型软蜡

工艺： 雕蜡、蜡模铸造。

用途： 造型软蜡是用来与硬蜡块黏在一起来修补失误的，但由于它很软，不能进行雕刻。在用手或刀片将其抹平之前，可以先用手使其升温。这种蜡也可以做成"蜡棒"，在进行宝石镶嵌时"黏"起宝石并将其准确放入相应位置。

型号及类别： 造型软蜡通常是红色或粉红色的，置于桶或罐中出售。

技术水平： 初级。

蜡片

工艺： 蜡雕、蜡模铸造。

用途： 这是一种扁平状的牙科用蜡，厚度通常是1毫米，熔点为104摄氏度，可以用裁纸刀切割，并在热水中塑形。

型号及类别： 标准尺寸的薄片，每盒15张或32张。

技术水平： 初级。

宝石镶嵌工具

镶嵌宝石的工具有三种基本类型：金属底托成型工具、镶嵌宝石时保持和固定底托的设备以及调整底托和宝石周边金属的工具。对于雕刻，可使用一系列被称为刨丝器的钢切削工具——几个不同的形状就够了。刨丝器也用于石雕。

边框铁和冲头

工艺：包镶边框的制作。

用途：边框是包镶宝石时所用的金属框架，通常由管状金属切割成型或由焊接金属带成型。边框铁用于调整锥形边框的角度，如有需要，还可以收缩或拉伸边框的大小。它的使用方式与窝作非常相似，即用锤子或木槌击打冲头，迫使其造型发生变化。

型号及类别：边框有17°或28°的角度。除了圆形之外，最常见的形状是方形、祖母绿切割形（阶梯形）、椭圆形和梨形。冲头与铁砧通常一起出售。

技术水平：中级。

包边棒

工艺：成型和修整宝石边框。

用途：用于形成和修整边框，类似小型的戒指棒。所使用的棒形取决于将要镶嵌的宝石形状。使用时，需要先将包边棒用台钳固定好，同时将其顶端固定在工作台台塞的凹槽上。如果包边棒芯的直径合适，可以在其顶端形成较大的包边框。

型号及类别：有圆形、椭圆形、方形和梨形等不同的造型可选。通常22～28厘米长，尖端最小的造型直径通常为3毫米。

技术水平：初级。

包镶推

工艺：宝石镶嵌。

用途：包镶推用于对宝石镶嵌的边框施加压力，逐渐地迫使金属与宝石紧密结合，从而将宝石固定在底托中。在包镶推的末端是稍微粗糙的表面，有助于防止用力时滑脱。包镶推的表面通常为正方形或长方形，边缘略圆或有弧度，这样就可以稍微晃动，使金属与宝石周边结合得更紧密。

型号及类别：成品的包镶推通常由一根钢棒固定在木柄上构成，并有固定的长度。

技术水平：初级。

爪镶推

工艺：爪镶。

用途：类似于包镶推，但它的前端平面上有一个凹槽，这样就可以在推动镶爪固定宝石时而不擦滑。可以在一根钢棒的末端锉一个槽，再将其安装在木柄上，从而自制爪镶推。

型号及类别：爪镶推的形制大体是一致的，顶端带有凹槽，可扣在宝石和镶爪上，向下推便可使镶爪扣在宝石表面。

技术水平：中级。

戒指木夹

工艺：进行宝石镶嵌时用于固定戒指或固定其他物体。

用途：在进行某些操作时，戒指木夹用于固定工件，使固定戒指或其他小部件变得更容易。通常木夹的钳口用皮革衬里，以保护戒指本身不留压痕。木夹最常在镶嵌宝石时用于固定戒指，但最适合于窄环或带状环的戒指。木夹可以被固定在虎钳上，以增加稳定性。

型号及类别：通常有以下几种类型，有用螺丝拧紧式的夹具，或者通过反向塞入三角形木楔加以固定的形式，也有从木夹外围箍环的形式。戒指夹通常由塑料或木头制成。

🧰 **技术水平**：初级。

火漆

工艺：镶石、雕刻。

用途：将火漆熔化，涂厚木条的顶端或扁平木头上，这样可以很容易地将工件固定在台虎钳或木夹上，有利于微小、精细的操作，如宝石镶嵌或雕刻。火漆被加热到足够柔软后，可以把宝石等嵌入其表面待冷却固定。镶嵌等操作完成之后可以小心地把火漆剔除掉，也可以非常温和地加热火漆（当然这取决于具体操作的物品）将其去除。残留的火漆可以浸泡在丙酮中去除。

型号及类别：棒状或块状。

技术水平：初级。

放大镜

工艺：宝石镶嵌等精细工艺。

用途：眼镜式和手持式放大镜可用于观察放大后的小物体，是一种必需品，在"精度至上"的宝石镶嵌等技术中更是十分重要。眼镜式的放大镜可以牢固地戴在脸上，进行精细的工作时可以解放双手。虽然手持式放大镜时需要手持，但可以在更高的放大效果下检查镶嵌进度和效果。

型号及类别：眼镜式放大镜的放大率是通过焦距来实现的，短焦距的放大率更高。焦距从2～4英寸不等。手持式放大镜的放大率通常更高，将实现10倍、20倍的放大效果，也有可以夹在眼镜上的双目镜片和独立的放大灯等配镜。

🧰 **技术水平**：初级。

微镶顶针（吸珠针）

工艺：微镶、制作装饰纹理。

用途：当用钻头将镶爪抬起时，用吸珠针末端的圆形凹口内打磨工具将吸珠针推滚成一个规整的球，即吸珠。这些颗粒球将用来固定宝石或者纯粹作装饰。

型号及类别：通常带有尺寸标号，成套出售。木柄中的吸珠针可以更换（木柄通常是成套工具的一部分）。

技术水平：中级、高级。

吸珠针打磨器

工艺：打磨吸珠针。

用途：吸珠针会很快磨损，或者在使用过程中边缘出现变形，它们需要重新塑造和锐化。这种打磨器是用来打开磨损或变形的吸珠针，使它恢复正圆形和合适的深度。

型号及类别：不同尺寸和弧度的圆形磨具，与可用的不同吸珠针对应起来。

技术水平：中级、高级。

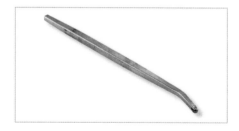

镶口滚花刀

工艺：宝石镶嵌、装饰肌理。

用途：该工具是将可旋转的滚花轮安装在一个手柄上，当沿着金属边缘滚动时，会辊轧产生肌理效果。传统工艺中，它不仅用于装饰宝石镶口的边缘，更能沿着包边的外侧边缘模仿包边的肌理效果，使底托看起来更大。每个滚花刀都可以产生效果一致的肌理。

型号及类别：滚花刀的型号从1号到15号不等，15号是最大的型号，可以产生1毫米宽的肌理。

技术水平：初级。

赤铁矿抛光刀

工艺：宝石镶嵌、突出边缘、涂金箔。

用途：抛光器可用于石材周围金属的最后研磨而不损伤石材。钢或其他硬石抛光刀必须保持高度抛光，以确保其表面不会划伤金属。赤铁矿抛光刀的端面是圆形的，更适合在镶嵌宝石时使用——如果抛光刀不慎滑擦，不会损坏正在固定的宝石。

型号及类别：其他非金属抛光头通常由玛瑙或骨头制成。塑料抛光头可用于非常软的材料，如细银边框镶嵌贝壳或琥珀时。

技术水平：初级。

刮刀

工艺：装配、镶嵌、雕刻。

用途：刮刀是一种安装在木柄上的三角形刀片，用来刮除部分表面材料。为了去除环或边框的毛刺，可以刮刀三角形的两个角接触环壁，以一个小角度绕内边缘运行。由于刀片的旋转，刮刀的前缘会刮掉少量金属。在雕刻中，刮刀可用来清理较深而无法抛光的凹槽和雕刻区域。

型号及类别：有多种型号的刮刀可供选择，手柄通常单独出售。

技术水平：初级。

雕刻固定座（微镶座）

工艺：雕刻、宝石镶嵌。

用途：雕刻时，可以用它固定住平面的工件。使用时，将把销钉放在板面上，将工件放在中间，然后把螺丝拧紧。操作时，可以将其卡在台塞凹槽内。

型号及类别：有多种不同的设计可供选择。夹具和固定装置可以由两块横向钻孔的木材制成，并用长螺栓和翼螺母固定。这些夹具可适用于一些特定的作业。

技术水平：初级。

微镶雕刻刀

工艺：雕刻、宝石镶嵌、装饰纹理。

用途：雕刻刀用于在各种材料上雕刻图案、肌理和文字。本身不带手柄，安装至手柄上时，需要预留出适合个人的长度。特定的雕刻刀适用于特定的任务，有的用于雕刻线条和一些字母；有的可以一笔刻画出多条线条，用于肌理装饰；还有的则专门用于宝石底托及包边的雕刻。雕刻刀应小心存放，以免因互相接触而磨损变钝。

型号及类别：有多种雕刻刀可供选择（参见第309页）。在钢铁和黄铜表面进行雕刻时，需要使用高速钢雕刻刀，因为它们能维持锋利的时间更长。此外，手柄通常是单独出售的。

技术水平：初级、中级。

油石

工艺：磨刀、凿子和其他切割工具。

用途：又称印度油石。油石与机油一起被用来研磨钢铁工具，使其具有锋利的切削刃。使用时，将雕刻刀或錾子等工具的刃口平面接近油石，并用手使其平滑地进行前后运动。值得一提的是，磨下来的钢屑在油溶液中会形成更细的研磨面，所以不要清洗。

型号及类别：可买到不同粗糙等级的油石，它们往往具有一面粗糙、一面精细的双面效果。

技术水平：初级。

阿肯色州磨石

工艺：磨刀、凿子和其他切割工具。

用途：一种优良的天然石材，可以让抛光或打磨工具的表面更细腻，并能防止卷刃。因此，工具需要打磨的次数大大减少。阿肯色州磨石应与机油或橄榄油一起搭配使用，应该经常为其上油，以延长它的使用寿命。

型号及类别：有许多不同的尺寸可选择，并提供木盒包装。建议尽可能购买大尺寸的阿肯色州磨石。

技术水平：初级。

串珠工具

半宝石材质的珠子和珍珠等需要通常需要以串珠的形式装配,以保持其自然美,并发挥其最大的优势。每颗珠子之间都要用丝线打结,以防珠子互相磨损。此外,所使用的线和针的选择也会对最后效果产生直接影响。本节的其他工具和材料将有助于串珠操作的速度和准确度。

串珠丝线

工艺: 串珠。

用途: 珍珠线用于串起半宝石珠子和珍珠,通常需在物品之间打结,防止它们互相碰撞和损坏。线是折叠成双股使用的,并用金属线针穿过珠子。打结工具是用来打出整齐、均匀绳结的专用工具。

型号及类别: 有不同的粗细、颜色和材料,构成材料通常为丝绸、丝绸和尼龙混合、纯尼龙、蜡棉等。

技术水平: 初级。

法国线

工艺: 串珠。

用途: 是一种中空的弹簧状护线管,一般用于项链、手链收尾处理时。在项链、手链收尾处套上一小段法国线,可防止线与扣头等摩擦变薄。法国线尺寸的选择取决于所使用的螺纹扣头的厚度和珠孔的直径。

型号及类别: 法国线有镀金或镀银色泽供选择,适用于不同直径的串珠线。

技术水平: 初级。

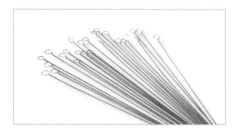

线针

工艺: 串珠。

用途: 金属线针可以很容易地将丝线穿过珠子或珍珠上的孔。它们很细,很灵活,针眼会变形,可以穿过珠子上的小孔。有些丝线在购买时附送穿引针。

型号及类别: 可提供不同规格的穿引针,有些具有可变形的针眼,可以重复使用。直钢珠针也是一种选择。

技术水平: 初级。

其他串珠线

工艺: 串珠。

用途: 任何精细的线都可以用来串珠,甚至可以结合金属丝或纺织技术,如漆包线、尼龙包钢丝(虎尾)、透明弹力线、刺绣丝、头发、皮革、橡胶绳都是有趣的"实验"材料。可以使用"打结"的方式来固定两端,防止松脱。

型号及类别: 各种材料都可以用于串饰和制作串珠首饰,且大多数材料都有几种不同的直径可选。

技术水平: 初级。

🧰 **初学者工具箱**
当这个符号出现在工具旁边时,表示该工具应是初学者必备的。

中国剪

工艺：串珠。

用途：剪刀用来在靠近结扣的位置剪断丝或线，以便形成干净、整齐的末端，没有凌乱的线痕。端结通常在切割前先用黏合剂或透明指甲油密封。

型号及类别：这种剪刀的尺寸都是统一的，锋利的普通剪刀也可以作为其替代品。

技术水平：初级。

串珠刻度盘

工艺：串珠。

用途：刻度盘和分拣托盘是通过保持珠子连贯而有序，从而模拟穿成后的效果来辅助设计。它们还能保持珠子的清洁，防止损坏，尽管一些手工设计师更喜欢在折叠的毛巾或织物上工作。

型号及类别：塑料模板有很多种不同的设计，通常有可成体系的凹槽、标尺和刻度，以指导项链或手镯的长度。有的串珠刻度盘整体是水平的，有的则带有缓冲斜坡。

技术水平：初级。

压接管

工艺：珠串接。

用途：在绳结不可能打结的地方，可以用压接管固定绳结材料的两端，也可以用它遮盖绳结，使绳结更加牢固。压接钳是用来捏扁端口管使其紧紧卡住链接绳的。

型号及类别：通常由金、银或普通金属电镀色泽后制作而成。可以使用不同大小和样式，但通常应选择与线绳粗细尽可能接近的压接管。小段薄壁金属管也可以用来代替购买的成品。

技术水平：初级。

金刚石扩孔器

工艺：扩孔。

用途：金刚石扩孔器是一种锥形的、有金刚石涂层的工具，可以扩大钻孔，特别是在玻璃或半宝石中。首饰两端的珠子需要有更大直径的孔，以允许两根线穿过。从与孔的原始直径最接近的扩孔针开始，在孔的两侧旋转刀具，并逐渐替换成更大的扩孔针，直至尺寸合适。

型号及类别：金刚石扩孔器通常是成组提供的，可以在手柄中互换。铰刀也可以作为一组不同直径的钢四边锥体。

技术水平：初级。

打结工具

工艺：打结丝和线。

用途：打结工具可以将绳结与之前串好的珠子或珍珠紧紧地拉在一起，以形成整齐、统一的绳结，从而制作出整齐的珠串。线环绕在工具上的尖头上，当推手向上滑动时，绳结就会随着抬升而收紧，对丝线或尼龙线效果最好。

型号及类别：有不同品牌供选择。

技术水平：初级。

压接钳

工艺：压接操作。

用途：压接钳用于将管子压接到位，永久固定绳段。有些钳子可以用来把压接管压成几段，然后再用钳子把它们压合好。当使用虎尾绳等线状介质时，需要进行适当的卷曲，因为任何其他方法都无法轻易固定绳子的末端。

型号及类别：市场上有几种不同的款式，颚部的缺口与压接管的大小有关，应尽可能使用小号压接钳。

技术水平：初级。

珐琅烧制工具

珐琅是一项需要精细操作的技术,必须在清洁的环境中进行。拥有正确的工具对于确保良好的结果以及坚持健康和安全考虑是很重要的。本节的许多工具只能从专业的珐琅供应商处购买,这些供应商可以为初学者提供初级工具包。

窑炉

工艺:珐琅、热成型塑料、热喷涂、烧蜡、熔化贵金属。

用途:珐琅窑用于在高温下烧制珐琅,使釉料熔化并附着在金属表面。现代的窑炉很短时间就能达到烧制所需的高温,大部分高温可达1 100℃。上釉时应在通风良好的地方进行。

型号及类别:窑炉基本可以分为煤气加热或电加热两种类型。窑炉价格昂贵,因此与供应商讲清楚实际需求非常重要,以便在窑炉的大小、保温材料的类型以及底座的类型等方面做出恰当的选择。

技术水平:初级、中级。

玻璃刷

工艺:表面处理、表面清洁。

用途:细玻璃纤维刷头通常用于清洁珐琅表面。玻璃刷需要在自来水流水状态下使用,这样残留物和破碎的玻璃纤维会被水冲洗掉,给珐琅一个清洁的表面,并为其他工艺做好准备。注意,使用时请戴上防护手套,以防止玻璃纤维刺入皮肤。

型号及类别:大号玻璃刷将玻璃纤维绳子捆扎牢固,并套上橡胶套制成,当刷子尖端磨损时,橡胶套会被切断,以露出新的纤维端。小号刷子是可伸缩的,并安装在塑料手柄上。

技术水平:初级。

研磨钵与研磨杵

工艺:磨制、清洗釉料。

用途:研磨钵与研磨杵由完全玻璃化的耐酸瓷制成,通常用于研磨和清洗珐琅釉料。块状的釉料可以用它们粉碎并研磨成合适的大小,即使是粉末状的釉料,在使用前也需要轻轻研磨并仔细清洗。珐琅釉料应首先用自来水清洗,然后用蒸馏水清洗,以去除所有杂质或污染物。

型号及类别:有几种不同的尺寸型号可供选择,型号用研磨钵的容积或直径来表示。研磨钵与研磨杵通常由珐琅供应商成套销售。

技术水平:初级。

筛

工艺:上釉。

用途:将釉料从块状磨成粉状时,需要使用细筛对珐琅釉料颗粒大小进行分级。需要注意的是,用筛对粉末状釉料分级时,应使用相同的目数,以确保均匀的效果。筛子的型号通常是60～80目,有的筛精细度高达325目,通常用于画珐琅等需要精度极高的操作。处理干燥珐琅粉末时应佩戴口罩,做好防护。

型号及类别:可选不同目数的筛子,其中60～80目通常在湿涂粉状珐琅釉料时使用。

技术水平:初级。

🧰 **初学者工具箱**
当这个符号出现在工具旁边时,表示该工具应是初学者必备的。

粉状珐琅釉料

工艺： 上釉。

用途： 粉末状釉料是一种带有目字标号的预装商品釉料，在适当清洗后，就可以用于金属底胎表面的湿涂。当珐琅釉料在窑中烧制时，珐琅会与金属黏连在一起。一件作品可以涂上多层珐琅，创造出惊人的视觉效果。

型号及类别： 釉料主要有三种类型——透明、不透明和半透明。助焊剂是一种透明的珐琅釉料，可以用作底漆或表层。根据熔点高低，珐琅釉料被划分为高温、中温、低温三类。知名的釉料品牌有Schauer、Latham、Soyer和Ninomija。

技术水平： 初级、中级。

釉料杆和釉料块

工艺： 上釉。

用途： 可以将块状和杆状釉料烧熔到珐琅釉料里，以创造出特殊的效果。块状釉料熔化后会留下凸起的色彩区域，而釉料杆一旦被烧熔，往往会变平并与基面持平。使用釉料杆或釉料块时，往往要将其浸润在胶中，以便在加热过程中保持它们的位置。

型号及类别： 这类釉料会有不同的颜色和不透明、透明和半透明的饰面效果可供选择。千花玻璃也可以作为特殊效果的釉料来使用。

技术水平： 初级、中级。

画珐琅釉料

工艺： 上釉、利摩日画珐琅工艺。

用途： 非常精细的釉料粉末，可以用来创造出绘画效果。将细粉与水或油性介质混合，使其与颜料的浓稠度保持一致，并涂到金属底胎上。可以通过罩烧透明釉，以使珐琅表面达到加深层次的效果。

型号及类别： 许多不同的类别可选，如不同色彩、类型以及用于细化的特定介质。珐琅材料供应商通常备有成套的釉料可选。

技术水平： 中级。

鹅毛笔

工艺： 湿涂珐琅。

用途： 羽毛笔是用来填涂湿珐琅釉料的传统工具。羽毛的末端被斜切出一个角度，然后可以用来舀起湿的珐琅粉，并将其沉积在金属表面。羽毛笔很容易清洗，因而可以防止釉料受到污染。

型号及类别： 鹅毛笔是首选，来自其他鸟类的坚固的飞羽也可以使用。珐琅材料供应商那里通常会备有小、中、大等不同规格的鹅毛笔。

技术水平： 初级。

黄金（白银）箔

工艺： 上釉、融合。

用途： 纯金属箔可用于珐琅釉料的底层，使色彩拥有更明亮的色泽，形成丰富的对比效果。因为箔都是非合金材料的，所以在燃烧时不会变色。箔在烧制黏附在珐琅上以后，既可以作为表面，形成缤纷效果，也可以在箔片上面再涂烧多层釉料。箔也被用于一种叫作"keum boo"的技术中，在这种技术中，金箔通过珐琅被烧制到银片的表面。

型号及类别： 箔片可以单片购买，也可以成本出售。其他特殊效果的产品包括油悬浮液中的贵金属粉末和珍珠母粉，用于珐琅下层或表层烧制，可以从珐琅材料供应商和贵金属经销商那里购买这些产品。

技术水平： 初级、中级。

无机胶

工艺： 景泰蓝、上釉。

用途： 无机胶是一种水基胶黏剂，用于固定工件的位置，在加热时可以燃烧充分，不留痕迹。根据任务的不同，胶液可以直接使用，也可以稀释后使用。这种胶即使是在曲面上，也有很好的附着力。通常用于在初次加热时固定景泰蓝的框线。

型号及类别： 可从珐琅材料供应商那里购买到不同品牌的成品。

技术水平： 初级、中级。

陶瓷纤维板（隔热保护剂）

工艺：珐琅烧制。

用途：陶瓷纤维板通常用来支撑烧制过程中的物体，并可用于对同一物体中无需过度加热的区域进行局部遮蔽处理。它可以被切割成型，并包裹在某一物体的周围，而且它足够柔软，可以把耳钉或其他容易被熔化的金属配件包裹在其内部后再进行加热。陶瓷纤维板进行加热操作时，可以用支烧网予以支撑。

型号及类别：各种隔热保护产品都可以从珐琅材料销售商那里购买，包括陶瓷纤维板和隔热膏、牙膏等。

技术水平：初级。

线架（支烧网）

工艺：珐琅工艺。

用途：用于支撑烧制前和烧制中的工件或陶瓷纤维板。线架的结构允许在下面放置铲子或烧叉，便于从窑中插入和取出工件。

型号及类别：有各种规格的线架，材质为不锈钢或钛，形态为平或预折叠状态。

技术水平：初级。

窑炉铲托、铲叉

工艺：珐琅。

用途：这些工具用于将工件放入窑中，烧制完成后再将其从窑中取出。铲托和铲叉的长度都比较长，这样拿手柄的时候就可以远离炉膛内的高温。使用时，先将工具的一端伸到支烧网，再整体挪动。

型号及类别：许多不同形式的铲托和铲叉可以从珐琅材料供应商那里直接购买。

技术水平：初级。

支烧架

工艺：珐琅。

用途：支烧架用来支撑窑内加热的工件，通常由折叠的不锈钢板制作而成。上釉作品的形状会影响它在烧制时所需要的支撑方式，因为它必须确保工件平衡，并避免与珐琅接触。

型号及类别：不同大小和不同形状的支烧架可以从珐琅材料供应商那里直接购买，通常价格不高。

技术水平：初级。

云母片

工艺：珐琅。

用途：云母是一种耐高温矿物，其耐受温度最高可达950摄氏度，在烧制过程中可用于支撑珐琅工件而不会发生黏连。云母片适用于"镂空透花珐琅"工艺，在涂装和烧制过程中，釉料尚未成型的情况下使用，以支撑釉料，防止釉料脱落或移位。云母片也可以用来遮蔽窑炉的观察孔，以防止红外线伤害眼睛。

型号及类别：是一种标准尺寸的薄板材料，可以从珐琅材料供应商处购买。

技术水平：中级。

砂纸

工艺：珐琅、研磨。

用途：砂纸是一种研磨介质，用于研磨珐琅表面和打磨抛光。砂纸是粘贴了金刚石颗粒的网纹纸张，可以裁切成不同形状，也可以粘贴在木条或塑料棒上。砂纸应在自来水下使用，以防有害的珐琅粉末或其他粉尘被释放到空气中。斜纹砂纸也可用于磨削陶瓷和玻璃。

型号及类别：有多种目数的粗砂纸可供选择，75号属于中等粗细，10号属于非常细腻的。

技术水平：初级。

化学制剂

首饰设计师会使用各种各样的化学物质来进行各种不同的工艺操作，包括打孔、焊接和蚀刻。使用化学药品时必须小心谨慎（更多的健康和安全建议见第10页）。购买化学品时，请供应商提供相关的说明书，其中应包含产品的详细信息和安全使用说明。

（更多的健康和安全建议见第10页）

锈蚀着色的化学物质

工艺：锈蚀着色。

用途：用于金属表面锈蚀着色的化学品。有些是需要加热的，有些则是常温下使用的。这些化学物质通常对应专用的金属，对铜或黄铜起作用的化学物质对银或钢往往不起作用。使用化学药品时应戴护目镜、手套、呼吸面罩或口罩。加热的溶液会散发烟雾，所以必须格外小心。如有必要，建议在户外进行相关操作。化学品应存放在上锁的金属柜内，并清楚地标识主要信息。

型号及类别：通常以液体形式作为预混溶液出售，但有时也作为晶体出售，需要与水按正确的比例混合后再使用。

技术水平：初级。

溶剂

工艺：蚀刻、石材镶嵌、雕刻。

用途：溶剂用于溶解其他介质，如清漆、蜡、黏合剂和树脂。使用溶剂时应佩戴手套、护目镜等防护用品，并在通风良好的区域工作。溶剂需要小心储存，因为大多数都是高度易燃的。

型号及类别：最常用的溶剂是丙酮、矿物酒精、松节油和打火机液体，这些都可以从五金店或绘画材料店购买。

技术水平：中级。

黏合剂

工艺：将组件固定在适当的位置。

用途：黏合剂的选择取决于所连接的材料以及所需的耐久性。环氧树脂适用于许多操作，并提供了较强的黏合效果。强力胶黏度很高，但对珠宝来说很脆弱。珍珠胶用于将半钻透的珍珠固定在细金属杆上。金箔胶是为金箔的使用而制定的，它被薄薄涂在将要贴上金箔的区域，逐渐变干并发黏的时候贴敷上金箔。油基浆料比丙烯酸提供了更好的黏结性，但丙烯酸具有更快的干燥时间。使用黏合剂时应在通风良好的地方操作。

型号及类别：环氧树脂、氰基丙烯酸酯（强力胶）、珍珠胶、透明蓝光胶和金箔胶。

技术水平：初级。

润滑剂

工艺：钻孔、刃磨工具、刀具维修。

用途：用于润滑使用中的工具或机械。由于使用后阻力、摩擦和热量会减小，因此钻头和打磨轮的工作效率会更高，锋利的钻头和打磨轮会保持更长的使用寿命。当在油石上打磨工具以辅助加工时，也要使用大量的润滑油。蜂蜡可以直接擦在锯条上，使锯条切割得更顺畅。经常在工具上涂油可以防止生锈，因为它能形成防潮的物理屏障。

型号及类别：多种不同的润滑油可供选择——三合一机械油、冬青油、矿物油、有机切削液、蜂蜡。

技术水平：初级。

🧰 初学者工具箱
当这个符号出现在工具旁边时，它表示该工具应是初学者必备的。

助焊剂

工艺: 焊接、熔炼、熔接、铸造。

用途: 助焊剂能防止金属受热时产生氧化物。所有焊剂都有特定的工作温度,助焊剂easyflo最适合使用低温和特低温焊料。而焊接钢材所需的高温意味着大多数焊剂在焊料熔点达到之前就会烧坏,但助焊剂Tenacity 5在这个温度内工作得很好。硼砂适用于大多数焊接作业。焊接时应在通风良好的地方操作。

型号及类别: 最常用的通用助焊剂是硼砂。它以固体圆锥或粉末的形式出售。Auroflux与金配合良好,Tenacity 5则主要应用于钢材。

技术水平: 初级。

再生皂粉(抛光粉)

工艺: 桶内抛光。

用途: 一种特殊的软皂粉,可促进电动抛光桶内钢丸的抛光作用。该化合物还含有一种安全的化学酸洗粉,可以防止钢材在不断与水接触时生锈。使用时将少量抛光粉与温水混合后放入抛光桶中即可。目前还不存在已知的健康和安全问题。

型号及类别: 通常以粉末形式提供,有几个不同品牌可供选择。

技术水平: 初级。

酸洗粉和酸洗液

工艺: 退火、焊接或铸造后的金属酸洗。

用途: 酸洗液可以去除有色金属中的氧化物和助焊剂残留物。由于含有硫酸,所以在混合时要根据制造商的说明小心操作,并佩戴手套和护目镜。酸洗粉需要和温水按正确的比例混合。溶液被加热时会散发出烟雾,所以要在通风良好的区域进行操作。

型号及类别: 安全的酸洗液通常批量供应,有些珠宝设计师喜欢用明矾溶液替代酸洗粉。钢材必须在Sparex #5溶液中酸洗。

技术水平: 初级。

隔热膏

工艺: 焊接、退火。

用途: 隔热膏用于焊接时对宝石的保护,也可防止焊缝在后续加热时重熔。它还可以保护非常细或薄的金属区域不会因过热而烧熔。使用时请遵循生产商的使用说明,通常情况下这种膏体需要在保护区域的周围(扩充1厘米左右)厚涂才能生效。它们在加热后很容易被清洗掉。

型号及类别: 有几种不同品牌的膏状物和凝胶可供选择,修正液或牙膏等也常用于保护焊料连接位置。

技术水平: 初级。

酸性物质和盐性物质

工艺: 酸洗、蚀刻。

用途: 酸和盐等溶液通过溶解金属来对其进行化学去除,包括蚀刻和酸洗等工艺。从技术上讲,硝酸铁和氯化铁是盐性物质,它们以不同的方式"攻击"金属,用于产生与蚀刻类似的效果。它们虽没有酸那么危险,但在使用时仍应小心。安全使用化学品的建议参见第10页。

型号及类别: 珠宝制造中常用的酸有硝酸、盐酸和硫酸,通常以液体形式出售,在使用前需要稀释。硝酸铁和氯化铁可以以液体的形式出售,也可以以晶体的形式出售,晶体需溶解在温水中后使用。

技术水平: 初级。

防锈漆

工艺: 蚀刻。

用途: 用于涂在清洁的金属表面,防止酸腐蚀。金属的暴露区域被酸腐蚀,而涂漆的部分不受影响。设计者可以用画笔将其涂在金属上,也可以在整个表面统一涂上清漆,待干燥后刻画出花纹再腐蚀。它通常还与透明胶带一起搭配作为遮蔽屏障使用。

型号及类别: 各种品牌的液体漆料和记号笔可供选择。

技术水平: 初级。

机械及台式工具

　　本节的许多工具和机械对初学首饰制作的人来说是一笔非必要的开支，但有一些工具是非常高效的设备，值得购买。此外，台钳和吊机都是通用工具，可以应用到许多不同的操作中。

轧片机

工艺：轧薄金属、制作金属细杆和线、压印肌理。

用途：轧片机有平行硬钢轧辊，通过旋转曲柄，用轧辊轧薄金属，形成薄板或金属线。滚轮之间的距离可以通过顶部的旋钮调整。轧片机必须用螺栓固定，或者固定在非常坚固的工作台表面，或者固定在特制的机架上。轧片机必须保持清洁并涂抹油剂，使轧辊的结构和表面保持良好的工作效果。

型号及类别：带平面辊和卷丝辊的全尺寸轧片机价格比较贵，但其齿轮传动比为 7∶1，因而更省力。小型轧机更经济实惠，但购买时需要查验机器的传动比，因为有些是直接驱动的，运行时会非常费力。有不同设计的轧辊可供选择。

技术水平：初级。

戒指调节器

工艺：拉伸和收缩戒指。

用途：用于扩大或缩小戒指的内径。使用时通过将戒指圈压入旋转底座上的模具中来压缩外缘。通过抬升手柄增加芯轴的粗度，可以将戒指环拉伸，从而扩大内径。

型号及类别：有多种不同的设计可供选择。大多数戒指调节器都是专门为婚戒设计的，但也可以为镶有宝石的戒指调整尺寸。

技术水平：初级。

拉线板

工艺：拉丝、拉直、加工硬化线材、铆接。

用途：拉线板上有一系列的刻度孔，这些刻度孔排列成直径逐渐缩小的孔线。金属丝或金属杆以一定的力度逐步穿过这些小孔后，会逐渐减小直径，增加长度。

型号及类别：可购买到多种孔洞形状的拉线板，通常是圆形的，也有"D"形、正方形、长方形、椭圆形或星形的。有些在同一个板材上有几种不同的形状。

技术水平：初级。

🧰 **初学者工具箱**
当这个符号出现在工具旁边时，表示该工具应是初学者必备的。

台虎钳

工艺：锻造、铆接、夹具。

用途：每一个工作室都需要一个虎钳，主要用于在加工成型或锻造等工序时夹住工具。保护垫通常用于保护工件免受粗糙钳口的损伤，由皮革制成。台虎钳必须用螺栓或整体钳夹固定在工作台上。台钳也可以用来完成冲压成型的相关操作。

型号及类别：有许多不同的尺寸和设计。用"C"形夹具固定在工作台顶部的小台钳只适合于小型的操作（如铆接），对于锻打等锻造技术，则需要用大虎钳来牢固地夹住工具。质量较好的二手虎钳价格会相对便宜。

技术水平：初级。

台式钻床

工艺：钻孔。

用途：台钻提供了在各种不同材料上进行精确和垂直钻削的方法。为了防止振动，钻头应该用螺栓固定在工作台的表面。在钻削过程中，钻面可用于将物体安全地固定在钻床的位置上。

型号及类别：有许多不同品牌的台钻可以选择，但需要进行质量和价格的权衡。在购买台钻之前，要考虑台钻的功率、变速次数和钻头的最大直径等参数。

技术水平：初级。

拉丝凳

工艺：拉丝。

用途：拉丝凳是专为辅助拉丝而设计的，与拉丝板、拉丝钳配合使用。大多数拉丝凳使用手动卷绕系统将钳子从拉线板表面拉出，从而迫使金属丝穿过拉丝孔。

型号及类别：有几种不同的设计，包括皮带或链条传动，以及壁挂式或电动拉丝台。

技术水平：初级。

拉丝钳

工艺：拉丝、校直、加工硬化线材。

用途：拉丝时，用拉丝钳把穿过拉丝板（固定在拉丝台或虎钳上）的金属丝拉出。钳子有锯齿状的钳口，一条腿的末端弯曲成钩状，钩住拉丝凳的链条或皮带，也可以购买用于手工拉丝的形式。

型号及类别：有几种不同的品牌可供选择。有些钳子只能用在一种特殊类型的拉丝台上。

技术水平：初级。

酸洗槽

工艺：金属退火或焊接后的酸洗。

用途：酸洗槽是用来装盛酸液的，通常带有加热装置。虽然加热的酸液比冷的反应会加快许多，但这对于一个小型工作室来说，购买酸洗槽可能比较奢侈。最好在插座上安装一个定时开关作为额外的安全装置，并在通风良好的区域进行操作。

型号及类别：特别设计的酸洗槽是一项昂贵的投资，其通常有不同的容量，容量越大，价格越高。可以考虑经常操作物体的规格，以决定选择哪种尺寸。

技术水平：初级。

超声波清洗机

工艺：清洁。

用途：超声波清洗机利用高频超声波振动物体上的污垢，对去除封闭空间内的抛光痕迹也非常有用。加热无毒害的清洁溶液（比氨水更常用），可以提高清洗效率。易碎和含有多种材料的物体，包括一些镶嵌宝石的首饰，不可采用这种方法清洗。

型号及类别：有便宜的超声波清洗机，但没有价格贵的型号功能多。当选择超声波清洗机时，可以从体积、功率、是否有加热功能和是否有定时器等方面考虑。

技术水平：初级。

吊机

工艺: 清洁、雕刻、抛光、表面肌理、钻孔、石材镶嵌。

用途: 它是一种电机,并带有一个长而灵活的柔性轴,轴的末端有一个手持式装置,可以使用多种附件。变速可由脚踏控制。电机的功率是一个重要的考虑因素,就像手持部分的类型一样。锁口部分一些是用钥匙操作的,一些是用夹头固定的,还有一些是用手柄快速实现的。它可以挂在墙上的钢钉上,也可以挂在工作台的支架上。

型号及类别: 有许多不同的生产商,请确保吊机的主要配件为同一个品牌,以确保兼容性。小型手持式电机是一种更实惠的选择,但它们不适合在稍大的物体上使用。

技术水平: 初级、中级。

抛光电机

工艺: 抛光、表面处理。

用途: 适用于小型珠宝首饰工作室,通常使用吊机和滚筒抛光机结合即可满足基本的抛光需求。抛光电机通常搭配许多不同类型的抛光轮使用,包括织物、黄铜丝、钢丝和金刚砂等打磨抛光的材料,它比吊机和滚筒抛光机效果更快速,表面效果更光滑。

型号及类别: 通常分为单轴或双轴两种形式。理想情况下,它应该安装在排烟罩(单独出售)下面。

技术水平: 初级、中级。

液压机

工艺: 冲压成型、压花。

用途: 液压机是一种钢架结构的工具,液压机的千斤顶固定在可移动的隔板下,通过增加千斤顶的压力而升高,可用于多种金属板材的成型和压花工艺。

型号及类别: 从专业供应商那里可以采购12吨或20吨的型号。由于购买液压机是一笔不小的开支,所以需要考虑一下将要加工物体的体积,通常台虎钳也可以完成一些小型的冲压操作。供应商还会库存一系列冲压用工具配件供选择。

技术水平: 初级。

滚桶抛光机

工艺: 抛光、清洁、表面处理。

用途: 筒形抛光机与抛光钢球一起用于抛光工件,或者与研磨介质(如陶瓷锥)一起用于磨砂表面的抛光。它通常由电动装置驱动一个主轴,使包含工件的筒体旋转。在小型工作室里,它们不会产生粉尘,因而是一种理想的抛光方法。这些抛光机也可以用来为加热硬化后的贵金属黏土作品抛光,也可以安全地为金属链抛光。

型号及类别: 滚筒式抛光机价格相对便宜,并且有一个或两个桶共用一个电机。备用桶、盖子和密封件可单独购买。

技术水平: 初级。

健康及安全设备

在使用可能损害健康的化学品、设备进行操作时,采取适当的预防措施至关重要。在珠宝首饰制作过程中造成的伤害大多数是小的割伤或烧伤,所以应在工作室里准备一个急救箱。

🧰 **初学者工具箱**
当这个符号出现在工具旁边时,表示该工具应是初学者必备的。

安全眼镜（护目镜）

工艺：使用任何化学品或机械时进行防护。

用途：安全眼镜是用来保护眼睛的，甚至可以戴在眼镜外。它们由防碎塑料制成，可以承受碎片或其他物体的撞击。护目镜也为防止化学品飞溅到眼睛里提供了物理屏障。

型号及类别：通常有几种不同的设计，比如可调节的镜架。使用吊机进行操作时，建议使用保护整个面部的面罩。

🧰 **技术水平：**初级。

防护口罩

工艺：清洁、抛光、处理塑料和木材时使用。

用途：防护口罩是一种防尘屏障，当进行所有会产生粉尘的操作时都应佩戴口罩，包括使用吊机打磨锉削木材或塑料等软材料。口罩应紧紧贴合在鼻子和下巴上，口罩的金属条可贴合在鼻子周围，以防止灰尘从口罩两侧吸入。

型号及类别：口罩有一次性的和可重复使用的两种，有些口罩的前部有一个呼气阀，有些口罩的剪裁比其他口罩更贴合面部轮廓。

🧰 **技术水平：**初级。

橡胶手套

工艺：使用化学品时佩戴。

用途：保护皮肤免受化学物质的侵害是非常重要的。即使这些化学物质没有腐蚀性，反复接触某些化学物质也会导致接触性皮炎，若进一步接触很容易加重皮炎，并会使皮肤对其他化学物质敏感，容易发生湿疹。当混合或使用酸等腐蚀性化学品时，覆盖前臂的橡胶手套是必不可少的。

型号及类别：一次性乳胶手套有表面带粉末和不带粉末的两种。乳胶过敏者应使用乙烯基或丁腈橡胶手套。超长橡胶劳保手套应用于处理危险化学品时，可重复使用。

技术水平：初级。

护耳器

工艺：锤击、锻造、錾花时使用。

用途：用于保护耳朵免受如锤击时发出的噪声的重复刺激，因为随着时间的推移，噪声会影响听力。护耳器可以与耳塞一起使用，以提供额外的保护。一般的预防措施也可以在操作时有效地减少噪声，比如锻打时把沙袋置于铁砧之下，当锤击时便有一些噪声被吸收；或者尽可能使用胶皮锤或木槌，因为这类锤子的声音不太尖锐。

型号及类别：有固定圈口或可调圈口两种，其总体价格相对便宜。

技术水平：初级。

隔热手套

工艺： 珐琅、热塑、铸造等热加工。

用途： 皮革手套或护手手套用于珐琅或铸造时保护双手免被烫伤。在处理大块金属板材时，戴上厚厚的手套也是一个好主意，因为板材边缘可能非常锋利。

型号及类别： 有几种不同的设计，如通用皮革手套或经过特殊隔热处理的手套。最好选择护臂部分比手套长，能覆盖前臂的款式。

技术水平： 初级。

皮手指套

工艺： 抛光。

用途： 操作钻头、抛光电机等旋转机械时，不应戴手套，但如果需要保护手指不受研磨介质的伤害或抛光时工件会很快变热，可佩戴皮手指套。如果抛光轮碰到皮手指套，它就会滑落下来。

型号及类别： 通常手指保护套是成套出售的，包含了各种尺寸。

技术水平： 初级、中级。

呼吸面罩

工艺： 在使用化学药品、树脂和其他释放有害烟雾的物质时佩戴。

用途： 呼吸面罩是带有一对过滤器的贴身面罩。过滤器从空气中去除烟尘，保护肺部免受化学气体的侵害。使用一段时间后，需要更换过滤器。使用时，请务必按照使用说明正确使用呼吸面罩。

型号及类别： 购买时请确认呼吸面罩是否适合将要使用的化学品类型。定期更换的过滤芯材可以单独购买。

技术水平： 中级。

焊接护目镜

工艺： 焊接、珐琅。

用途： 某些工序会发出有害光线，对眼睛造成永久性伤害。使用高温设备时应佩戴护目镜，如珐琅窑会发出红外线。处理熔融金属时也应采取预防措施，即使是普通护目镜也会起到一定的防护作用，因为它们可以避免眼睛过于干燥。

型号及类别： 有几种不同款式的护目镜、眼罩和面罩可供选择，也有专门用于珐琅窑的蓝色眼镜。

技术水平： 初级。

手指护带

工艺： 清洁、珍珠钻孔等。

用途： 也叫"鳄鱼"胶带。胶带通常需粘在操作者身上，如缠绕在指尖，在清理金属碎屑时防止磨损手指，还可以预防割伤。这种胶带有一种编织而成的、质地松散的表面，这样在工作时更容易抓住小件的物品。

型号及类别： 通常整卷出售，可以用剪刀削减成需要的长度。

技术水平： 初级。

洗眼站、灭火器、急救箱

工艺： 损伤控制。

用途： 希望永远不需要用到它们！当化学物质或微粒接触眼睛时，必须马上用洗眼水（不能重复使用）冲洗眼睛。小型灭火器价格便宜，是必备之物。

型号及类别： 有不同的品牌。

技术水平： 初级。

材料

　　虽然很多首饰艺术家的创作以纯金属为主，但也有越来越多的人从事非金属材料的创作，并进行有趣的探索，创造出缤纷的效果。更多的设计师愿意在局部运用非金属材料，是因为它们往往可以在作品中与金属材料形成丰富和微妙的对比。有些首饰艺术家偏爱某一种特殊材料，最终会对这种材料的性能和工艺技术进行深入探索。因为每一种材料都有自己的工作特性，如难熔金属可以阳极氧化着色，但不能退火或焊接，热塑性塑料可以在柔软状态下加热和成型等。从古至今，木头、骨头、贝壳和皮革等天然材料以及基础金属和宝石，也一直都被用作人体装饰的重要材料。这些材料通常与最近研发的合成材料相结合，合成产品（如塑料、硅胶、磁铁等）通常用于现代首饰的制作，当然也包括制作过程中的模具制作和模型制作。

戒指《网格集合》
（第 73 页）

银是一种很实用的材料,具有良好的延展性,可以适应高强度的拉伸和变形,同时又有足够的硬度以保持基本的结构强度。作为贵金属中反光性最强的一种,银可以被抛光至高亮度,但随着时间的推移或暴露在某些化学物质下时,银会变色。

贵金属:银

应用

银是一种相对廉价的贵金属,具有很好的可加工性能,适用于大、小各种尺寸的作品,并能承受不同尺寸的锻造和铸造。由于银的加工硬化速度相对较快,因此在进行下一步操作之前,需要对其进行常规退火以软化金属;但由较薄的片材或金属丝可能需要保留在这种硬化状态,以便使其更耐用。许多不同的技术都可以应用于银,因为它的可塑性很强,允许高强度拉伸和压缩,并可以使用银焊料实现无缝连接。对于某些特殊金属配件(如弹簧或胸针别针等),银的抗拉强度不够,因而更银更适合制作通过穿孔佩戴的饰品。

纯银的应用范围有限,因为它非常柔软,但在镶嵌较为脆弱的宝石时非常有用,不需要太大的力量就可以实现镶嵌和打磨。非常细的银线是用于金属编织工艺的理想材料(如编织或钩针),因为它具有极强的操作性。当银黏土被烧制后,就会形成纯银,因此它的制作工艺与其他银不同。银黏土可以压入模具或纹理模具上,用于压印花纹或造型,而且在烧制之前银黏土也很容易雕刻。通过电铸也可以得到纯银。

表面电镀银的工艺常用于大件物体的表面,因为要为大型物体抛光需要耗费很多时间;电镀银工艺还经常用于那些很薄而且不能被充分打磨以去除变色的组件上。

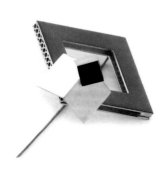

立体构成的胸针
维多利亚·科尔曼(Victoria Coleman)
这个胸针是由焊接的盒子形结构通过激光焊接技术与宝石托结合制作而成的。

			银的属性		
金属名称	合金成分 (每千份)	成　色	熔　点 (1℉ ≈−17.22℃)		比　重
纯银	999份银	有光泽的白色	1 762℉	961℃	10.5
不列颠银	958份银 42份铜	白色	1 650~1 725℉	900~940℃	10.4
标准银	925份银 75份铜	白色	1 480~1 740℉	805~950℃	10.3

品种与类别

可以从贵金属经销商那里购买到各种各样的纯银型材。产品包括板、线、棒、焊料、铸造颗粒、箔和管，此外还包括一些半成品，如链和预制戒指环、配件和宝石底托。每克产品的价格会受到制造成本的影响——管材比片材或线材更贵，而铸造颗粒的生产成本最低。一次性购买10克，甚至50克，肯定比零买要便宜。金属废料通常会打折。

银片出售时通常带有保护性的塑料涂层，以防其被划伤。

一些供应商还会生产一些特定的产品，如非常厚或超粗的管材以供订购。许多贵金属交易商还提供废料回收服务，所有形式的贵金属都可以回收，包括清理工作台的金属碎屑。废料的价格取决于金属的形式——清洁的、高纯度的金属将获得最高的价格，不纯净的金属则是价格最低的，因为它们需要"精炼"。

也有抗变色的银，但比标准银的造型难度大。在市场有限的产品范围内，这种合金的成分也不尽相同，并且随着需求的增加，我们的

银
纯银片有多种规格可供选择。

选择也在不断增加。这些合金可以用与普通银料相同的方法焊接和加工，但成型稍微困难一些；它的主要优点是减少了耐火氧化皮的形成，并且在空气中具有抗变色能力。

不列颠尼银经常被用来作为珐琅底胎，因为它不易在几轮烧制后产生火斑，缺点是其主要以片状形式提供。

纯银可以被制作成各种规格的薄板和线材，也可以制作成银黏土。银黏土被烧制后，就会形成纯银，银黏土产品包括黏土、薄片和浆料。

银粒
铸造颗粒，是失蜡铸造的主要原料，也是这种贵金属最经济的形式。

银丝
纯银、标准银和抗变色银合金可做成各种规格的银丝。

黄金的纯度用K表示——高纯度黄金(24K和22K)非常柔软,具有良好的延展性和灿烂的色泽。中低纯度的金合金,其他金属的比例更大,并形成了不同的金属性能和表面色彩,如目前生产的白金、玫瑰金和绿金等。

贵金属:金

应用

与银相比,黄金的价格较高,这意味着它经常仅作为银器的点缀以增加色彩对比,降低整体材料成本。这种材料的成本影响了许多技术在其表面的应用,如因为溶解在酸性溶液中的金属不易回收,所以雕刻黄金比蚀刻黄金工艺更为常见。由于黄金比白银硬度略高,因而可以在创作中使用比银更薄的构件,甚至可以薄到0.2毫米,而不会造成整体硬度的损失,这也有助于降低一件饰品的金属成本。

白金合金比黄金坚硬得多,强度也高得多,正因如此,贵重宝石的镶爪和底托以及别针的配件通常都是由白金制成的。

22K金本身与纯黄金的色泽最接近,但是对于大多数工艺来说过于柔软。然而,它较强的延展性使得22K黄金非常适合镶嵌脆弱的宝石。18K金可能具有最好的工作性能,比白银硬度稍

高,又有足够持久的高光泽,使得它适合大多数工艺。这种合金含金量较高,因此被认为具有很高的内在价值。14K金也有良好的工作性能,但是与高纯度的黄金相比,黄色显得非常浅,它也是所有金合金中熔点最低的。

9K黄金是最白、最硬的黄金合金,合金中黄金的比例如此之低,意味着它的内在价值也相对较低。

品种与类别

在过去,珠宝首饰设计师通常会自己制作黄金合金,他们在坩埚中按正确的比例熔化金属,铸造出可以加工成薄板或金属丝的合金锭。这种情况现在很少见,因为已经有足够多元的黄金产品可供选择,而且纯度得到了保证。9K、14K和18K的黄金可用于各种规格的板材、线材、管材、链条和预制品,其中以黄金、

黄金颗粒
许多不同的含金合金作为铸造颗粒提供,图中是18K黄金。

白金、玫瑰金和绿金的形式最多，但型号并不全面。"白色"金有两种合金：一种略呈现暗灰色，另一种略呈现黄灰色。因此，白金表面经常要再镀上白色的铑来掩盖这些色泽。

　　每种不同色彩的K金合金都有不同等级的焊料可供选择，且操作时应使用适合于金焊接所需的高温焊剂，如 auroflux。由于金合金之间的颜色和焊接温度不同，使用正确含金量的焊料对所操作的黄金工件很重要，在纯度较高的金工件上使用纯度较低的焊料，最终会影响工件的纯度。

　　22K或24K金箔常用于熔接和珐琅工艺中，也可以将大量高纯度金箔贴于物体表面，以增加色彩和豪华效果。此外，你还能购买到黄金贵金属涂料，它通常会用于银黏土的表面着色。

金片
金片有多种规格和不同合金成分可供选择。

　　镀金工艺是对其他金属（如银或基础金属）作品的表面处理，使其看起来更有价值。作品的表面色彩可以通过改变阳极金属的成分而改变，这也决定了电镀是"软镀金"还是"硬镀金"。

　　黄金的定价方式使其成为一种投资工具，黄金在投资市场上被视为一种安全的投资产品，其价格每天随市场的涨落而波动。这直接影响到贵金属供应商提供的黄金产品的价格以及废金属回收的价格。你还可以购买那种合乎商业道德的原矿黄金或回收利用的黄金作为加工原料。

金丝
"D"形金线是众多金线型材中的一种，金线的选择空间很大。

金的属性					
金属名称	合金成分（每千份）	成　色	熔　　点		比　重
24K纯金	999份金	金黄	1 945°F	1 063℃	19.5
22K金	920份金与银和铜构成合金	暗黄	1 769～1 796°F	965～980℃	17.8
18K金	760份金与银铜、锌和钯构成合金	黄、红、白、绿	1607～2 399°F	875～1 315℃	15.2～16.2
14K金	585份金与银或钯、铜和锌构成合金	黄、白	1 526～2 372°F	830～1 300℃	13～14.5
9K金	375份金	浅黄、红、白	1 616～1 760°F	880～960℃	11.1～11.9

铂、钯和铑不像银或金那么容易加工，因为它们坚硬且熔点高。铂和钯是镶嵌贵重宝石的理想材料，因为它们是非常坚硬的金属。铑是最常用的电镀材料，可以让珠宝具有非常持久的亮白色或黑色表面。

贵金属：铂、钯和铑

应用

铂是一种很难加工的金属，因为它非常坚硬，但这使得它很适合牢固地镶嵌宝石。铂合金通常是铸造成型的，因为它们很难锻造成型或焊接。这种金属的成本和比重都很高，因而最常用于小型首饰，如戒指和耳环。

钯是近年来越来越受欢迎的珠宝制作材料，具有良好的色泽和反射率，以及类似于铂的操作性能。钯与铂相比的优点是密度更轻，焊接温度更低，价格更便宜。

铑通常被用于电镀于其他金属表面，最常见的是白金和铂金，以改善其合金色泽，通常可以生成明亮的银白色效果，且不生锈。电镀黑色铑层也是一种常见的工艺，它将产生一种黑色的金属效果。铑非常坚硬，镀层虽然同样只有几微米厚，但铑比其他镀层更耐用。

蓝宝石戒指
埃丽卡·夏普（Erica Sharpe）
这枚戒指是用铂金铸造而成的，并镶有22K黄金圆珠及蓝宝石。

品种与类别

铂金制品的供应类型很有限，因为很多铂金首饰都是铸造的，所以不需要各种型材。铂金的加工需要特殊的锉刀、锯片和抛光剂，因为铂可以快速钝化普通工具。

2006年，钯的贵金属地位被确立，公众对其的认识不断增加。随着兴趣和需求的增加，将有更多的钯金属产品可供选择。钯的价格与含金量中等的黄金处于同一价位。

许多电镀技师会提供电镀白色铑服务，但很少提供黑色。铑镀层可能会比其他金属镀层更贵，因为金属本身价格很高，但并不是高得令人望而却步，因为它的使用量极少。

钯和铂
钯和铂可做成薄片、棒、丝、铸料和焊料出售。

戒指《网格集合》
萨利马·塔克尔（Salima Thakker）
金戒指表面电镀了黑色铑镀层，与镶嵌在戒指上的钻石形成了鲜明的对比。

		铂、钯和铑的属性			
金属名称	合金成分（每千份）	成 色	熔	点	比 重
纯铂	999份铂	灰白	3 227℉	1 775℃	21.4
铂	955份铂 45份铜	灰白	3 173℉	1 745℃	20.6
钯	950份钯（镓、铜）	白	2 462～2 552℉	1 340～1 400℃	11.7
铑	999份铑	亮白	3 571℉	1 966℃	12.5

有色基础金属具有一系列适宜加工的特性，它们比贵金属更便宜，反应性更强。这种反应性使得一系列的化学镀膜或着色技术可以与这些金属一起使用，但也意味着它们的表面会在空气中迅速变色。

基础金属

应用

这些基础金属在首饰制作中大有用武之地。除了锌，这些金属都可以用银焊料和硼砂进行焊接，它们彼此之间、基础金属与贵金属之间都可以进行焊接，从而创造出有趣的色彩组合，或者开创性地进行创作探索或制作模型模具。然而，这些金属不能被打上纯度戳记，因为它们并不珍贵，也不能与将来要被打上纯度戳记的贵金属组合使用。虽然镍也是一种有色基础金属，具有良好的可操作性，但许多人对这种金属过敏，所以不适合用于首饰制作。

由于亚金具有与银类似的延展性和可操作性，因此可以用来制作模型或测试件。用它制作大型作品，然后电镀，使其看起来像银或金制品，可以降低材料成本。非常薄的亚金箔通常被用作金箔的廉价替代品，它们分为散张的和带转移纸的两种，并有不同色调可供选择。

铜是一种很实用的金属，可以用来制造厚实的组件，但是对于薄的、复杂的造型来说，铜的硬度偏低，创作上很难突破传统。虽然铜材本身相对较软，但由铜片构成的结构往往具有足够的刚性。铜是一种活性金属，在空气中极易氧化；这一特性使其可以通过加热或化学镀层产生缤纷的颜色变化。你可以尝试使用特定的化学物质或工艺来形成铜绿、蓝色、棕色、黑色、紫色和红色等不同的色彩效果（参见第211页），同样的化学溶液也可以用于黄铜、亚金和青铜，但每种金属的效果略有不同。任何一种有色金属表面都可以被化学镀铜，方法是将其包裹在绑线中，并将其放在酸洗液中一段时间，溶解在酸洗液中的铜将沉积在工件表面（在这一过程中，请不要使用正在日常使用的酸洗槽，以避免其他工件被镀铜）。

黄铜硬度较高，但韧性欠缺，容易疲劳，需要定期退火，但它依然是制作金属丝的优秀材料，因为其一旦硬化后具有较强的刚性。请注意，加热黄铜后请在空气中自然冷却，而不是将它淬火，因为温度的突然变化可能会引起

锌质胸针

露西·萨尼尔（Lucy Sarneel）
锌不属于珠宝首饰制作的传统金属，通常只作为合金的成分使用。然而，这枚胸针巧妙地结合了油漆、银和钻石原石，是一件有趣的作品。

基础金属的属性					
金属名称	合金成分（每千份）	成 色	熔 点		比 重
铜	999份铜	暖橘	1 480～1 980°F	804～1 082°C	8.94
仿饰金（亚金）	950份铜 50份锌	暖黄	1 650～1 725°F	899～941°C	8.75
黄铜	670份铜 330份锌	浅黄	1 690～1 760°F	921～960°C	8.5
青铜	900份铜 100份锌	棕黄	1 922°F	1 050°C	8.8
锌	999份锌	灰白	788°F	420°C	7.1

黄铜

铜

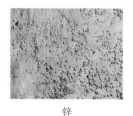

锌

过大的内应力，导致内部出现裂纹。由于黄铜硬度较高，所以适用于制作某些类型的工具，冲压成型工具、简单的冲头和拉线板是最常见的。黄铜制品的生产工艺对金属的性能有很大的影响，黄铜线在被强力挤压后，如果过度加工或过度加热，容易产生裂纹。

青铜主要用于铸造，因为它非常坚硬，并能够非常清晰地保留细节。它还可以产生一系列独特的专属色彩。

戒指《窗口》
法布里奇奥·特里登蒂
（Fabrizio Tridenti）
铸造的青铜和填充的金属铝为这枚雕塑戒指提供了色彩对比。

品种与类别

可以从专业基础金属供应商以及工艺和模型商店购买基础金属。可以找到各种规格的薄片、杆、线、箔片、叶子、网格和管。铸件可以用青铜或硅黄铜制作，有专门从事这方面代工的铸造公司。这对于在制作模型或硅胶制模之前的"打样"是非常有用的，但由于铸造技术相同，且金属的实际成本仅略低于银片铸造的成本，因此金属的选择通常是大家首要考虑的问题。波动的金属价格可能决定选择，但与许多贵金属相比，基础金属价格始终相对便宜。

铜
基础金属的工作性能（而非材料的颜色）对材料的选择影响最大。

这类金属也被称为"轻"金属,因为它们的比重较低,其工作性能与贵金属或其他基础金属大不相同,因为它们不能退火或焊接,而且可塑性较差——除了铝和钽。

难熔金属及铝

应用

这些金属因其可应用的着色技术而引人注目,但由于不能在正常条件下焊接或退火,它们的应用很有限。阳极氧化(有关阳极氧化技术的更多信息参见第217页)是一种着色技术,可用于钛、铌和钽。这一过程需要专门的设备,但所能达到的效果使得采购、租用或借用这些设备非常值得。

铝是这些金属中最容易加工的,最具可塑性,可以用许多技术来成型和塑造,也可以进行阳极氧化着色,但需要与难熔金属不同的工艺。一旦阳极氧化生成适合的

表面以后,铝可以被染色或永久性地印上图案。阳极氧化铝表面有一层坚硬的氧化物,因此不容易再次造型。因为铝材很轻,具有非常低的比重,因而可以通过增加铝片厚度来弥补它硬度上的不足,使物体具有更高的强度而不过于沉重。此外,如果过度加工,金属铝容易开裂,虽然可以通过退火缓解这一状况,但由于加热过程中铝材没有颜色变化,所以很容易造成温度过高甚至熔化。

色彩鲜艳的铝粉可以用类似金箔的方法涂敷(参见第219页)。铝(和锡、锌和铅)的碎屑是最常见的贵金属污染物,因为它的熔点很低,当其与其他金属一起受热时,会在金属表面留下小孔。因此,用于加工铝的工具应单独存放,或在用于其他金属之前进行彻底清洗。

难熔金属(钛、铌和钽)通常通过冷连接技术与其他金属结合,并依靠阳极氧化处理来着色,因为这些金属不容易抛光。钛非常坚硬,不易压缩,不太适合冲压等工艺;它能使

难熔金属
难熔金属的自然金属本色
(从左至右为钽、铝、铌、钛)。

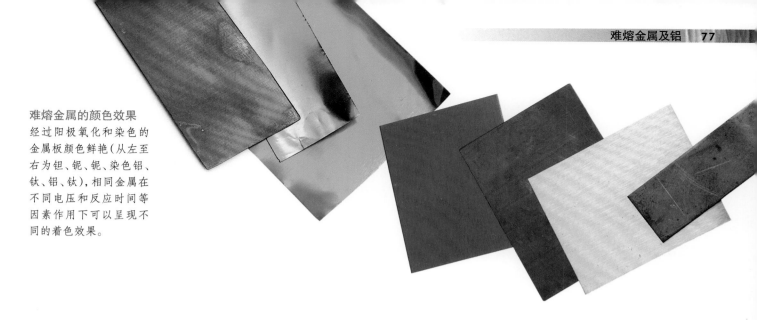

难熔金属的颜色效果
经过阳极氧化和染色的金属板颜色鲜艳(从左至右为钽、铌、铌、染色铝、钛、铝、钛),相同金属在不同电压和反应时间等因素作用下可以呈现不同的着色效果。

工具变钝,所以在切割、钻孔或将金属刺穿时必须使用大量的润滑剂。钛在锻打成型时容易断裂,因为它是脆性的,所以金属通常是扁平的板材。钛表面产生的阳极氧化色彩是有金属光泽的,被侵蚀后的钛明亮耀眼。这种金属也可以被加热着色,以产生相同的色彩渐变效果,虽然这一过程不太容易控制。

铌是难熔金属中最具延展性的,而且它的硬化速度很慢。它在阳极氧化处理后产生的色彩范围也比钛更大,并且可以进行切割、穿刺、钻孔和打磨,方法与普通金属相同。

钽具有与黄金相似的工作特性,它可以被锻造和成型,也可以被阳极氧化处理。

品种与类别

难熔金属可从专业供应商处购买,但产品范围有限。片材、棒材和线材应该很容易找到,但是网格、管材、箔片和其他形式的材料可能很难找到。如果你打算使用染料为铝材着色,那么可以选择购买已经预先进行阳极氧化处理过的铝材,甚至是已经染色完成的铝材。但需要注意的是,不能以处理未经阳极氧化处理铝材同样的方式对其进行造型,因为阳极氧化过程会形成一层坚硬的外表,不易加工。有公司会承接对铝件进行阳极氧化和染色的业务,也可以找到用于阳极氧化的预蚀刻钛。

钛
钛棒和钛丝很容易通过加热或阳极氧化进行着色。

难熔金属的属性				
金属名称	合金成分(每千份)	成 色	熔 点		比 重
铝	950~999份铝	蓝白	1 220°F	660℃	2.7
钛	999份钛	灰	3 272°F	1 800℃	4.5
铌	999份铌	灰	4 474°F	2 468℃	8.4
钽	999份钽	灰	5 425°F	2 996℃	16.65

黑色金属是指那些含铁的金属,如钢铁——珠宝制造中不可或缺的金属,因为它们经常被用来制造工具和机械;钢也可以用于珠宝首饰,特别是不锈钢经常用于别针、弹簧等配件。

黑色金属

应用

碳含量越高,钢就越硬。不锈钢非常坚硬、有弹性,是制作胸针的别针和其他需要坚硬结构装置的理想材料。

铁丝的含碳量很低(或没有),而且足够柔软,可以牢固地把其他将要焊接的金属组件捆绑结合,以固定它们的位置。它的熔点也高得多,所以加热时不会污染其他金属。

不锈钢最容易弯曲或锻造,但可能需要花费很多时间进行打磨抛光,因为这种金属非常硬,甚至可以将锉刀钝化。与珠宝制造中使用的其他金属类似,许多工艺也可以应用到钢材上,钢可以被钻孔、穿刺、抛光、蚀刻、雕刻、热回火着色,并进行锈蚀着色处理。除了作为创作原料,工具钢(有时称为银钢)还可以用来

管状胸针
斯科特·米勒(Scott Millar)
激光焊接技术已被用来将普通钢材与不锈钢胸针焊接在一起。

制造简单的工具,如冲头和戳记。这些工具在使用之前需要经过硬化和回火。

钢材组件可以用银焊料焊接到钢或其他金属上。焊接的主要难点在于产生于表面的氧化物会抑制焊料流动,所以焊接时需要使用高温助焊剂及大火力,使金属很快达到焊接温度。钢材也可以使用电焊的方法焊接。

品种与类别

钢铁产品种类繁多,但主要由基础金属供应商(而非贵金属经销商)批量提供。模型店和工艺品店的存货可能十分有限。

可以购买到一系列不同规格的板材、线、棒,工业或建筑用的管、网格和预制板,以及一系列不同表面处理的材料。

不锈钢丝非常实用,因为它经过充分硬化且足够细。

黑色金属的属性					
金属名称	合金成分(每千份)	成色	熔	点	比重
不锈钢	800～900份铁 100～200份铬	灰白色	2 642℉	1 450℃	7.8
工具钢	850～970份铁 30～150份碳	灰色	2 192～ 2 552℉	1 200～ 1 400℃	7.8
低碳钢	975～995份铁 至多25份碳	暗灰色	2 372～ 2 732℉	1 300～ 1 500℃	7.8

多种多样的材料为探索色彩、肌理和造型提供了绝佳的机会，它们通常与贵金属搭配在一起，丰富了视觉效果。从热塑性塑料的成型到用于模型制作的石膏铸件，这些材料中有许多都有与之相关的特定工艺。

合成材料

属性

塑料主要有两种类型：热固性塑料和热成型塑料。热固性塑料（如树脂）从液体变成固体时会释放能量，通常用简单的塑料或硅树脂模具铸造成型。聚酯树脂是透明的，可以染色并用于镶嵌效果；但它们易碎，在受到冲击时会碎裂。环氧树脂不易碎裂，也是最常用的黏合剂。生物树脂是从植物油脂中提取的，比其他形式的树脂对健康的影响更小，但仍应谨慎使用。

热成型塑料（如丙烯酸和醋酸纤维素）是预制的，可以通过加热成型。亚克力的商品名通常为有机玻璃，可以呈现和制作各种各样的色彩和效果，包括霓虹灯、珠子和反光镜。丙烯酸具有记忆性，如果在成型后再加热，就会恢复到原来的形状；在其性能受到影响之前，可以多次加热。尼龙和聚丙烯是一种强韧的塑料，在饰品制造中有着广泛的应用。橡胶的特点是有弹性。几乎不需要什么

塑料
可采购到各种具有不同工作性能的塑料。

特殊的材料，不同性能的硅树脂橡胶就可以被制造出来——有些是软的、有弹性的，而有些是坚硬的。天然乳胶橡胶是一种液体，但一旦固化，降解速度相当快。当天然橡胶在硫的存在时加热（这一过程被称为"硫化"），性质会发生变化，变得非常耐用。其他形式的橡胶还包括氯丁橡胶（一种海绵状的片状材料）和聚氨酯。

水泥必须与水和砂石等骨料混合才能形成主体，骨料的选择影响最终产品的外观和性能。一旦水泥固化，就会产生一种非常坚硬的、类似石头的物质，这种物质的表面效果与铸造它的模具相同。一些小物体（如宝石）可以嵌入水泥混合物中，以增加视觉趣味。

戒指《郁金香》
阿利德拉·阿利奇·德·拉波特
（Alidra Alic de la Porte）
塑料可以被广泛应用，包括制造塑料制品的实验性工艺。

电子元件
电子元件可以用来在珠宝首饰中制造声音或运动，但需要电源支持。

复古纺织品
虽然纺织品并不总是耐磨的，但它们有多种色彩、质感和弹性效果，可以用多种不同的形式融入首饰创作中。

玻璃可以在自然界中找到——黑曜石就是一种火山玻璃，但饰品中更广泛采用的是一种人造玻璃，因其卓越的光学性能而受到喜爱。用于珠宝制作的玻璃必须耐用，所以经常使用耐热玻璃，因为它具有良好的防震效果和耐热性。

有许多种黏土可以产生具有特定性能的陶瓷。瓷器被认为是一种精细材料，能呈现半透明的白色，质地非常细腻。由于黏土必须在高温下烧制才能使其玻璃化，因此需要专门的窑炉设备。黏土可以上釉以增加色彩、肌理和光泽。

纺织品和纸是由各种各样的纤维制成的，因此具有各种各样的性能，如不同程度的可操作性、厚度、透明度和光学效果。纤维的原料可以是天然的，也可以是合成的，包括金属、植物材料和塑料。

电子元件被用来制造具有特定功能的电路。发光二极管（LED）有一系列颜色和强度，其他组件可以用来影响声音或运动。电阻器、开关和电源等元件需要集成到电路中，可以用电线或软焊接到电路板上，这可能更适合某些特殊的设计。电路的尺寸可以保持较小的规模，因而适合在珠宝应用，但调节一个可使用的电源始终是一个挑战。

具有一定强度的磁铁可以从3英寸以上的地层中获得。钕磁铁有较高的磁力，足以透过两层薄金属，这意味着磁铁可以包裹在一个金属接扣或内部构件中。

应用

珠宝首饰中材料的功能和性能各异，因而无法在这里对这些材料进行详细描述，但它们是作品色彩、肌理、结构形式、光学效果的重要来源，并常常与金属造型或组件形成鲜明的对比。与其他材料一样，合成材料也有其局限性。例如，塑料相对较软，容易划伤；纺织品和纸张可能易受水破坏；而磁铁在足够加热状态时就会失效。也许有必要对每种新材料进行实验，看看它能做什么、不能做什么。

橡胶是最常用的模具制造和铸造的材料，而树脂可以铸成固体形式或用作涂层，也可以嵌入物体。

除了一些特殊陶瓷，在这些材料存在的情况下是不可能焊接金属的，所以如果要与金属结合，必须使用冷连接技术。这些材料中的许多效果实现还得益于金属部件的结构支撑和保护。

每种材料的制作工艺或分类各不相同。例如，玻璃可以是吹制玻璃、窑铸玻璃、灯工玻璃或平板玻璃，也可以用箔片叠层玻璃、雕刻玻璃或透镜、海滩玻璃卵石。许多纸张、纺织品和塑料薄片都很轻，这使得它们成为大体量作品的理想材料，而且它们可以被激光切割来制作复杂的作品。

品种与类别

这些材料可以从许多不同的供应商那里

获得：雕塑材料供应商、工艺品或模型商店、印刷品供应商，以及许多可以在网上找到的专业供应商。一些被当作废弃物的材料也是合成材料的有效来源。

存储

液体树脂、乳胶、硅胶等化学品应存放在可上锁的金属柜中。这些产品的保质期有限，可能在一段时间后无法使用。粉末状材料（如水泥和石膏）以及纸张和纺织品，应储存在阴凉、干燥的地方。

橡胶

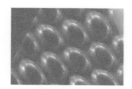

"智能"塑料

合成材料
合成材料的范围包括纸张到具有特殊轻质性能的"智能"塑料。

纸

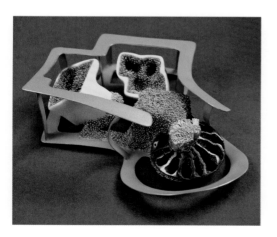

胸针《水族》
安德烈·瓦格纳（Andrea Wagner）
这个复杂的作品将铸瓷元素、黄铁矿化石、聚酯颗粒等聚合在合成树脂中，并与烧了珐琅的银质框架组合起来。

合成材料的属性		
材料名称	构　成	硬度（莫氏硬度）
塑料、橡胶	合成聚合物	1
橡胶乳	天然或合成聚合物	1
硅橡胶	聚硅氧烷	1
玻璃	石英+添加剂	6～7
陶瓷	含矿物的层状硅酸盐黏土、高岭土	5～7
矾土水泥	铝酸钙水泥与骨料	—
石膏	石膏	2
电子元件	各种各样的材料	—
纸	从软木浆中提取的润滑油纤维加添加剂	—
纺织品	天然或合成纤维	—
磁铁	硬磁铁矿或镀镍钕铁硼	5.5～7

许多天然材料可用于珠宝制作。虽然这些材料比金属柔软得多，但它们中的许多材料也可以用与金属类似的方法切割、成型和抛光。参考其他行业和工艺技术，如书籍装帧、家具设计或女帽设计等，都可以为创作提供灵感和技术思路。

天然材料

天然材料属性

虽然兽角、龟甲、羽毛、毛发等都是由基本相同的蛋白质组成的，但这些材料的结构对它们的工作性能有很大的影响。黄牛、水牛和羊等动物的角，其色彩从黑色、棕色到黄色不等，喇叭式的底部是中空的，这种管状材料可以被压扁，从而产生"压扁"的片状结构。角类的尖端是实心的，比底边坚硬得多，密度也大得多。角的分层结构使其容易发生劈裂和开裂。

来自各种鸟类的羽毛也可以用于饰品制作，羽毛的功能决定其形状——飞羽是长且坚挺的，而另一种羽毛偏小，柔软且蓬松。马、人和长颈鹿的毛发也经常用于饰品制作，因为它们的长度足够编织，并适合编织的各种技巧。羽管是一种尖端锋利的空心圆锥，它要么是羽毛的中心轴（被剔除了绒毛），要么是豪猪的脊柱。

骨、象牙和贝壳都是以钙为基础的，具有相似的工作特性。骨头比象牙更重更脆，贝壳容易断裂，但不同品种硬度不同。植物"象牙"是一个术语，指的是几种坚果，可以用类似于象牙的方式加工。贝壳的形状、大小和色彩都有惊人的变化，有的甚至是彩虹色的。

煤晶石是一种木材化石——它很轻，坚硬但是很脆，高抛光后效果很好。黑玻璃、火山石、硬橡胶和压制牛角通常都被用来模仿煤晶石。

皮革是经过处理的兽皮。皮革的生产方法会影响其性能——有些皮革厚而硬，其他的则很薄很灵动。比较有特点的皮革有鸵鸟皮、鱼皮和黄貂鱼皮，还有犊皮，也就是干燥的小牛皮。

木材密度随树木类型的不同而不同，但通常同一种木材的芯材比边材更硬、密度更大。松树等针叶树，质地普遍较为松软；落叶乔木（硬木）则提供了不同密度的木材；苹果、梨和樱桃等果木，坚硬且有吸引人的纹理；漂流木、椰子壳和竹子也是很有特色的材料。

应用

这些材料都不适合制作磨损严重的组件，因为它们对热量、水分、身体油脂和化学物质都很敏感。可以通过贵重金属底托、配件等与天然材料结合使用，来提高其耐用性和丰富首饰的装饰功能。使用这些材料的优点是它们可以提供丰富的色彩和肌理对比，它们既轻巧又有触感，穿着舒适。材料越硬，可以雕刻到其表面的细节就更多；细致紧密、比重较高的木料可能更合适小件作品，因为这样成品不会过重。

《积聚的魅力》
美田爱子（Aiko Machida）柔软的皮革被剪切造型后，形成了这个有视觉冲击的作品。

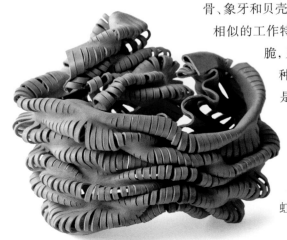

这些材料不能加热到焊接的温度，所以在连接它们时必须使用冷连接技术或黏合剂。许多天然材料可以根据其成分进行钻孔、切割、雕刻、染色、抛光、镶嵌和激光或水切割，有些材料由于其特殊的工作性能而具有特定的技术。角和龟甲（玳瑁）可以用类似于热塑性塑料的方法加工，很容易切割、清理和抛光，甚至可以在沸水中软化后热成型。羽毛和羽管可以在热水或蒸汽中软化和成型。皮革和犊皮可以在沸水中硬化或在牛皮纸上剪裁，外皮可用硝酸腐蚀。

硬木比软木更适合制作珠宝首饰，也更适合制作工具。木材的硬度、密度和纹理将决定作品形状的大小和细节的效果——甚至可以用硬木雕刻一个小盒子。

品种与类别

如果需要用到上述材料，那么就需要从专业公司单独采购其中的大多数材料。探索其他领域的工艺制造可以带来很多启发，如羽毛制成的女帽、木材加工制品。在线拍卖网站、二手商店和市场是寻找创作素材或由天然材料制成的作品的好地方。然而，购买自然资源材料时要小心，不要触犯法律——许多动植物是濒危物种，并且受到CITES（濒危野生动植物种国际贸易公约）的保护，供应商应该出示证明，以证明材料的来源是养殖动物，而不是野生动物。象牙和龟甲（玳瑁）贸易是非法的（除了古董材料），因此可以选择一些替代品。

存储

储存天然材料时应特别小心，因为它们容易受潮，还易受化学物质和昆虫的伤害——角质物质（如羽毛和角）和木材都可能受到甲虫幼虫的伤害。骨、角、象牙、皮革和木材都对湿度的变化很敏感，应该存放在阴凉、干燥的地方，这样它们就不会变形。

木材
许多不同类型的木材适用于珠宝首饰创作。

贝壳和角
像牛角这样的材料一旦经过清洗和抛光，就会完全变形。鲜艳的色彩可以在打磨贝壳的表皮后找到，也可能在它的自然状态中存在。

天然材料的属性			
材料名称	构 成	硬度（莫氏硬度）	比 重
羽毛、头发、鹅毛	角蛋白	—	—
角、龟甲	角蛋白	不同	1.26～1.35
骨	磷酸氢钙	2.5	2.0
象牙	象牙质	2～3	1.7～1.93
壳、珍珠母	碳酸钙、甲壳素、丝氨酸	3.5	2.7～2.8
黑玉	褐煤	2.5～3	2.5
木头	纤维素	—	—
皮革	兽皮	—	—

宝石应用在珠宝创作中，起到装饰、彰显财富和吸引注意力的作用已有数千年历史。许多宝石被认为具有魔法或护身符的属性，可以抵御邪恶。时至今日，宝石往往成为一件首饰的焦点，也可以用来强调或突显某一局部。宝石通过镶嵌、串接或穿挂，赋予首饰作品更丰富的色彩或光泽。

宝石

构成

大多数宝石本质上是矿物，由火成岩、沉积岩或变质岩中特殊物质在压力、温度和其他因素影响下，在地下形成。矿物晶体的形成方式直接影响晶体的性质，包括晶体的大小、劈理和断裂，以及切割石材时所产生的明显的光学效应。大多数宝石是由某些元素或矿物的存在而着色的，如铬和钒赋予绿宝石特有的绿色。

具有相似成分的宝石被归为一族，如石英族包含了一大类石头，包括岩石晶体、玫瑰石英、黄水晶和紫水晶。许多宝石出产于几个特殊的地区。人们可以通过对石材进行处理，以改善其色彩和透明度，如通过加热、辐照和激光钻孔去除夹杂物来实现；宝石表面的处理包括使用蜡、油或树脂填充裂缝来改善宝石的表面。

有机宝石，如琥珀、珍珠、煤晶石、珊瑚都被认为是珍贵的材料，它们是植物或动物来源的天然宝石。珍珠通常是人工养殖的，所以天然珍珠价格很高。仿制的琥珀通常由合成树脂制成，这种做法从19世纪中期就开始了。有机宝石通常比矿物宝石脆弱得多，因此它们的应用范围更有限。

应用

宝石的视觉和物理特性有很大的差异，这将决定它们可用于何种类型的首饰创作，以及它们如何被固定在合适的位置。有许多不同的方法来使用金属完成宝石镶嵌，如用底托和包边卡住宝石，以确保将其固定。这种方法通就是包镶，它也可以用于多面石材的镶嵌。易碎的石头应该用高纯度的银或金镶嵌，因为这些金属纯度高因而比较软。爪镶的底托是使用金属丝形成的框架，支撑着宝石，让充足的光线照射宝石周围，更容易形成夺目的效果（有关镶嵌类型的更多信息参见第237~250页）。

必须在研究宝石硬度、色彩和切工等方面之后再做出镶嵌方法的选择，因为镶嵌的类型可能会影响石头色彩效果的展现，有些镶嵌方法更适用于某些经过切割的宝石。

也可以用宝石的原始形态（未切割）作为设计元素融入设计中，一些较软的宝石可以切割和雕刻出花纹后再使用。

珠子可以串在各种不同的介质上，包括丝线和尼龙。使用丝线的时候可以在珍珠或半宝石珠子之间打结，以防它们互相摩擦造成损伤，还可以保证即使绳子断了，有珠子掉落，也会尽量减少损失。

你可能会因为某一特定的设计而选择购买某一种宝石，或者因为某一宝石激发了你的创作灵感，但在决定镶嵌的类型时，一定要先考虑宝石的属性。

自由形状的戒指与水晶簇
凯尔文·J·比尔克
（Kelvin J. Birk）
打散并重组的紫水晶簇成了这枚戒指的焦点。

手链

金克斯·麦格拉思

（Jinks McGrath）

这款手链通过宝石之间微妙的色彩变化丰富了视觉效果。

品种与类别

宝石应该从有信誉的经销商处购买，以确保较高的质量和公平的交易。他们会告诉你宝石是否经过处理或染色、来源，以及是否有其他价格的类似材料。优秀的经销商应该储备不同层次需求的宝石，包括一些普通人负担得起的，即便它的质量较低或色彩并不是那么理想。价格一直是购买宝石时最重要的考虑因素，因为宝石的价格通常会随着大小呈指数级增长。可以购买到多面切割、半球和珠子等不同类型的大多数宝石。

当选择购买一件精细切工的宝石时，请注意检查色彩、对称度、透明度及切工，并确保获得收据，其上标明原产地、重量和石材名称。作为经销商，当客户在购买成品时，你可以向他们出示相应的数据。如果消费者再次购买同一类型的宝石，也可以将其作为重要的参考。

存储

宝石一定要小心存放，以免一块宝石被另一块宝石损坏。不要让不同硬度的宝石直接接触——最好分开存放宝石，要么放在透明的塑料盒里，要么放在可密封的袋子里，要么用薄纸包起来。

一旦宝石镶嵌在珠宝上，宝石就能更好地防止磕碰损伤，但有些宝石对化学物质很敏感，所以洗手时要摘掉戒指。需要注意的事，千万不要让宝石接触化学清洁剂，无论是家用

的还是珠宝专用的。大多数镶嵌后的宝石可以用软毛刷在温肥皂水中清洗。

宝石的属性		
宝石名称	硬度（莫氏硬度）	比重
琥珀	2.5	1
紫水晶	7	2.6
海蓝宝石	7.5～8	2.7～2.8
珊瑚	3.5	2.7
钻石	10	3.4～3.6
绿宝石	7.5～8	2.75
石榴石	6.5～7.5	3.5～4.1
翡翠	6.5～7	3.3
青金石	5.5	2.3～3
孔雀石	3.5	3.8
月光石	6～6.5	2.6
蛋白石	5～6.5	2～2.5
珍珠	2.5～4	2.7～2.8
橄榄石	6.5～7	3.3
红宝石或蓝宝石	9	4
黄玉	8	3.5
电气石	7～7.5	3～3.2
绿松石	6	2.8
锆石	6.5	3.9～4.7

绿色电气石（碧玺）

磷灰石

红色电气石（碧玺）

橙色火彩蛋白石

水晶

第二章

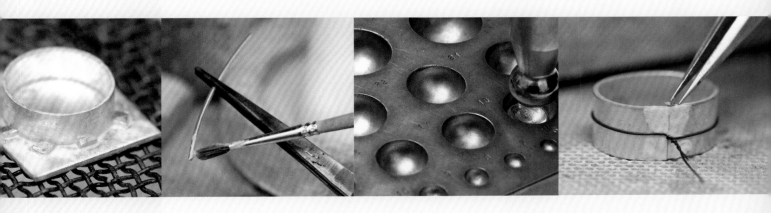

工艺与技法

核心工艺

　　本章涵盖了所有首饰工艺师都需要掌握的核心技术，从切割到焊接，从弯曲到抛光。这些技术在珠宝首饰的制作中是必不可少的，需要不断地练习才能达到精确的效果。你需要花费一段时间来熟悉所借助的工具，并理解它们对被加工材料的作用。金属是最具挑战性的工作材料，应该从金属加工入手进行基础学习。它所呈现的精确效果是初学者练习的首选材料，能让初学者熟练地掌握控制技巧。其中许多工艺也可以应用于金属以外的材料，如塑料和天然材料。本章还将具体介绍这些材料所需的特定工具和操作方法。

螺旋式戒指
（第112页）

制作首饰的材料必须先被大致切割成相近的尺寸，然后在组合、焊接之前将其精确成型。操作中，可以使用各种工具进行切割，但最常见的是珠宝锯。

锯割和镂空

金属切割

台剪、闸刀和锡剪都可以用来将金属从原料板上切割成更容易处理的尺寸。然而，这些工具不适合精细的操作，因为切割后的金属边缘会拉伸变形。在没有这种设备的小型工作室内，珠宝锯是一种非常实用的工具，可以用锯子精确地切割出金属轮廓，也可以用锯子来制作缤纷的图案。

将设计稿转移到金属上

在开始锯割之前，需要把设计稿转移到金属上，可以用双面胶带把复印的图纸贴在金属表面，为了获得更精确的线条，最好直接在金属上描出图案。也可以在设计图的背面涂抹上模型黏土粉，并将描痕转印在金属上，从而使切割过程中的误差量尽可能小。还可以用背后涂抹铅笔屑或积点成线的方式，把边缘线转移到金属上，然后再用笔仔细地描画清楚，否则可能会被擦掉。

基本操作

第一步是把锯条固定在锯弓上。在工作台上，将锯弓支撑在工作台台塞和胸部之间，手柄朝向操作者，刀片夹在最上面。这样就可以让双手自由操作锯条。将锯条的一端固定在锯弓远端，使锯齿沿顶部边缘指向操作者。然后身体逐渐抵住锯弓的木把手，锯弓会微微弯曲。在锯弓弯曲的情况下，拧紧另一端的翼形螺母，将锯条的另一端固定住。

这时，可以拨动锯条以测试张力。如果听到"砰"的一声，说明锯条已经上紧，张力是合适的；钝的"噗"声则表示锯条松弛，锯割时很容易造成锯条断裂，这时要拧松手柄端的螺母，再让身体靠在锯弓木柄上，重新调整锯条。

带背胶的胸针
汉娜·路易丝·兰姆（Hannah Louise Lamb）
这是一件描述性作品，作品采用了综合材料，使用了镂空、穿刺等工艺创造了轮廓和装饰细节。珍珠和羽毛是在整体完成后添加上去的。

镂空花纹的设计制作

你可以用珠宝锯镂空出精致的各类图案，但在镂空之前，应在所有需要被镂刻掉的图案内部钻上孔，以备锯条穿过。

1. 将锯条固定在锯弓上，将锯弓的手柄靠在胸前，另一端靠在台塞上。确保锯条的锯齿指向操作者，并固定住顶端。用胸部施加压力，同时拧紧第二个螺母。

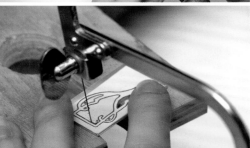

2. 如果切割封闭在内部的空间，应先将锯条穿过钻孔，然后拧紧锯弓上的第二个螺母。如果要切割直线，应接近垂直地缓慢移动锯条，并在图纸上线条的外侧操作（留有余地）。

3. 锯条在切割时，可以让金属配合锯条的路径进行适当的旋转，从而获得平滑的曲线。对于转折非常"急"的曲线，转向时让锯条保持上下移动，同时旋转锯条，直到可以改变方向为止。

4. 如果需要镂空一个尖锐的内角，可以先沿角的一条边线向拐角锯割，然后从另一条边线再次锯割向拐点。这比锯条转角锯割更有利于形成尖锐的内角。

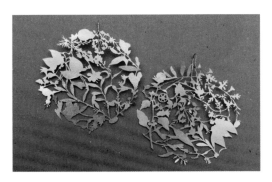

耳环《毒之花》
丽贝卡·汉农（Rebecca Hannon）
镂空有毒植物剪影图案的18K黄金耳环。

接下来，你需要坐在工作台前，把绘有设计图的材料牢牢地按压在工作台的台塞上。锯割时沿着设计稿线条的外边缘（而不是内边缘）进行锯割——材料多出来总比材料缺少一块好修补。将锯条卡在材料的边缘，轻轻将锯片向下拉过边缘（因为锯齿指向手柄，锯条向下划动时就会实现切割）。锯条现在可以开始锯割了。如果锯条被卡住了，可以用油或蜂蜡润滑。锯割时没有必要施加很大的力——如果把整个锯条轻盈地缓缓上下拉动，锯割应该比较容易。

锯割时要保证眼睛始终能看到设计稿，将锯弓与金属上轮廓线对齐，并在锯割时保持锯条垂直。要锯弯曲的线条时，保持锯条垂直，不停上下划动，同时逐渐转动锯弓，直到锯条朝向新的方向，然后继续前行。当镂空雕刻花纹时，先要完成内部镂空的区域，以方便作品的把持和操作。一旦所有的内部轮廓镂空完成，就可以进行外部轮廓的锯割了。

锯割其他材料

当锯割蜡、塑料和木材等柔软的天然材料时，通常需要使用锯齿呈螺旋状的锯条，这些锯条可以随时让锯割的材料碎屑掉落，可以有效防止锯条被卡住，而且它切割材料的速度比直锯条快得多，尽管精确度不高。

钻孔可以是功能性的，如为珠宝锯提供穿插的途径；也可以是装饰性的，如以一种模式排列，并形成图案。许多不同的材料都可以钻孔，包括金属、塑料和大多数天然材料。

钻孔

钻孔工具的类型

近年来，由于电动钻机的价格越来越便宜，手动钻机的使用已经减少，但在某些特定的操作中，手动钻仍然具有不可替代的作用。比如，在一些脆性材料表面或难以进入待钻区域的复杂结构，用索嘴把手固定的钻头将可以顺利完成这个任务。手动钻还包括手捻钻，它有一个可以转动的索嘴，可以为钻头提供动力，此外还有弓钻。

柱钻是一种台式电动装置，可以钻出非常精确的垂直孔。吊机也可以作为一种钻孔设备使用，但不太容易控制，除非在手柄上安装一个特殊夹具，使它可以像柱钻一样使用。

钻头和卡盘

卡盘是钻机上用来固定钻头的部件，通常由三个或四个可伸缩的夹口组成，或者是用一个套环固定。钻头是整个钻机负责切削的部分，有多种尺寸可供选择。对于珠宝设计师来说，0.6~3.3毫米的钻头最为常用。提前购买好不同型号的钻头很有必要。大多数钻头由高速钢制成，适用于大多数金属和其他材料，如塑料和硬木等。这些钻头都带有螺旋凹槽，使得钻过的材料（屑）很容易清除。半宝石和玻璃非常坚硬，必须用金刚石涂层的钻头并在流水条件下用水润滑操作。有专门为珍珠设计的钻头，它们不会把钻孔的口沿磨损。

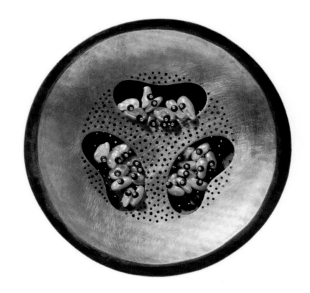

胸针《浆果》
芭芭拉·帕加宁（Barbara Paganin）
在这枚贴有金箔的胸针表面，通过钻出小孔进行装饰。

台钻钻孔操作示范

钻孔有时是其他工艺（如镂空或铆接）的必要起点，有时是纯粹为了装饰。

1. 将中心冲头的尖端放在想要钻孔的准确位置。用木槌或铁锤轻敲冲头——不需要用力敲打。这为钻头开始钻孔做一个清晰的标记，并有助于防止钻头在金属表面滑脱。图中为在钢材表面操作。

2. 将工件牢牢按住，将中心冲孔标记置于钻头垂直下方。轻轻地放下钻头，使钻头与金属接触。施加一点压力，但不要太大，让钻头钻削金属。当钻头从金属底部钻出时，你的感觉会有明显不同。

3. 大部分钻孔后锋利的口缘都可以用手捻钻上的菠萝钻头打磨去除，如果需要一个真正光滑的边缘，可以用整形锉在表面锉磨以去除毛刺。

使用手捻钻钻孔

用手指捏住手捻钻的手柄，用食指和拇指旋转中间部分。这样可以使钻头旋转，并可轻松实现钻孔或扩孔。

金属钻孔

在钻孔前，必须先在金属上钻一个标记点，这样钻头就不会在金属表面打滑，从而导致钻头断裂。做标记时，需要先将金属放置在一块铁砧上，并用尼龙锤敲击中心冲头，使金属板轻微凹陷。接下来，戴上护目镜，将钻头固定在钻头卡盘上，确保钻头垂直。然后把工件放在一块木头上，置于钻头下面，打开电源。

慢慢放下台钻的手柄，降低钻头，然后非常安全地按压住金属，开始钻孔。润滑油的使用将使钻孔更容易，也将使钻头长时间地保持锋利。注意，钻孔时不要施加太大的压力，因为如果钻头一旦卡住，就会断裂。当钻孔完成时，垫在下面的木块的木屑就会开始出现在金属表面。这种情况发生后，可以轻轻松开手柄将钻头提起，关闭电源，并用刷子清除钻头周围的碎屑。

在为圆柱形金属型材钻孔时，提前将一小块区域锉平是很有必要的，这样中心冲头和钻头就不会滑到圆柱体的一侧。大或厚的材料可以用"G"形夹固定在钻床上或借助台钳将其固定，这将使工作的安全性大大提高，并允许双手自由操作钻机。

其他材料钻孔

塑料和天然材料，如木材、骨头、角和贝壳，在钻孔前不需要先冲出中心点，因为这些材料足够柔软，很容易钻孔。但它们需要定期清除钻屑，并缓慢钻削，否则钻头旋转时产生的摩擦会造成灼伤，如果是塑料，钻屑会融化在钻头上，使钻头失效。

锉刀是用来逐渐细化或修形的工具,有各种形状、尺寸和粗糙等级。精细的锉刀用于平整表面,去除不需要的痕迹,并使边缘光滑。

锉磨

锉刀

手工锉刀的型号从非常粗糙的00号到非常平滑的4号种类繁多。通常情况下,0号半圆形锉刀和一系列不同造型的2号锉刀是使用频率最高的。这些锉刀往往需要装上一个木柄,以便使用。此外,准备一套12刀2针的整形锉也是非常有必要的。

如何进行锉磨

锉刀在向前划动时起到锉磨的作用,所以此时应该施加轻微的压力。向后撤回锉刀只是为重新回到起点,准备开始再次前推而已。将工件靠在台塞上支撑,可以使锉削更加准确有效。锉刀的整个宽度都应该与工件接触,除非打算在表面锉出凹槽。

如果需要锉磨掉大量的材料,可以在开始时先用0号锉调整基本形状,然后逐步使用更精细平滑的锉刀细化表面。要注意确保锉刀的造型与正在被锉磨的曲面形状相匹配——对于直边和凸曲线,可以使用扁平锉刀;对于凹曲线,可以使用半圆或圆形锉刀,这取决于线条弯曲的程度。当锉磨曲线时,沿着曲线向前推动锉刀,以帮助保持外形的平滑。一般来说,只在需要的区域锉磨,否则清理或修整的过程将花费非常多的时间。

印度风格的手镯
梅根·鲁尔克(Meghan O'Rourke)
这些带镂空的钢质手镯需要用针锉
仔细地打磨以使边缘平滑。

金属戒指的锉磨示范

锉刀可以为初步成型的戒指清理焊料残渣、修整焊缝以及精修金属造型，如图中使用的是一面是弧面、一面是平面的半圆锉。

1. 需要把戒指固定在台塞上，才可以对焊缝进行锉磨。用粗糙的锉刀将多余的焊料锉掉，然后打磨焊缝，使其保持平滑。

2. 用2号半圆锉的平面去除粗糙的锉痕，使戒指圈表面平滑，保持戒指圈的曲线不被锉出平面。

3. 对于戒指的内圈，应使用半圆锉的曲面进行锉磨。注意不要把戒指壁锉得太薄；在锉焊缝位置时，不要忘记转动戒指，这样可以让内圈保持平滑。

小贴士

也可以使用针锉来去除焊缝的痕迹，并修整划痕或锉磨过的表面。此外，它们特别适合清理镂空图案，因为它们更容易在小空间内应用。

解构主义风格的胸针
米歇尔·先农·尼（Michelle Xianon Ni）
这枚银镶珍珠的胸针线条清晰流畅，是经过精确切割和锉磨制作而成的。

针锉是理想的修整镂空花纹和其他复杂结构的工具，因为手锉太大，无从下手。针锉的造型同样要与被锉磨的区域匹配，以便形成平顺的线条。如果空间太小，不允许锉刀进入，那可以仅把空间的边缘锉一锉，这样孔洞从前面看上去就很平滑，像是锉好了一样。

锉磨其他材料

塑料和天然材料可以像金属一样被锉磨，最好带上防尘口罩进行操作，因为锉磨这些材料产生的粉尘比金属粉尘更容易通过空气传播。这些材料也可能会阻塞性能良好的锉刀，因此建议为非金属材料单独准备锉刀。

金属通过加工之后很快会变得坚硬。退火是用来软化、放松，使它们再次具有延展性的过程。许多技术要求金属在整个过程中的不同阶段进行多次退火。

退火

什么时候需要退火

在弯曲金属之前有必要先将其软化，这使得其弯曲成型更容易，而且过度用力造成金属损伤的风险更小。像锻造这样的技术，在金属发生物理变形的区域，会很快变硬，因此有必要进行常规退火。金属由于内应力而变得坚硬，加热到规定的温度可以减轻这些应力并使金属软化。同一金属可以进行多次退火。

如何退火

金属片、金属丝和棒材最适合用气体焊炬退火。操作时将金属放在耐火砖上，用柔和、浓密的火焰加热——很快就会看到金属表面的颜色变化，一旦金属开始发出红光（查看图表中金属的退火颜色），停止加热。这些颜色变化在弱光下最明显。

冷却金属的方法会影响它的硬度，因而为

不同金属的退火温度				
金属名称	退火温度		退火色	冷却方法
铜	750～1 200°F	400～650℃	深红	在冷水中淬火
黄铜	840～1 350°F	450～730℃	暗红	空气中冷却
装饰金属	840～1 300°F	450～700℃	暗红	在冷水中淬火
钢	1 500～1 650°F	800～900℃	樱桃红	在冷水中淬火
纯银	1 200°F	650℃	暗红	当金属冷却到黑色高温时，在冷水中淬火
黄金	1 200～1 300°F	650～700℃	暗红	当金属冷却到黑色高温时，在冷水中淬火
白金	1 400°F	750℃	暗红	当金属冷却到黑色高温时，在冷水中淬火
红金	1 200°F	650℃	暗红	在930°F（500℃）温度下淬火
铂	1 850°F	1 000℃	橘黄	空气中冷却
钯	1 500～1 650°F	800～900℃	橘黄	当金属冷却到黑色高温时，在冷水中淬火

金属退火

退火是金属在加工硬化后再软化的过程。以下步骤为金属丝、金属杆和薄片分别退火的过程。

工艺示范 04

金属丝退火

将金属丝盘绕以后，用绑丝松松捆扎，避免针对某一局部过度加热。加热时，使用柔和、浓密的火焰均匀加热线圈。

金属棒退火

若要为较粗的金属丝或金属杆退火，请将焊炬的火焰沿金属杆的长度倾斜，并在一端开始加热。当末端变成暗红色时，将火焰沿棒移动，确保整个长度或环形四周均已达到退火温度。

金属片退火

为金属板材退火，需要浓密的火焰在金属面以圆形路径循环加热，使整个板材呈现暗红色。

淬火

在水中淬火之前，需要让银材先适度冷却。较大的片材建议风冷，这样可以防止其变形。

珍贵的几维鸟皮项链
阿莱娜·乔伊（Alena Joy）
这条项链金属丝卷曲的部分需要退火才能弯曲成型。

了达到最佳效果，你需要对特定的金属使用推荐的淬火或冷却方法。

退火过程会在大多数金属表面形成氧化层，需要用酸洗液清洗（参见第104页）。

什么时候不需要退火处理

对于某些特定的操作，如在不需要焊接的情况下制作耳环挂钩，通常需要保持金属的硬度，以确保挂钩不会轻易弯曲变形。这时的金属线不容易弯曲成型，可以更持久保持造型。

金属通常需要通过焊接工艺连接在一起。焊料是一种熔点低于所加入金属的合金。贵金属都有各自专属的合金焊料,基础金属通常也可以用银焊料进行焊接。

焊接

材料和工具

焊料有不同的等级——高温银焊料的熔点刚好低于银的熔点,中温焊料的熔点较低,低温焊料的熔点最低。高温焊料是最常使用的,因为它的色泽比中温、低温焊料更接近银本身,并且沿着焊缝流动的性能也更好。珐琅工艺焊料具有很高的熔点,可用于珐琅金属胎体的焊接(参见第231页)。超低温焊料只能用于维修操作。每种金属根据纯度和色彩不同都有自己专属的高、中、低温焊料。

助焊剂是用来帮助焊料流动的,并可以防止加热时金属表层被氧化。硼砂是一种用途广泛的助焊剂,它的成品形状有时是锥状的固体,需要在容器中与水混合形成薄薄的糊状物,有时也可以直接买到粉末。焊接黄金需要相对较高的温度,使用专门的助焊剂来替代硼砂将有助于得到更好的焊接效果。低温和超低温焊料以及为不锈钢焊接时,也都建议使用专用的助焊剂,以实现更好的效果。

耐火砖、木炭块、焊瓦以及蜂窝焊板、绑丝都是必需品,它们可以保护工作台面免受火焰和高温烧烫。耐火材料可以置于转台上,这样就可以在加热时旋转转台,全面加热。

小巧便宜的手持式焊枪很有用,但它只适用于小规模焊接操作,如链条制造。自动混合空气和瓶装丙烷(或丁烷)气体的喷头使用方便,是一件值得购买的设备,可以更换不同尺寸的喷头附件,以提供合适的火焰大小,满足大多数焊接操作。

胸针《植物细胞》
劳拉·巴克斯特(Laura Baxter)
这枚金银胸针采用焊接技术将点、线元素结合在一起,再将银氧化。

用焊料碎片焊接

在焊接之前，需要将金属条弯成环形戒指的形状。接缝处应该是严密的，对着光线时，看不到任何透过缝隙的光。

1. 用锡剪将一片高温银焊料的一端剪成"流苏"。剪断这些"流苏"，形成焊料小碎片，然后将碎片放入硼砂溶液中保持清洁。

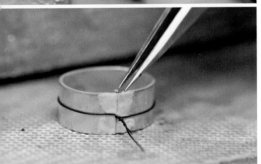

2. 用绑丝把戒指扎紧，使其受热时不张开。用小毛笔在接缝处刷上硼砂。用镊子或湿毛笔把焊料片放在合适的位置。

3. 先加热戒指四周的耐火砖，让硼砂慢慢变干。然后把火焰集中在戒指的内圈，使其变成暗红色。

4. 让火焰在整个戒圈上循环晃动，使整个环同时达到合适的温度。此时要格外注意熔化的焊料，它会变成液体并顺着连接处流下来。一旦发生这种情况，请迅速把火焰从戒指上移开。

戒指《花瓣》
菊池瑞（Rui Kikuchi）
这一系列优雅的锤纹银戒指，是将锯割的相似元素焊接在一起，再焊接到环柄上制成。

在焊接操作区域附近准备好镊子、小刷子、绑丝和一盆冷却水。

用焊料碎片焊接

用焊料碎片焊接可能是最常见的应用形式。将片状焊料剪成小碎片，并在加热前将其提前放置在焊缝上。可以沿着焊缝处使用多片焊料。因此，应提前计算每个特定连接所需的焊料用量，实践经验的积累非常重要：焊料过多会导致焊缝处不平整，需要大量锉磨；而焊料不足则意味着可能需要重新焊接焊缝。如果需要补充焊接的话，则没有必要对其进行酸洗。

在开始加热被焊接物体时，一旦硼砂干了，应尽快有效地加热，确保所有区域同时达到焊接温度。焊料会向温度高的方向移动，所以可以用火焰沿着或穿过焊缝，引导焊料流动。焊料熔化后，应停止加热。

每次焊料达到熔点时，合金里的锌就会蒸发掉一部分，从而明显提高焊料的熔点，因此要避免长时间过热，否则会导致焊缝多孔、变脆。

送料焊接法

进行焊接加热时，将焊料直接送入连接点的技术适用于大块物体的焊接。在这种情况下，如果使用足够的焊料碎片去焊接显然非常耗时。

焊接时，先将硼砂涂在被焊接的组件和焊料及其接触面上。在不放置焊料的情况下加热金属，直到工件即将达到焊接温度。此时，将焊料的一端接触到金属，从焊料的另一端加热，使焊料熔化并流动。这个过程可能会很混乱，因为熔化的焊料可能会流到不需要的地方。

出汗式焊接法

出汗式焊接是焊接空心造型的理想技术，往往一些造型在打磨后没有合适的空间可以平稳地放置焊料。可以先将焊料熔化或"搭"在一半组件上，然后将两半组件用绑丝固定在

《细胞》(吊坠与胸针两用)
安德烈亚·瓦格纳(Andrea Wagner)
这件作品的银色框架通过细银丝焊接在较厚的底托上，隐藏的镶爪固定了中间的瓷片部分。

送料式焊接

当焊缝较长且需要大量焊料时，或者焊料片难以放置时，在加热金属过程中再将焊料条放入工件中也是可行的。

工艺
示范
06

1. 在薄板顶部的边缘锉磨出一个角度或倒角，这样可以使焊料填进两片平整的银片之间。

2. 在这两张金属片的结合面上涂硼砂，然后把它们绑在一起。确保较小的上片倒角与下片边缘对齐。接下来剪一长条焊料，涂上硼砂，用绝缘镊子夹住。

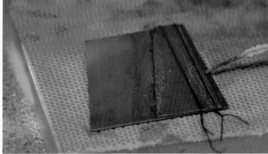

3. 开始加热，确保火焰均匀地加热顶部和底部的银片。当银开始呈现暗红色时，将焊料放入倒角边缘，然后从另一侧加热银片，使焊料随热量被吸入。

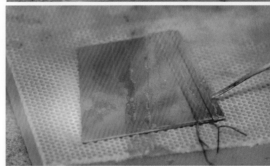

4. 薄片之间的连接处会出现一条明亮的液体焊料线。

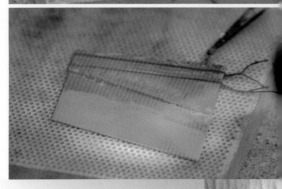

焊接空心组件

焊接空心造型时可能会遇到放置焊料的尴尬,因为往往没有地方可以很方便地放置焊料碎片,而放置焊料碎片的焊接方法才能确保焊料尽可能在正确的位置熔化。下面示范将两个半球焊接在一起形成球体的过程。

工艺
示范
07

1. 在半球体的平边口沿涂上硼砂和大量焊料碎片。

2. 加热穹顶,直到焊料熔化下沉,但不要过热,否则可能导致焊料流到凹面。请确保口沿位置都有焊料附着。

3. 不要将加热过的半球体进行酸洗,但如果有必要,可以用砂纸轻轻摩擦焊料表面使其平整。然后把这两半球的口沿都涂上助焊剂,再用绑丝绑在一起。

4. 将球体均匀加热,使其同时达到焊接温度。你将看到液体焊料在焊缝中发亮,当确定焊料均匀布满焊缝后,停止加热。

一起,最后再加热,直到焊料再次熔化并在接缝边缘可见为止。记住,如果再次加热的话,要在空心造型上做一个气孔,否则被密闭的空气会将组件撑开。这项工艺也可将金属薄片整齐地连接在一起。

提醒与建议

对焊接的信心来源于实践。当焊接效果没有达到预期时,试着找出错误的原因,可以从中吸取教训,并作为参考。

每一项焊接操作都可能与上一项略有不同,但都需要注意以下事项:

- 在焊接区域周围用焊瓦或耐火砖围砌一堵墙,这有助于将热量反射到工件上,从而帮助工件更快地升温。

- 如果组件在加热过程中移位,则需要再次淬火、重新定位和涂抹助焊剂,可能会花费很多时间。

- 在需要固定工件保持平衡时,应尽量利用其自身重力。虽然反向镊子(葫芦夹)在这方面有很大帮助,但也要注意,它们会从所持金属中吸收热量,因此需要更长的时间才能达

18K 黄金戒指
玛格丽特・桑德斯特伦姆(Margareth Sandström)
这枚 18K 黄金戒指上巨大的空心形状是用碎焊料方式焊接在一起的,随后再焊接戒指环。

到合适的温度。但是，当把细丝焊接到大的组件上时，反向镊子就很有用，此时镊子将有助于防止金属丝过热。

- 绑丝在固定工件时非常有用，但它会造成损伤——加热时，银比绑丝膨胀得更大，所以一定要使用足够细且不抗膨胀的金属丝。

多焊点操作

虽然可以仅使用高温焊料来完成同一作品多点焊接，但还是建议用中、低温不同焊料来完成最后的几项焊接。这意味着工件不必再次被加热到很高的温度才能使焊料熔化，因此之前焊接完成的高温焊料重熔的风险要小得多。如果一个工件一共有3个焊点，第一个焊点应该使用高温焊料，第二个使用中温焊料，最后一个使用低温焊料。对于超过3个焊料的工件，应尽可能多地使用高温焊料进行初始连接，并在连接完成后用隔热粉与水混合成糊状将其防护起来，防止焊料再次熔化。

戒指《5R1》
阿纳斯塔西娅·扬（Anastasia Young）
这枚戒指从铸件到细节的组装多次使用了焊接。

多焊点中焊料使用示范

下面演示在焊接有多个焊接点的工件时，如何使用三种主要等级的银焊料——高温焊料、中温焊料和低温焊料。

1. 用直径3毫米的圆杆制作纯银的戒指环（参见第108页），并用0.4毫米厚的银片做一个适合对宝石进行包镶的边框圈。然后用高温焊料焊接戒指环和边框圈，并将两部分分别进行酸洗处理。

2. 调整好宝石包边的造型，并将其底部在砂纸上打磨，以确保它的底边是平整的。然后将包边放置在一块0.6毫米厚的银片上，再在包边的外侧放置助焊剂和中温焊料碎片。焊接时，将其架在金属网及支架上，这样火焰可以从下面加热，以避免包边受热过猛。

3. 小心地将银片周边多余的部分锯除，形成镶嵌宝石的底托，并仔细地锉平底面，然后用金刚砂纸棒清理表面。接下来，需要在戒指环的顶部锉平一个区域，最好是刚才用高温焊料连接的焊缝位置。需要注意的是，宝石底托应该比宝石的底平面略大一点。

4. 将包镶用的宝石底托倒置在焊瓦上，并将戒指圈置于其顶部。用镊子支撑戒指圈，在连接处周围涂上助焊剂，然后放置上低温焊料。焊接时，将热量集中在戒指圈上。焊接完成后酸洗并清洗戒指。请参阅第238页关于包镶制作的基本知识后，再进行本次焊接实践。

焊接耳钉的示范

细线焊接到较大的物体上时，如耳钉针焊接到装饰头上，可以说是一个极具挑战性的焊接操作，诀窍就是避免金属线过热。焊接前各部分的固定和结合至关重要，需要试着利用重力完成它。

1. 使用焊台上的销钉将被焊物体固定在适当的位置，并使用绝缘镊子将金属丝保持在适当的位置。然后，将硼砂涂在结合部位，并放置一些高温焊料，使其附着在主体上，并接触到金属丝。

2. 先加热焊台，让硼砂慢慢变干。一旦确定焊料不会移动，便可以开始加热主体部分。主体比银丝更厚，需要更长的时间达到焊接温度。

3. 当主体部分呈暗红色时，让火焰"舔"一下银丝，同时继续加热主体。注意不要让银丝过热，否则焊料会沿着银丝向上移动，而远离主体部分。

4. 当焊料熔化并附着在两部分表面时，移除火焰。淬火并酸洗工件。

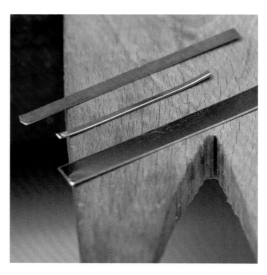

不同类型的焊料
从上往下，分别是低温焊料、中温焊料和高温焊料。

耐热凝胶甚至是牙膏也可用于再次加热时保护焊料接缝、可能有过热危险的较薄区域以及宝石。

低温焊料只应用于最终的焊接，因为其锌含量过高，过热会熔化形成孔洞。

由于过热或退火过多，焊料接缝会变得"干燥"，在接缝处形成针孔。每当焊料被加热时，合金中的部分金属锌就会挥发，使焊料的熔点提高，因此，为了使焊料再次熔化，需要加热到更高的温度。如有必要，可以再用新焊料沿同一接缝焊接，以加强效果。

不同金属的组合焊接

将黄金焊接到银表面时，不管黄金的纯度高低，都必须使用银焊料，因为银的熔点比金低。注意不要在这个过程或任何后续加热过程中过度加热，否则会使银焊料在金表面形成坑。

包括钢在内的基础金属都可以用银焊料（硼砂作为助焊剂）焊接到银上。

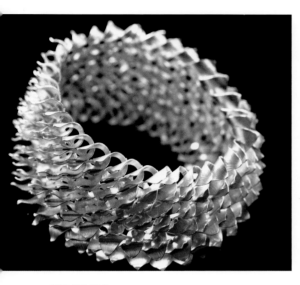

手镯《沙棘》
索尼娅·塞德尔（Sonja Seidl）
这款触感极佳的手镯由光蚀刻法成型，并将银和金组件组合焊接制成。

戒指《PING》
吉利·兰顿（Gilly Langton）
为了使作品的焊缝看起来整洁流畅，工件接缝处的金属必须紧密连接。

多种金属组合焊接示范

工艺
示范
10

在焊接不同金属时，一定要考虑到组件的熔点，使用适合熔点较低金属的焊料和助焊剂。

1. 使用黄金助焊剂，用适用于18K金的高温焊料将金线焊接成一个金线圈。酸洗后，清理焊缝，并调整和确认形状。

2. 用硼砂涂满银底托，并将金线圈定位。在金线圈外侧放置高温银焊料碎片。

3. 把组合工件放在钢网上，这样火焰就可以从银托的下面加热。当银达到适当的温度时，焊料就会熔化，而且不影响之前金焊料的焊接。

4. 用针锉清除多余的银焊料，然后用金刚砂纸棒进一步打磨表面。

金属退火或焊接后，需要清除氧化物和硼砂渣，然后再进行下一步操作。解决这一问题的工艺称为"酸洗"。

酸洗

对银、金等有色金属基材，可采用安全酸洗粉、明矾加水或稀释的硫酸（将1份酸液加到9份水中，参见第10页）来进行酸洗。钢材必须在一种叫作Sparex 1的特殊酸洗溶液中清洗，这种酸洗溶液不需要加热。

酸洗液加热后清洗速度更快，但清洗金属所需的时间也取决于溶液的强度。通常理想情况下，清洗金属大约需要5分钟。酸洗锅是一种专为在恒定温度下加热酸洗液而设计的装置，价格昂贵，所以许多珠宝商用普通热源或陶瓷慢炖锅来代替。一定要确保使用结束后为加热器断电，在插头上加装计时器也是一个好办法。

当硼砂被加热到焊接温度时，会在金属表面形成一层玻璃状的涂层，这种涂层会损坏锉刀等钢铁工具。因此，重要的是要确保没有硼砂颗粒残留在金属表面。如果在焊接过程中使用大量助焊剂，可能需要较长时间的酸洗。

几何型领口
伯娜丁·切尔瓦纳亚格姆（Bernadine Chelvanayagam）在这件作品中，银材表面的白化和肌理与高抛光的边缘形成了明显的对比。

避免污染

将一件作品放入酸洗液之前,一定要先将其上的金属绑线去掉,否则就会发生化学反应,导致铜沉积在作品表面——实际上就是化学镀层。这种溶液只有在铁存在的情况下才会产生镀铜效果,而铜可以通过连续几轮的退火和酸洗,或者用浮石粉擦洗来去除。

使用不锈钢、黄铜或塑料镊子将物品转移至酸洗液中,不要使用含铁工具。

一旦金属酸洗洁净后,请在流水中充分冲洗,并用刷子和清洁剂清洗,以去除酸洗液的残留。中空或封闭的空间内可能很难彻底清洗掉残留的酸洗液,可以用注射器注入清水冲洗泡,也可以在小苏打溶液中浸泡,以中和酸液残留。

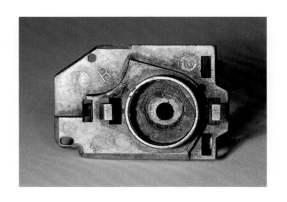

胸针《R2》
阿纳斯塔西娅·扬(Anastasia Young)
这枚银质胸针经酸洗后,其哑光的白色表面效果被保留作为基色。为了完成作品,抛光机被用来突出一些重点区域,与哑光表面形成对比。

用酸洗液清洗金属

在退火或焊接过程中,金属由于加热时氧化而变"脏"。可以用一种叫作"酸洗液"的化学溶液来清洗它们。现在示范戒指的酸洗过程。

1. 从戒指上拆下绑线。如果绑线已被焊连,请用钳子将其拆下。确保所有的金属丝都已拆下,否则会导致银在酸洗过程中镀铜。

2. 用镊子把戒指放入加热的酸洗溶液中,然后用水冲洗镊子。

3. 酸洗后取出戒指——应该是哑光白色的。酸洗的时间取决于溶液的强度和温度,通常是5分钟左右。接下来彻底冲洗工件,清除所有残留的酸洗溶液。

即使是一些最简单的首饰形式（如戒指），也会涉及金属的弯曲。准确的弯曲金属需要反复地练习，因为用来弯曲金属的工具随时可能会在金属表面留下印痕，并损坏金属表面。

金属弯曲

使用皮锤和铁锤

尼龙或生皮制成的皮锤最适合弯曲金属且不留下印痕。大多数皮锤是平面的，但也有一些是梨形或楔形的。它们通常与戒指铁、手镯棒等配合，用来制作指环、手镯和其他弯曲形式。

钢锤可以用同样的方法弯曲金属，但由于钢比最常用的银等金属要硬，因而会留下需要去除的痕迹，除非需要锤打出肌理（参见第196页）。钢锤锤打的弯曲速度比皮锤快得多，但金属也会在一定程度上被拉伸和变薄。

戒指铁、手镯棒和造型砧

戒指铁、手镯棒和造型砧通常是用钢做的，但也有一些是用木头或尼龙做的。各种形状的造型砧在银器制造中最常用，但对于珠宝设计师来说，平整的方铁砧是不可或缺的工具。

铁砧、铁桩和钢锤必须保持良好的状态，以免损坏正在加工的金属。不要让钢锤砸到铁砧或铁桩上，因为这样会在它们的表面留下痕迹，这些痕迹会转移"复制"到后续的操作中。水或酸液会损坏钢制工具，需要耗费大量精力进行修补工作。同理，也要确保被加工的金属定期、均匀地退火并及时清理银材表面的氧化皮。

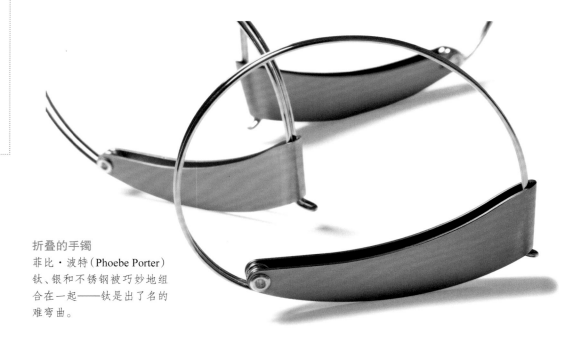

折叠的手镯
菲比·波特（Phoebe Porter）
钛、银和不锈钢被巧妙地组合在一起——钛是出了名的难弯曲。

戒指《茎影》
阿莱娜·乔伊（Alena Joy）
这枚戒指的戒指圈是由盘绕和弯曲的银丝构成的，结合了铸银"辣椒蒂"，创造出一种小型雕塑的效果。

将金属条弯曲成戒指圈的示范

需要提前准备一条退火的银片，根据需要计算出长度，以备做出合适的戒指圈口（参见第310页的戒指尺寸换算表，以确定正确的尺寸）。

工艺
示范
12

1. 将金属条垫在戒指铁上，用生皮锤轻敲金属条的末端使其弯曲。当大约1/3的银条弯曲时，将银条转过来，再次轻敲弯曲的部分——这是为了抵消芯棒的锥度。

2. 用同样的方法把银条的另一端弯成曲线。用手指合上银条，把一端压在另一端下面后，把两端再次拉成一条平面。

3. 使用木槌调整连接口沿，使其匹配良好，并在焊接戒指之前，用珠宝锯把连接处锯平。

4. 一旦戒指被焊接和酸洗干净，就可以对其进行"整形"，以便做成完美的圆形。将戒指套在戒指棒上，用生皮锤轻敲戒指，并慢慢旋转。然后，取下戒指棒上的戒指，反转过来，重复之前的步骤。

将金属圆杆弯曲成戒指圈的示范

需要一根8厘米长、3毫米粗的圆棒银丝，并将其退火。

1. 将银杆放在戒指铁上，使少量金属杆伸出一侧。然后用生皮锤敲击，使其弯曲。弯曲大约1/3后暂停。

2. 用同样的方法弯曲银杆的另一端。然后用手指挤压两端，将其闭合，确保两个端口相互叠靠在一起。

3. 在木头表面进行操作，这样戒指就不会损坏。然后轻敲戒指的顶部，使两端相互重叠，戒指圈口变小（可以通过套在戒指铁上来调整尺寸）。

4. 锯掉端口重叠的部分。两个切割端应是整齐匹配的，接下来就可以将戒指圈焊合。

戒指《线圈》
苏珊·梅（Susan May）
锻造的银丝盘绕在一起，交织成一圈。

戒指圈的制作

可以用戒指铁和尼龙锤、皮锤来制作圆形杆或带状的戒指圈。制作时，先将戒指铁固定在虎钳中，并将退火后的金属水平放置于其上，通常置于戒指铁总长度的1/3处，且离狭窄一段较近（可以先把金属弯曲到比你所需稍小的直径，因为拉伸扩大圆圈比精确地减小尺寸更容易）。从金属与戒指铁不接触的位置开始，用尼龙锤敲击金属，这将迫使金属杆、带弯曲。当金属在戒指铁上不断向前推进时，请务必始终保持平直的部分水平，这样很快就会形成一条均匀的曲线。当弯曲到总长度的1/3时，将其翻转过来，开始弯曲另外一端。接下来，可以用手调整形状，并把它放在木头表面，用木槌敲打整形。一旦焊接完成，戒指圈就很容易被调整成正圆形。戒指圈也可以用半圆或圆嘴钳直接弯成圆形。

用钳子使金属弯曲

钳子可以用来弯曲金属线和金属条,也可以用来夹住正在加工的小组件。使用不同形状的钳子可以节省大量的时间,半圆、圆嘴、扁嘴、剪嘴和平行钳都适用于特定的操作。

如果金属线一开始是直的,那么用钳子将其弯曲后的形状会更流畅,而且任何曲线上的瑕疵都很容易被眼睛察觉到。为了获得优美的曲线,绕着直径合适的圆柱形铁棒弯曲金属线可能更合适。

准确使用钳子需要练习和积累,因为它们很容易损坏较软的金属表面。可以通过在钳口周围缠绕透明胶带来使这种损伤最小化。当然也有一些钳子是尼龙钳口,非常适合此项操作。

钳子可以用于创建各种形状、调整局部造型或拉直、增加曲线。平行钳对于弯曲角度和夹持小工件很有用,但大多数钳子在对物体进行微调时都会借助杠杆作用进行。

通常很难在不造成损伤的情况下用钳子来为较粗的金属圆杆造型,即使在其充分退火之后。因而,也只能用尼龙锤和戒指铁来为金属杆弯曲成型。

金属的矫直、平整

金属是一种"宽容"的工作介质,如果弯曲效果不理想,也可以容易地纠正错误。矫正之前应该将金属工件退火,以最有效地恢复平直。操作时,请将金属置于方铁砧上,使用生皮锤敲打。可以用透明胶带保护有肌理的表面,避免其受到损伤。平整板材时,将金属凸曲线朝上放置在铁砧上,皮锤从边缘向内敲打直至板材变平。如果需要的话,也可以正反两面交替重复敲打。严重翘曲的板材可能需要通过轧片机多次碾压才能恢复平整。

退火后的金属丝可以在两块方铁之间滚动轧制使其变直,也可以在铁砧表面滚动旋转时用木槌敲击。对于较长的金属线,可以选择一段用虎钳固定,再用钳子用力拉另一端,或者借助拉线板将它们拉直(参见第127页)。

用钳子使金属弯曲

用钳子使金属弯曲

工艺示范 **14**

熟练地使用钳子可以使操控金属成为一个毫不费力的过程,但必须防止损伤到金属表面,并且应该先为金属退火。

扁嘴钳

扁嘴钳用于制造金属的角弯,也用于拉直金属丝。平行扁嘴钳对于拉直和加工硬化耳钉等细银丝特别有用。

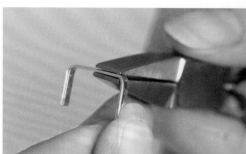

圆嘴钳

环、曲线和螺旋线都可以用圆嘴钳弯制。把钳子旋转成一个弧度,就可以把金属丝卷成一个圈,注意不要用太多的压力,否则钳子会在金属丝表面留下痕迹。

半圆钳

也可以用半圆钳来制作或调整曲线,它们不会在金属表面留下痕迹。

使用钢杆

为了制作长螺旋线,可以在虎钳中放置一根钢棒并固定,然后使金属丝紧密缠绕在它周围,这样会产生最好的效果。在制作跳环时,用珠宝锯把螺旋的一边锯开,就可以形成一组大小一致的跳环。

珠宝首饰成品的表面质量与设计或加工方法同样重要。抛光前可以先用研磨介质进行前期打磨，如果需要哑光表面，也可以将此作为最终的表面效果。

打磨

打磨工具

首饰设计师可以使用多种不同的材料来改善作品的表面。砂纸是一种通用的打磨材料，因为它们的使用形式多样，可以粘在不同形状的木棒上或与吊机一起使用。干湿两用砂纸可以用在大多数材料上，与水一起使用时，可以防止粉尘颗粒释放到空气中，这在打磨塑料时尤为重要。

橡胶轮和吊机各种打磨机针是另一种选择，在某些情况下也有其用途，磨料海绵也是如此。这些材料中含有磨料颗粒，其效果类似于砂纸。

去除划痕

对作品表面的任何最终调整都应该在用锉刀完成锉磨之后，打磨操作仅用于去除锉刀的痕迹。打磨时从较为粗糙的砂纸开始，如600或800目的干湿两用砂纸，这需要根据即将清除的划痕的深度来判断目数，然后在金属表面单向摩擦。在这个阶段，银器表面任何可见的火痕都应该被打磨掉，直到所有黑暗的阴影被完全消除。当金属表面被均匀地打磨后，用下一级别的砂纸把上一目数的纹路磨平，这样任何划痕都很容易看到。继续打磨，使用交叉纹理的打磨方法，最终将砂纸目数提升至1 200目，就可以基本完成打磨作业。砂纸贴合在工件上的方式取决于被清洗区域的形状，有时将砂纸贴附在方木条上很实用，但有时将砂纸折叠起来直接用于打磨可能会更合适。

环绕的手镯
劳拉·杰恩·斯特兰德
（Laura Jayne Strand）
这款流畅优美的银质手镯表面经过了仔细的清洗和打磨，才进行最后的修饰。

打磨 | 111

楔形戒指

弗里达·芒罗（Frieda Munro）

有棱角的形状需要仔细打磨才能使边缘线保持清晰，就像这个由三部分组成的戒指。

使用吊机进行打磨

不同的打磨工具可以被安装在吊机上，用来去除金属划痕，其原理与手工清除划痕相同。最有用的配件是砂纸夹，砂纸夹是一种带有开尾的钢杆，用来固定小片的砂纸或干湿两用砂纸。这大大提高了打磨的速度，但要注意不要在某一区域打磨得过多，以保持表面均匀。

橡胶轮和扫针在打磨小空间和内部表面时非常有用，特别是针对铸件的操作。

清除金属表面的油脂

在准备进行珐琅上釉或蚀刻等技术时，有必要确保金属表面完全没有污垢和油脂。为了防止金属被皮肤上的天然油脂污染，清洗时可以戴上乳胶手套，然后用刷子涂上浮石粉和清洁剂，彻底擦洗金属。当流水从金属表面流过时，会形成一个连续的薄膜，而不会从边缘处流走，这表明所有的油脂都被清除干净了。当然，也可以用玻璃纤维刷来刷洗，而不用洗涤剂。

打磨示范

如果需要在金属表面进行抛光，那么先去除锉痕和锤痕是至关重要的。砂纸和吊机都可实现这个效果。

1. 砂纸缠绕在木条上适用于清理平坦或轻微弯曲的表面。操作时，先用较粗的砂纸在一个方向上前后移动，然后更换更细的砂纸在物体表面移动。

2. 戒指圈的内部通常用金刚砂纸夹针插入吊机来实现打磨。操作时，请紧紧固定戒指，让砂纸转动起来进行打磨。

3. 使用普通砂纸或干湿两用砂纸打磨平整的口沿表面，并确保没有尖锐金属残留，从而确保戒指戴上和脱下时舒适。

4. 最后用非常精细的砂纸进行打磨，去除吊机留下的不平整痕迹，有助于在抛光戒指时得到更好的效果。

作品表面被抛光后会具有更强的吸引力。在确保所有的锉痕都已被打磨掉，并已用细腻的砂纸打磨完作品的表面之后，依然需要花费很多时间才能让作品表面拥有闪亮的高光效果。

抛光

手工抛光

小面积的金属可以用粘贴有仿麂皮的木条迅速而有效地完成抛光。通常保留一根木条用于蘸取硅藻土蜡进行初始抛光，另一根涂上抛光红蜡后用于最后的抛光，这样会有很高的光泽度。最后，可以在仿麂皮上擦上光油，用仿麂皮擦过金属表面完成上光。同样的，棉线也可以被用来打磨小的内部空间，如镂空的花纹。

浸透过金属抛光剂的抛光布可以用来对一件物品进行最后的"扫尾"，也可以用来去除银首饰上的轻微污渍。

抛光桶抛光

桶式抛光机由一个旋转的滚筒组成，滚筒内有不同形状的钢珠，抛光剂可以帮助抛光，还含有防止钢珠生锈的化合物。抛光钢珠比其他金属坚硬，所以当滚筒旋转时，钢珠会打磨内部的金属。这种工艺还可以使工件变硬，因此用其对银黏土或其他材料制成的工件进行抛光是不错的，既可以抛光，又可以实现有效的硬化。抛光需要的时间取决于电机的功率——大多数情况下，一个小时应该足够了。

螺旋戒指
丹妮拉·多贝索瓦（Daniela Dobesova）
抛光区域用来突出这些银戒指的螺旋部分。

戒指《方对方》
彼得·德·威特（Peter de Wit）
高抛光的黄金创造出反射的表面，上部镶嵌的钻石
被镜面反射得更加夺目。

　　易碎的工件以及含有宝石的工件不应在抛光桶里抛光。但链条只能在桶里抛光，不能放在发动机上，因为它很容易缠在一起，对手造成严重伤害。

　　使用抛光桶不会去除工件表面的金属，因此不会将表面的细节模糊或钝化。然而，这确实意味着在打磨后留下的所有痕迹或瑕疵也是可见的，因此，有些物体可能还需要进一步用电机补充抛光，以获得非常高质量的抛光效果。

电机抛光

　　将抛光轮安装在主轴连接的电机上是实现抛光最佳效果的途径。硅藻土化合物可以首先作为抛光介质使用，因为它是轻微的磨料，将会抛光金属表面的细微划痕。电机运转带动抛光轮进行抛光时，最好只使用抛光轮底部的1/4对工件进行抛光。抛光时，请保持工件移动，使其不会烫手，并且避免抛光轮造成局部过度抛光，过度抛光会磨损边缘、尖角和细节。

电动抛光机抛光示范

　　采用抛光电机抛光效果最好，而采用吊机的小抛光轮抛光效果也不错。

工艺
示范
16

1. 打开抛光电机，将硅藻土蜡涂在抛光轮上。

2. 以图中所示的方式紧紧握住戒指，因为这样的姿势有利于突发情况时紧急放手。在抛光轮底部的1/3处与戒指接触，并在抛光表面时保持工件移动。

3. 用清洁剂和软毛刷把戒指洗干净，去除所有残留的油脂。然后换一个抛光红蜡专用的抛光轮，实现高抛光效果的表面。

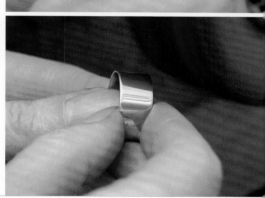

抛光桶抛光工艺示范

链子、镂空图案和铸件等物品在桶式抛光机中最容易抛光，它可以毫不费力地显示出精致的细节，且不磨损金属。

1. 抛光机的桶里装着水、钢球和含有防锈剂的抛光液。将工件放入桶中，确保盖子盖紧。

2. 开动滚筒抛光机。工件抛光的时间取决于电机的速度、抛光物体的类型和所需的加工硬化程度。

3. 把桶里的工件拿出来，用水冲洗后晾干。

- 要及时用软毛刷和清洁剂彻底清洗工件和手指，清除硅藻土蜡抛光留下的所有残留。在使用不同的抛光轮及抛光蜡抛光前，请确保工件干燥。

- 再次清洗工件，任何残留的抛光剂都可以用超声波清洗机去除。

- 吊机搭配的各种小抛光轮都非常有用，尤其是对戒指内圈的抛光。它们的使用方法与抛光机的大抛光轮一样，先用硅藻土蜡，再用红蜡。

- 抛光时千万不要戴手套。如果你的手指需要保护，请使用皮护指套，因为一旦被刮伤，皮护指套很容易脱落，而手套则不会，因此可能会卷入机器。

抛光其他金属

钢材需要用一种专用的抛光剂，这种抛光剂比硅藻土蜡块的研磨性更强。也有各种专业的抛光化合物，可以在抛光黄金或白金时产生更好的效果，但只有在这些化合物经常使用的情况下才值得购买——对于大多数用途来说，普通的抛光蜡也可以实现足够的抛光效果。

塑料及其他材料的抛光

当在发动机上抛光塑料和天然材料时，可使用塑料专用抛光蜡 Vonax，这是一种浅色的抛光化合物。因为硅藻土蜡块和胭脂红蜡块都会使上述材料变色，并可永久吸附到木材等多孔材料的表面。在使用软布进行手工抛光时，使用金属抛光液也会达到令人满意的效果。

立体构建

　　本节探讨的是在金属和其他材料中通过焊接以外的工艺来创建分层或三维形式。冷连接是组合不同材料的理想工艺，并提供了通用的连接方法，使不能加热的材料之间以及它们与金属之间可以相互结合，以构建出更多的立体形式，也为作品添加了丰富的装饰元素。这些工艺可以和核心技术搭配使用来创建单独的术语表——每一种工艺都增加了应用知识技能的数量，巩固已经学到的内容，促进对材料性能的更深入理解，这都意味着不断进步和更令人满意的效果。虽然设计是一件首饰的关键，但精心选择使用的工艺将增强设计效果，并使制造成为一个愉快的过程。

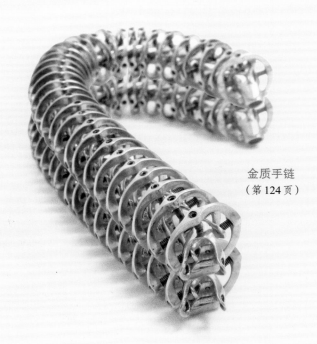

金质手链
（第 124 页）

准确的折叠对于创建几何形状，尤其是用金属板材构建方形或矩形形状来说是至关重要的。从折叠的内部移除一部分金属可以做出转折明晰的效果。

开槽折叠金属

开槽和折叠工具

可以买到专门的开槽工具，但三角形和方形的整形锉对大多数小的沟槽来说已经足够。另外，还需要工具在金属上划线做出标记，并准备好平口的钳子。

折叠金属板

先用一个工程用直角尺和一个划线笔在金属上准确地标出折叠的位置。这条线必须与金属的边缘呈直角，否则折痕不是垂直的。接下来，用三角锉刀在标记线上精确地锉出一个凹槽，然后将其改为方形锉刀，将凹槽的槽底轮廓准确地做成直角。如果需要90°以上的其他角度，可以使用不同配置的锉刀进行锉磨。记住，凹槽的深度在板材折叠的程度中起重要作用——例如，板材被弯曲时，凹槽越深，物体的角度就越小。

锉槽时，锉到金属1/3～1/2的深度就可以了，并且需要从两侧的边缘查看凹槽的深度是否均匀。可以用平嘴钳沿着开槽弯曲，但要确保第一次折叠是准确的，因为调整可能会导致开槽部分的金属断裂。

折纸效果的领饰
梅拉妮·埃迪（Melanie Eddy）
开槽、折叠后的银片元素被焊接在一起，创造出这个立体几何结构的领饰。

方形手镯
阿纳斯塔西娅·扬（Anastasia Young）
方形金属丝经过整理、折叠和焊接，
形成了这些手镯，这些手镯还采用了
一些铸造元素和包镶宝石作为点缀。

对于较大的板材，有必要使用虎钳或折
铁，这样可以确保同时将整个长度的板材整体
弯曲。

折叠杆、线

将同样的方法应用于金属杆或粗线，也可
以折出准确的角度。但锉削角度需要更加精
确，因为金属厚度越大，锉削角度的误差就越
大。锉槽的深度约为金属杆直径的1/2。

蚀刻折叠耳钉
英尼·普南恩（Inni Pärnänen）
在金属片折叠成型之前，采用蚀刻技
术在金属板上制造凹槽。

开槽和折叠金属板示范

为了在金属板上做出一个"犀利"的转折，有
必要从转折的内表面划痕并锉去部分金属。图中
将使用1毫米厚的板材进行示范。

工艺示范 **18**

1. 测量折痕到银片末端的距
离，用工程用直尺在金属上
划一条垂直线。可以把银材
表面的保护塑料薄膜留在银
上，防止其表面被划花。

2. 用一个三角形锉刀沿着标
记的线条锉出凹槽。从一边
开始小心地锉磨，然后再从另
一边继续锉磨。重要的是要
保持锉刀进行直线运动，否则
银片折角就会有偏差。

3. 完成凹槽之后，使用方形锉
刀继续锉磨凹槽使其深度至
银片厚度的1/3。

4. 用一把平口钳沿凹槽边缘
夹紧金属，把金属折成直角。
可以用工程用量角器检查角度，
必要时还可用钳子调整角度。

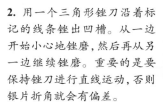
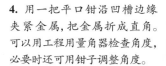

熔接是一个过程,在这个过程中,金属件被加热到表面熔化形成黏连的温度,从而创造一个极具吸引力的、有微妙肌理的表面。不同的金属也可以融合在一起,在一个作品中增加视觉趣味。

熔接

熔焊不同的金属

熔接是只使用热源来焊接或熔化金属部件,不使用焊料就能使其成为一个整体的过程。废银料或镂空的图案都可以熔接到基片上,即使是不同熔点的金属也可以很容易地结合在一起。这个过程可能是不可预测的,因为很难实现两次完全相同的效果。

"Keum-boo"是一种不使用助熔剂将纯金箔熔接到银材基片上的技术,最理想的操作方式是将银片放置在加热板上,从底部加热。

操作准备

所有的金属部件都应该是清洁的,没有油脂、焊料,因为用于熔焊的高温会导致焊料熔化,在焊缝形成孔洞。

作为基底板材,其厚度应该为1毫米左右,但是熔接在基板上的材料可以为任何尺寸和厚度,从粉末到棒杆或厚片均可。但需要注意的是,要考虑不同厚度的金属加热所需要的时间。

可以通过助焊剂和定位针将待加热物体固定在耐火砖或木炭块上。当熔接金属粉末

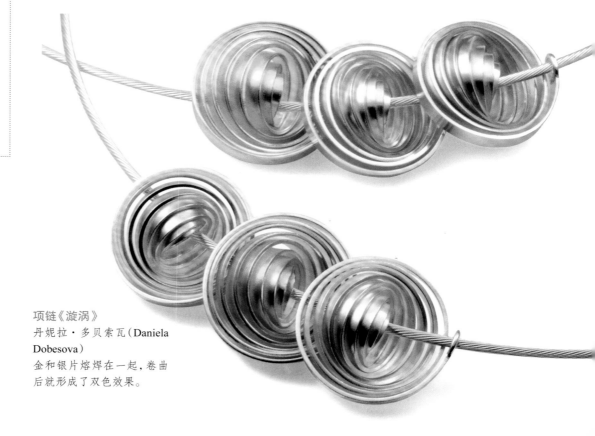

项链《漩涡》
丹妮拉·多贝索瓦(Daniela Dobesova)
金和银片熔焊在一起,卷曲后就形成了双色效果。

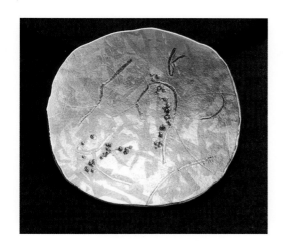

吊坠《熔金》
费利西蒂·彼得斯（Felicity Peters）
金箔、黄金颗粒和金丝熔焊在一个有肌理的银色基底上，形成了这个吊坠。

时，需要大量使用硼砂，这样焊炬火焰就不会吹走金属粉末；并需要趁硼砂还湿润的时候，把金属粉末撒在上面。

熔焊的过程

　　当使用焊炬开始对金属进行加热时，应首先将热量集中在基板。当银材变成红色时，请留心观察变暗斑点的出现，这是表面熔化的特征。此时应该让火焰四处移动，这样熔化就会在整个表面发生，以确保所有需要的区域都已经熔化（不一定是在同一时间）。需要注意的是：金属基底有被过度加热的危险，这将导致上层金属的边缘沉入下层以及基底金属表面出现网状肌理的情况。如果出现上述情况，请迅速移开火焰，将工件淬火，酸洗至清洁。

　　熔接后的银材会形成多孔的表面，所以要用浮石粉和清洁剂好好擦洗，以去除所有的酸洗残留。

　　如果想进一步为熔焊后的银片造型，一定要先将其退火，因为它已经经过熔融，长期加热后的银材将变得又硬又脆。

熔接银片的示范

　　下面演示在不用焊料的情况下，将有镂空图案的银片熔接在基底上的过程。

1. 将银底片放在焊瓦或木炭砖上，并涂上助焊剂。然后将镂空银片定位在底片上，开始加热。

2. 在银片上均匀加热，使所有区域以相同的速度升温。继续加热，直到银片表面出现深色斑点——这是银片开始熔化的标志。基底的银片和上部镂空的银片都需要熔化才能使银材真正地熔合。

3. 将熔接后的银片进行酸洗，直到它完全清洁。随后浮石粉和带清洁剂配合毛刷擦洗金属表面。

将金粉末与银材熔接

　　用同样的技术将金粉熔接在银片上是可行的，这需要使用大量的硼砂，以确保金属粉不会被焊炬火焰的力量吹走。

冷连接对于使用混合材料的首饰来说非常有用,因为有些混合材料是不可能焊接的。铆钉是一种功能上可用于连接组件的销或管,它本身也可以作为一种装饰元素。

铆接

铆接工具

在开始操作之前,需要准备所有需要的工具,主要包括:一把铆钉锤或一个小圆锤、钻头、吊机机针、虎钳、铁砧、平锉等。此外,还需要透明胶带来保护表面,用平口钳来拉取金属丝。而且,根据正在制作的铆钉类型、抛光机、球形冲头和割管器也可能被用到。注意,为准备铆接在一起的材料钻孔时,孔的直径应与铆钉或铆管的直径完全相同。

铆钉

铆钉是一种通用的冷连接工艺——只要链接的材料能够钻孔并经得起锤击就可采用本工艺。铆钉可以简单地采用金属丝将一种材料固定在另一种材料上;也可以完成一些复杂的结构或任务,如配合短管制成的垫片将材料按规定的距离隔开。柔性材料,如皮革或橡胶可能需要两端配上垫圈或金属片,以防止铆钉滑出。

可以用铆钉形成简单的枢轴——为了保持关节的灵活,可以在用铆钉固定金属部件时在金属部件之间多加一张纸。当铆接完成之后,纸张可以浸在水中去除,也可以被烧掉。

纯银、金和黄铜都是制作铆钉的理想材料,可以购买半硬化的金属或在拉线板上将金属硬化。这样,当铆钉头成型时,金属丝不会轻易弯曲。1毫米及以上直径的金属线很合适用作铆钉,不同直径和不同材质的金属丝也可以使用在同一物体上,以增加视觉

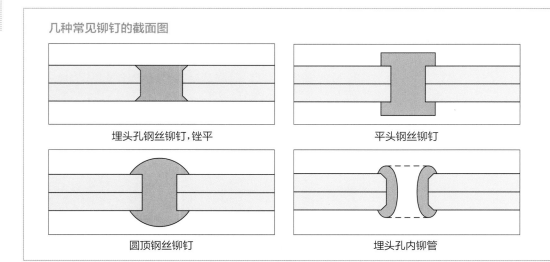

几种常见铆钉的截面图

埋头孔钢丝铆钉,锉平　　　　平头钢丝铆钉

圆顶钢丝铆钉　　　　埋头孔内铆管

趣味。在铆接前，需对所有铆管进行退火和酸洗。

金属铆钉

　　要将金属丝的末端加工成铆钉头，需要把它固定在虎钳里，将其顶端锉平，有助于获得比较规则的钉头。然后锤击金属丝的顶部，迫使其展开，并将其插入正在连接的板材的钻孔。用线钳把金属丝突出的一端剪掉。重复

铆接手镯

哈里特·埃斯特尔（Harriete Estel）
在这组手镯中，金丝铆钉被用来冷连接镀锡钢的折叠层，这些材料不能用焊接的方式连接。

带间隔管的铆接截面图

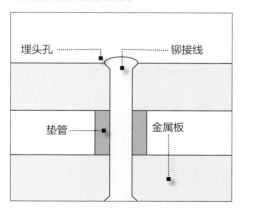

埋头孔 ········· 铆接线

垫管 ········· 金属板

用金属杆铆接混合材料的示范

　　金属杆作为铆钉是一种很实用的连接方法，可以将金属与其他易燃材料结合起来，而这是焊接所不可能做到的。

1. 在虎钳口加护皮革，再固定一根1毫米粗的铜丝，只突出一小部分。然后用一个扁平锉把端口磨平。

2. 用一个小的圆头锤轻敲铜丝的末端。开始先敲打金属丝的中心，并逐渐向外旋转，这将迫使金属向外发散，形成一个钉头。

3. 将铆钉穿过两个需要连接的物体，钻孔的直径应该与铜丝的直径完全相同，这样才符合要求。

4. 将待加工的部件放置在铁砧上，用顶切刀将铜丝的突出端切掉，只留下少许。然后把铜丝的顶端锉平，使其成为一个平整的铆钉头。

5. 用锤子把铜丝的顶部敲展，形成一个整齐的圆顶铆钉头。小心，锤子不要击到银片，可用透明胶带对银片进行适当的保护。

用铆管连接混合材料的示范

除了将部件连接在一起外，铆管还可用于给钻孔镶边或制作枢轴。

工艺示范 **21**

1. 用管钳将管材剪成合适的长度，通常管材的长度要比连接的板材厚度长一些。

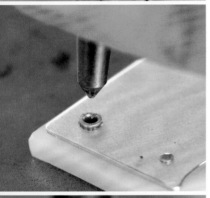

2. 埋头孔用于将铆接孔的两端进行适当钻削，以便给铆管预留扩散的空间。铆接前应对铆管进行退火和酸洗。然后，在方铁上将一根铆管插入钻孔中，并使用划线器或中心冲头和锤子稍微扩张铆管的一端。然后把物体翻过来，重复一遍上述操作。

3. 最后使用一个窝錾轻击铆管头部，将其压扁；一旦铆管的两端充分展开，就可以将两个组件固定在一起。如果有必要，可以对铆管的中心进行适当打磨。

胸针
拉蒙·皮格·库亚斯（Ramon Puig Cuyas）
隐藏的铆钉牢固地将这些混合材料组合成了这枚胸针。

锉削和锤击工件背面的铆钉，形成另一个铆钉头，从而确保物体被牢固连接。

可以通过以下方法制作小而整齐的铆钉头。首先将铆钉线固定在虎台钳中，只突出少量端头。然后将突出端锉平，再将方铁压在上面摩擦，迫使其顶端边缘被压扁，形成铆钉头。

另一种制作铆钉头的方法是将一段前端烧熔成球的金属丝（参见第129页）放在拉线板上，然后用铆钉锤把球敲平。注意，在拉线板上时，采用与金属丝直径相同的孔。

如果铆接孔的两端都已经用小钻头做了扩大，这样就可以锉去铆钉头，使其隐藏不可见。操作时，可以用透明胶带保护金属片，以免其被锉刀刮伤。锉掉铆钉的一个头后，埋头孔中的金属丝部分应足以防止铆钉滑出。

一定要确保铆钉头没有锋利的边缘，并被很好地填充进埋头孔中。

铆管的制作

铆管连接是将退火后的金属管切割到合适的长度，并将其放置在钻孔内进行铆接的方法。使用划线器或冲头将管端均匀地分布在正确的位置是最容易的，不需要用到虎钳。不要把铆管的末端铺展得太宽，在操作时翻转物体，根据一端的大小将另一端铺展开，这样两边的铆管头部看上去就一致了。

也通过可以切割和锉磨铆管，使它分裂成"花瓣"。这可以使铆管头部进一步展开，更适合于将柔性材料（如皮革）固定在一起。

装饰性铆钉

装饰性铆钉有多种形式，它们可以是焊接在镂空图案上的钉子，也可以是铸件上的装饰。当这些组件在一个作品中形成色彩、肌理或质感的对比时，用铆接工艺是很值得推荐的选择。设计时必须考虑到锤击操作，因此脆弱的材料和结构往往不合适锤击。为防止物体在铆接时肌理受到损伤，可以把一块柔软的皮革垫在铁砧表面。

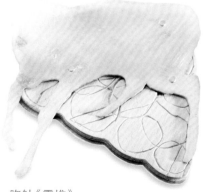

胸针《雪堆》
内莉·坦纳（Nelli Tanner）
一个锯割的银质圆形与木材
装饰铆接构成了这枚胸针。

装饰铆钉

已经进行锈蚀着色的金属组件可以通过铆钉连接的方式在不破坏表面的情况下完成组合。在有肌理的银片上剪切出造型并焊接上铆钉，既可以作为铆钉头使用，又可以增强作品的设计感。

1. 将1毫米粗的银线焊接到作为铆钉头的银质造型上。每根金属线都需要使用一小段焊料，否则铆钉头容易从连接的板材上脱落。

2. 在有铜锈的面板上钻一个直径为1毫米的孔，并对孔洞周围进行足够的扩充，以备容纳大头针底部周围的焊料。在底板上也相应钻孔，以配合面板。

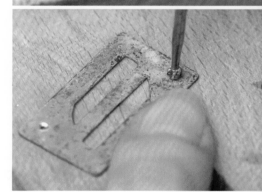

3. 将金属丝穿过钻孔，从前面拉到后面，然后切割，仅露出少量金属丝。将金属丝顶端锉平，用锤将顶端铺展开。这一步骤要在一块硬木或一块覆盖着皮革的铁砧上操作，这将防止有肌理的表面在锤击时被损坏。

在金属杆上、孔洞中或管子内壁旋切出螺纹，就可以制造出螺母和螺栓，因为它们是可拆分的部件，所以螺钉允许组件之间的互换，但也可以固定用于某一特定装置。

螺纹

螺丝攻与螺丝板牙

有许多不同标准的螺丝攻与螺丝板牙。它们的主要区别是螺距，即螺纹之间的距离。国际标准化组织（ISO）是最常用的一种公制标准，适用于旋切首饰制作中常用的小型螺纹。商业分析（BA）计量标准的螺纹会有更精密的螺距，通常用于工程和光学设备，如显微镜。螺纹的手工制作可能更适合像银这类较软的金属，但是，为了防止螺纹损坏，应尽量避免过度使用。

用途及合适的材料

由金、银和黄铜制成的螺母和螺栓，其硬度已经足够日常使用，但不能像批量制造的钢螺钉那样承受频繁的使用。因此，它们最适合

首饰内配件的半永久性连接。能使可活动组件正常使用的螺纹应由18K金或纯度更低的硬质合金制成。

螺纹旋切

螺丝攻用于在孔的内表面为螺母或螺栓旋切出"内螺纹"。将螺纹切割成盲孔（带底座）时，需要使用几个相同尺寸的不同丝锥，以便螺纹能到达孔洞的底部。这些被称为"探底"丝锥，并有一个减少的锥度，以便进一步进行螺纹旋切。

螺丝板牙用于旋切出金属杆上的"外螺纹"。可以通过拧紧模具扳手上的螺丝来改变旋切螺丝的直径；对于较大的螺丝，要先拧紧中间的螺丝，这将迫使模具稍微打开。

在旋切螺纹时，保持螺丝攻与螺丝板牙垂直是非常重要的，否则螺母组装后会有点晃动。如果细的螺丝攻不垂直旋切，会很容易折断。在操作时，可以使用大量的润滑剂来辅助旋切过程。

金手链
肖恩·奥康奈尔（Sean O'Connell）
使用螺纹形成万向节制作了这串灵活的手链。这些部件使用9K黄金铸造。

BA 和 ISO 系统螺栓和螺母尺寸对照表

型号	螺栓直径（英寸）	螺栓直径（毫米）	螺母直径（英寸）	螺母直径（毫米）
BA标准				
12	0.051	1.3	0.041	1.05
10	0.071	1.8	0.055	1.4
8	0.089	2.25	0.071	1.8
6	0.112	2.85	0.091	2.3
5	0.126	3.2	0.104	2.65
4	0.142	3.6	0.118	3.0
3	0.161	4.1	0.136	3.45
2	0.189	4.8	0.157	4.0
1	0.213	5.4	0.177	4.5
0	0.236	6.0	0.201	5.1

型号	螺栓直径（英寸）	螺栓直径（毫米）	螺母直径（英寸）	螺母直径（毫米）
ISO标准				
M1.6	0.065	1.65	0.050	1.26
M1.8	0.073	1.85	0.057	1.45
M2.0	0.081	2.05	0.063	1.6
M2.5	0.102	2.6	0.079	2.0
M3.0	0.122	3.1	0.098	2.5
M3.5	0.142	3.6	0.114	2.9
M4.0	0.161	4.1	0.130	3.3
M4.5	0.181	4.6	0.150	3.8
M5.0	0.201	5.1	0.165	4.2
M6.0	0.240	6.1	0.201	5.1

螺纹旋切示范

工艺示范 23

应根据需要选择合适的螺栓和螺母直径，并通过尺寸对照表选择合适的螺丝攻与螺丝板牙。

1. 用螺丝板牙旋切螺纹时，先将板牙固定在扳手上。将银棒垂直固定在虎钳中，并将板牙（倒角朝下）置于一端。在板牙上涂些润滑剂，然后使用温和、均匀的力量开始顺时针旋转扳手。

2. 每顺时针旋转2圈，应再逆时针旋转扳手1圈，以便清除金属碎屑，否则旋切将变得很困难。在旋转过程中，务必保持扳手水平，并持续旋转，直到杆上的螺纹已削减到正确的长度。

3. 为螺母或螺栓切割螺纹需要一个适当大小的预钻孔。将丝锥固定在"T"型扳手上，将钻片固定在虎钳上。顺时针旋转，再逆时针旋转以清除碎屑。钻孔时应保持绝对垂直，否则螺母会松动。

4. 当螺纹旋切完成之后，将螺母旋到螺栓上，检查各个部件是否匹配良好。然后可以把螺栓杆锯下来，锉平顶部，在头部锉出一个凹槽，就像传统的螺丝一样。

成型工艺

改变金属的维度是一个非常具有挑战性的过程，但本节介绍的一系列工艺为此提供了宝贵的方法，可以将金属片和金属丝创造出立体的结构和丰富的形式。本节介绍的许多工艺都需要使用造型桩和锤子来帮助金属成型，并且是"有机的"（译者注：有机设计指造型曲线突出、有雕塑感的一种唯美的艺术形式）。这类操作通常需要在金属表面上逐步改变维度，通过小的改变步骤来实现最终效果，这可能意味着有更多的误差空间，也就是说这些工艺比那些基础工艺允许更多的形式自由，因此很值得对最终呈现的效果进行逐步探索。这些形式"生长"的方式将极大地影响一件作品的设计，以及后续被构建和完成的方式。

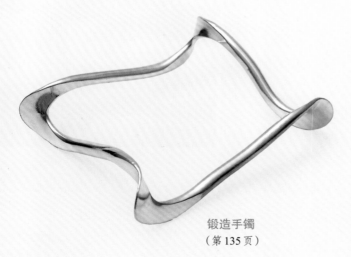

锻造手镯
（第135页）

操作和弯曲金属丝、改变其直径或横截面形状,这些技术可以用来增加对金属丝应用的无限可能。金属丝还可以被加工成细密的、结构坚固的编织造型。

金属丝工艺

使用拉线板

可以通过将金属线"拉"出,从而逐渐减小它的直径。要做到这一点,需要把金属线逐步通过拉线板上的孔洞,在金属线变细的同时也会变长。操作时,先将退火后线材的一端锉出一个尖,在将尖端插入拉伸板的倒角侧之前涂上润滑剂,先从线材不易穿过的孔洞中最大的一个开始。如果有拉丝凳,可以先将拉线板置于拉丝凳的一段,将夹钳固定在穿过孔洞的金属丝尖上,然后摇动拉丝盘的把手,直到使金属丝完全穿过拉线板。接下来,沿着拉线板上的孔洞依次向下加工,直到获得理想的直径,需要注意的是,每3~4个孔就需要退火一次。金属线的尖部也需要随时锉磨。

传统加工工艺中,通常会将基础金属丝焊接在金丝的末端,然后再制成尖锥形,这样可以减少黄金的浪费。

较细的金属丝可以固定在虎钳中的拉线板,通过手持钳子将其拉出。这一过程在矫直和硬化金属线时也非常有用,只需要通过相同的孔拉几次就可以实现。

用拉线板拉金属丝

工艺示范 **24**

拉线台可以用来减小金属丝的直径,改变其"截面"形状,也可以用来硬化和拉直金属丝。也可以用虎钳夹住拉线板,然后用牢固的钳子把金属丝拉过去。

1. 将金属线的一端锉成尖锥形,使金属线的一部分能够从拉线板的孔洞中突出来。其伸出来的长度以钳子能牢固夹住为准。

2. 拉线板就位后,将金属线的尖头穿过拉线板的背面,将一端固定在拉钳内。开始旋转把手,这样可以拉伸金属丝,强迫其穿过拉线板的孔洞。

3. 这条金属线每穿过2~3个孔后,就需要退火一次。需要沿着拉线板上的孔洞依次向下工作,直到金属线达到所要求的直径为止。

在绕线板上批量制作金属丝组件

工艺
示范
25

在绕线板的帮助下，可以很容易地制作出简单的、重复的组件。下面展示的过程使用的是直径1毫米的银丝。

1. 把设计草图画在一块木头上，将小钉子敲进木头里，使之位于设计图圆弧的转折处。

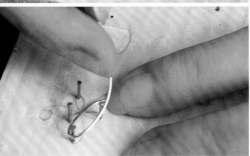

2. 使用比实际长度更长的银丝，这样就有足够的银丝以便抓握。然后用银线把钉子缠绕起来。

3. 如有必要，记下"回路"的顺序，并继续缠绕成型，直到设计完成为止。可以用这种方法快速加工出许多相同的产品。

4. 通过用钳子在重复的组件两端弯成环形，使这些简单的组件被串联在一起。

改变金属线截面的形状

拉线板通常会带有各种形状的孔，最常见的是圆孔，但也有椭圆形、正方形和三角形的孔等。截面与圆形接近的线型可以由圆线逐渐穿拉，逐渐改变形状。考虑到尺寸的变化，需要选择直径比最终形状最宽的部分略宽的线材开始操作。方形线材可以在轧片机的轧辊上初步成型，然后通过拉线板获得一个完美的方形截面。要使线材截面发生更剧烈的变化，可能要求在拉丝前将金属线大致锤成近似的形状，否则在完全改变金属线之前，得到的导线会变得非常细。例如，圆线可以在坑铁中进行锻打，初步形成"D"形截面。

绕线板

绕线板是一种用钉子钉住的木板，它可以将金属丝缠绕或弯曲成规定的形状，批量制作造型重复组件。把无头钉钉在木板上，使用起来最方便。钉子的直径与所需要造型的曲线要相匹配，使用大直径的钉子或金属杆适合大直径、大曲度的造型。

使用这种方法制成的线材可以用钳子和锤子对其进行调整和修改，并将其焊接闭合。

钳子

钳子经常用来弯曲金属丝或弯折成其他形状（参见第109页）。例如：整理线材的端口，或者把它们弯曲成环；调整在绕线板上完成的造型，使其处于正确的位置，并使端部相接，以便进行焊接操作。

金属丝编织和钩针工艺

编织工艺只适用于直径小于0.5毫米的线材，应使用纯铜、纯银或18K金等金属，由于其足够柔软，所以不需要在加工过程中退火。编织和钩针都可以产生有趣的结构形式，针或钩的大小将决定编织的密度。如要做成管状结构，可以用钩针绕住一根金属丝将其穿入另一个结环，或者采用法式编织的方法——需要用旧木头，并在中心孔周围钉上无头钉，做成一个简易的内框。

金属丝的两端可以重新编织成这种造型或者固定在珠子里隐藏起来。最终的结构是灵活的，可以拉伸或收缩，并允许制成特定的形状。

绞线

几股金属丝可以拧在一起，形成很有视觉效果的绳状结构。操作时，先把一根长金属丝对折，并把金属丝的两端用虎钳夹紧。然后用一个固定在手摇钻中的钩子，抓住金属丝的转折端，并转动钻柄，这样金属丝就开始有规律地扭曲、缠绕。继续该操作，直到完成所需的扭转效果。还可以将这条线对折后再次绞合，也可以同时绞合多股金属丝。

球端线

制造一端为球形的金属线需要对其一端进行加热，使其熔化并形成一个球体，这一造型作为头饰针、铆钉和装饰元素都非常好。操作时要小心，不要把金属线烧得太热，否则会变脆。对于直径较大的金属线，要让顶端的球体慢慢冷却的同时保持焊炬火焰还停留在附近，这样它就不会收缩太多。

纯银在进行此操作时不需要硼砂或酸洗，因为它在加热过程中不会氧化。

圆端线制作示范

加热银线的一端，会形成一滴熔化的"银水"。当把纯银线熔成"球"时，不需要任何助焊剂。

工艺示范 **26**

1. 用隔热镊子夹住金属线，在一端涂上硼砂。立起一块耐火砖，并将金属丝垂直放在砖前，有硼砂一端朝下。

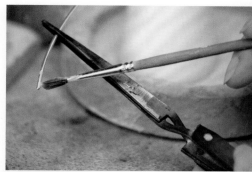

2. 只加热金属丝有助焊剂的一端，将火苗浅蓝色圆锥体之外的部分对准要加热的部位，这是火苗最炽热的部分。熔化后酸洗，清洗干净后进行抛光，从而完成圆"球头"的制作。

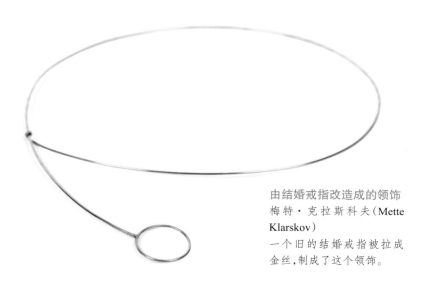

由结婚戒指改造成的领饰
梅特·克拉斯科夫（Mette Klarskov）
一个旧的结婚戒指被拉成金丝，制成了这个领饰。

专业的成型工具可用于以设定好的规格快速弯折或弯曲金属，并且能够快速复制同样的组件。

模锻

窝砧和窝珠作

窝砧通常由钢或黄铜制成，表面有凹坑，凹坑直径从大到小排列。带有椭圆形凹槽的窝砧和配套的冲头也很实用。

窝珠作由钢或黄杨木制成，但钢质的工作效率更高，不费力，但硬木冲头（窝珠作）可以避免在金属表面留下不必要的印痕。敲击时用木槌重力敲打。

窝砧

窝砧是用来制作半球形组件的，这些组件可以通过焊接形成一个球体（或珠子），或以其他各种方式使用。大多数金属都可以使用窝砧模锻成型，但重要的是在模锻之前要退火、清洗和干燥。被模锻的形状不必一定是圆形的——实际上任何形状都可以放入窝砧进行模锻，只要它能放入窝砧的凹坑里。但是，

使用坑铁制作金属管的示范

坑铁在弯曲金属时的作用有时比钳子要大，如将金属片制作成金属管时。

工艺
示范
27

1. 选择一个足够大的凹槽，以适应金属片。使用正确直径的冲头杆，将其纵向放在金属薄片上，用木槌轻敲，直到其均匀弯曲为止。重复该动作至下一个尺寸的凹槽，然后对金属片进行退火。

2. 在木头表面上，轻敲开口的边缘，使它们几乎重合。使用一根钢棒和坑铁将金属开口朝上，调整均匀。一旦边缘接触，就可以用珠宝锯进行锯割，把边缘合拢后进行焊接。

模锻有大孔洞的金属片时要小心，因为冲头很可能会造成孔洞变形拉伸，而不是使其周围的金属成为穹顶。预先在圆形穹顶表面形成之前开孔的，成型后可能需要对小孔修整。微小的孔一般不会出现这个问题，但建议使用木制冲头。

制作半球体

在沙袋上使用窝砧将大大减少锤击的噪声。操作前请确保窝砧和窝珠作干净、无砂砾，否则冲压的金属将被压上印痕。

首先，需要根据正在使用的凹坑深度选择正确的冲头大小，在此过程中还应该考虑到金属的厚度因素。如果金属片太大，无法放入可用的窝砧凹坑中，可以先进行锻打"凹陷"，这种技术是使用木槌从金属片边缘敲入，迫使其边缘向上翘起。当锻打金属圆片时，将其支撑在沙袋上，并不断旋转，以形成一条均匀的木槌痕迹线。面积小的、非常弯曲的或有肌理的造型应该从孔径较大的凹坑开始，并逐渐减小尺寸，顺序地沿着有肌理的窝砧凹陷向下工作。过于急躁，会把穹顶弄得太小、太快会使金属片起皱。

定期退火是很有必要的，可以利用锤击声音的变化作为判断何时应该退火，金属通常每进行3～4个凹坑就需要退火一次。

坑铁模锻

圆柱形冲头杆用于将金属压入坑铁的弯曲槽中。坑铁可用于制造金属管和其他圆柱形，或者将一个平面金属弯曲成型。坑铁还可用于制作"D"形截面的金属线，操作时使用金属锤将圆形截面杆击入坑铁的沟槽内，注意不要让锤击到坑铁上。

模锻半球形示范

金属圆片的模锻是最常用的模锻工艺，任何形状的薄片，只要能适合窝砧，就可以使用该技术对其弯曲、造型。

1. 把窝砧块放在沙袋上，这样可以减少噪声。将金属片放置在窝砧中的坑窝处，选择合适的大小的窝作，并用木槌击中窝作，使其进入坑窝中。这将迫使圆片向下进入坑窝，并使其弯曲。

2. 始终从比最终形状直径更大的坑窝开始操作，然后逐渐减小尺寸，直到获得理想的直径。在整个模锻过程中，可能需要分阶段退火。

3. 最终获得的形状应该是均匀弯曲的。当金属片上有肌理时，应使用透明胶带保护好冲头的表面，或用木窝作代替钢质窝作，因为它们不会在银表面留下痕迹。

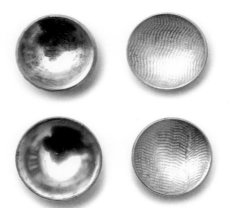

冷锻是一种古老的工艺,它通过使用并控制锤击来改变金属形状。本节将介绍实现几种不同效果的基本方法。

锻造

锤子和造型桩

选择合适的锤头非常重要,因为锤头的形状直接影响金属移动变形的方向。圆顶锤会把金属向各个方向推出去,而半圆柱面的锤子,如提升锤和沉降锤,将依照锤面圆柱的轴线垂直移动金属。

造型桩的选择对锻造的效果也有直接影响。圆顶桩可以用来夸大锤击的效果,或者对于某些操作来说,它将有助于避免锤子击到桩体。平桩(平面铁砧)适用于许多操作,是首饰设计师的重要工具。工作时,通常需要一个虎钳夹住各种造型桩。

锻造工艺概述

锻造工艺是由于金属"可塑性"特性而产生的,这一特性使金属在被击中时永久移位。最简单的演示之一就是用金属锤在戒指铁上拉伸带状戒指环的过程。

纯银、标准银、铜和金都可以用于锻造。铝在一定程度上也是可以锻制的,但如果过度加工就容易开裂。而钢材必须在高温下锻造。锻造后应彻底清洗工具,以免污染其他金属。

有机形态非常适合锻造过程,实际上是将金属"生长"到所需的形态,并具有从厚到薄的优雅过渡。锻造可以用来制造曲线、锥体等造型,还可以通过铺展或镦锻来扩展金属。

锻造工艺安全提示
- 锻造过程非常嘈杂,如果需要进行大量的锻造操作,请使用护耳隔音套。
- 工作高度也是需要考虑的因素——工作高度应与肘部高度相同——如果在虎钳上固定造型桩再操作,工作高度会太高,因此,需要站在一个木箱上,以提高肘部的高度。
- 握锤时,请握住把手末端,把它作为手臂的延伸——操作锤子时应该是肘部活动,而不是手腕。
- 锤击时戴上护腕会很有帮助,尤其是在刚开始学习,手腕肌肉还不够强壮的时候。

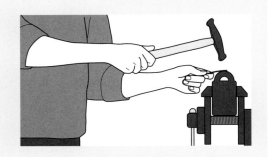

- 锻造时需要穿着厚实的鞋子,以防物品掉落砸伤脚面。因此,不要把没有固定的造型桩或冲头放在工作台面上,因为锻打时的振动会导致造型桩或冲头掉落。

锻造工艺的搭扣
保罗·韦尔斯（Paul Wells）
这个搭扣由一段银杆经过
锻造、扭曲和延展形成。

也可以只对一个小局部进行单独锻造，比如轻敲耳环挂钩的前部，可以使其变平，同时也硬化了金属。

当作品完成时，是否去除锤痕是一个审美问题——一些珠宝设计师喜欢在表面留下痕迹来显示出工作方法，这是在19世纪末的工艺美术运动中广泛使用的一种装饰手法。然而，不均匀或随机的锤痕通常看起来效果并不好，所以还是需要仔细地打磨，用来细化表面和去除不需要的痕迹。

项链《被绞杀的无花果》
保罗·韦尔斯（Paul Wells）
这条有机造型的项链是用锻造、铣削、扭制和焊接
等方法制成的。

方截面杆的扭曲

方截面的金属杆和线可以扭曲,创造出独特的视觉效果。为此,需要一个可调扳手来完成这个操作。

1. 如图所示,将方形截面金属丝的一段弯曲——防止金属丝在扭曲造型时在虎钳中旋转。金属丝和金属杆的粗细均匀非常关键,其粗细的任何变化都会影响它的扭曲效果,通常较薄的部分比较厚的部分更容易扭曲。

2. 用带保护皮革的虎钳将金属丝固定住。将可调扳手或夹紧器固定在金属线外露的一端,然后开始慢慢地旋转扳手。

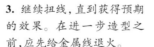

3. 继续扭线,直到获得预期的效果。在进一步造型之前,应先给金属线退火。

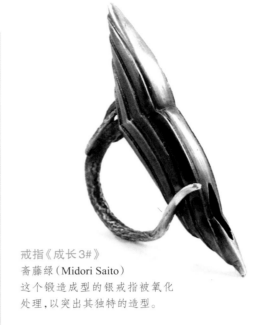

戒指《成长3#》
斋藤绿(Midori Saito)
这个锻造成型的银戒指被氧化处理,以突出其独特的造型。

方锥杆的制作

为了使一根金属线或金属杆变得有锥度,通常的做法是在其开始逐渐变细之前把它调整为方形杆的状态。这是为了更容易、更准确地逐步缩小金属杆的直径。在方铁砧上用起高锤将金属杆的弧度压平,然后逐渐使杆变细。锻造时要小心,不要让方形截面变成菱形,如果出现这种情况,要注意矫正角度。当长时间进行使金属杆变细的锻打操作时,金属杆的外表面移位会比内部更远,最终会在锥体末端形成一个短管状的孔洞——需要定期把它锯掉,因为锤打时很容易裂开。

扇形铺展

铺展是一种锻造技术,用于增加一块金属的表面积,使其更薄。这样,金属杆就可以转化成薄板或者将薄板继续拉伸,获得更大的表面积。根据需要的方向和大小,使用各种不同的锤子进行操作。

在这个过程中使用一个略带圆拱的造型钢桩,它可以更好地控制金属与造型桩接触的部位,从而降低锤子击中钢桩的可能性。

对方丝、杆进行扭曲

方丝可以通过扭曲形成有趣的造型。操作时一端用虎钳固定，另一端的夹具提供杠杆作用。金属线可以在不同的区域向不同的方向扭曲，制作出丰富的效果。加工前金属丝应退火良好，以防止在此过程中造成金属裂纹。如果扭曲确实导致金属线断裂，可以及时退火，重新夹紧，并进一步扭曲。需要注意的是，夹钳会在金属表面留下痕迹，但可以用一个半圆的整形锉来去除这些痕迹。

镦边和镦粗

"镦边"是银匠用来加厚金属片边缘的一种技术，应用起拱或下凹用的造型锤与边缘线垂直向下击打，这迫使金属边缘向下顿挫，从而增加了边缘的厚度。"镦粗"是一个类似的过程，但适用于棒、杆之类的型材。锤子用力击打垂直夹在虎钳里金属杆的一端。力量会压扁末端，使其向下顿挫，"镦粗"可以有效地增加顶部表面的直径。

锻造手镯
使用锻造工艺可以将金属丝展开并扭曲成许多形状。

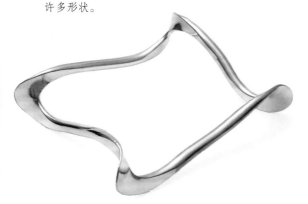

锻造：铺展

下面演示一根长28厘米、粗4毫米的银杆如何在退火后被制作成一个有机曲线造型的手镯。

1. 从金属杆4厘米处开始，每隔6厘米标记出间隔线，将金属杆两端弯曲，与第一个标记点相对应。然后用虎钳固定一个有微微球面的拱形造型桩。

2. 用一个提升锤开始展开曲线的顶点，曲线开始变平、变长。当金属加工后硬化时开始退火，并继续锻造，直到曲线的边缘厚度为0.8毫米为止。

3. 退火和酸洗金属杆。然后用平锤把锤痕敲平。在金属线的另一端重复上述过程。

4. 稍微展开曲线的两端，这样金属杆上剩下的两条线就可以弯曲了，然后在这两条曲线上重复锻打操作。现在打开这些曲线，把每条曲线的两边向相反的方向拉伸，做出一个大致的方形。然后锯割和焊接两端，完成作品。

这种工艺利用了金属薄片折叠后可继续造型的特性，利用金属厚度的差异使其产生较大弯曲。

弯折成型

弯折成型的工具

弯折成型工艺可以用相对较少的工具完成。造型锤、木槌、方铁砧和虎钳是这个过程中必不可少的，也可以使用轧片机高效率地加工。另外，还需要基本的手工工具进行弯折金属的前期准备。

金、银、铜、钢和铝都可以弯折成型，但每种金属的特性都要考虑进去。例如，不应该在轧片机中辊轧钢材；不要对铝材过度加工，否则容易开裂。

银片不应在退火后酸洗，直到其已基本成型，因为在随后的加热中可能导致内部表面熔合。

用于折叠成型的金属板材的规格应在26Ga.（0.4毫米厚）左右，这将提供最佳的效果，并且扩展开时不会太费力。

用途

弯折成型是理想的创造轻量级和大结构的方式，有助于大规模雕塑作品的创作。由于这一过程的有机性，制作出一件物品的精确复制品是很难的，因此很难生产出一对一模一样的作品（如耳环）。注意保存模板、金属厚度和折叠次数的详细记录，这样就会知道哪些轮廓产生哪些形状——这将使复制更加容易。创造铜试片来探索这种技术也会有所帮助。

这种形式的一个主要优点是没有焊料接缝，有利于下一步操作，但必须小心焊接，因为钣金非常薄的地方容易温度过高。

单折工艺

为了在轧片机碾压或锤击时形成弯曲效果，我们必须在工件的弯折成型工艺中使用"垫片"或金属条。从原理上讲，折叠工件只在一侧被拉伸，这会导致造型的弯曲，因为另一边的长度保持不变。垫片还提高了将被锤

胸针《豆荚》
保罗·韦尔斯（Paul Wells）
一个弯折成型的主体与锻造、磨细的别针相结合，创造了一枚完整的胸针。

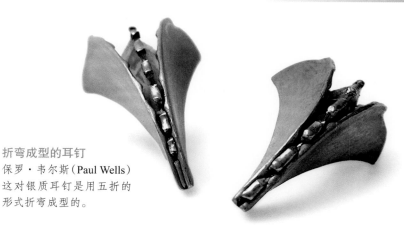

折弯成型的耳钉
保罗·韦尔斯（Paul Wells）
这对银质耳钉是用五折的
形式折弯成型的。

击或辊轧区域的高度，从而更容易判断进展情况。工件被折叠并辊轧后，弯曲形状的曲率分布可以通过修剪形状来调整。形状较窄的区域会比较宽的区域弯曲得更快，因为阻力较小。

锤击或碾压成型，直到较厚的一边与薄的边缘变得厚度相同，这时就不会继续弯曲了。此时可以在退火后，将物体撑开。

当物体被撑开时，曲线会更加明显——物体打开的程度取决于个人审美和设计需要。

多折工艺

折叠一张金属薄片，使其一侧有多层褶皱，这样在折叠成型时就不需要垫片了。金属折叠的方式与单层折叠相同，但没有垫片。折叠一层后，可以用木槌敲打服帖，在折痕处画一条水平线，然后用虎钳沿着线条夹住它，用它来引导金属片叉开的两侧向下弯曲，折成"M"形。这个过程可以重复，但是金属需要适时地退火。记住，在开始操作的时候就要留出足够的额外长度，这样在多次折叠时"腿"就不会太短。如果在一片金属上折叠次数过多，就有可能会出现折痕倾斜向一侧的趋势，为了保持折痕对齐，折叠时折痕必须非常精确。

在锤击或使用轧片机创建曲线之前，板材应该被切割成需要的形状、边缘被锉平并整体

退火。当物体被撑开时，之前过度的折叠可能会导致金属开裂，因此判断撑开的程度并不像判断单折物体那样容易。一旦被打开之后，可以手工弯曲调整整个造型。

锻造弯折成型法

造型锤可以用来影响或形成造型的曲线。敲击时，锤头与折叠位置垂直，并从一端开始逐步敲击，形成重叠敲打的痕迹。当整体形状开始出现弯曲时，锤痕仍然必须与折叠位置垂直，但由于金属已经弯曲，锤痕将是扇形发散的，而不是平行的。需要提醒的是：敲击时折叠的边缘不能被击打，否则它可能会变得太薄、太脆，导致裂缝。连续的锤击和退火可以交替进行，直到获得所需的弯曲效果。

用轧片机进行弯折成型的操作

当使用轧片机进行折弯成型时，垫片的厚度或弯曲度将决定可能的辊轧量。该形式应先进行缓慢地辊轧，减少每次辊轧之间滚轴间距的差异，一次挤压太急、太快会导致未折叠的部分被因折叠而较厚的部分剪切。在进行辊轧时，必须始终保持金属片与轧辊成直角，再将物体送入轧片机，当曲线开始逐渐形成时，这将更加难以维持，所以需要对此持续关注。

折弯成型：在轧片机上制作单折成型示范

需要一块0.4毫米厚、7厘米×4厘米大小的银片以及
一块1毫米厚、4毫米×7厘米大小的铜垫片。

 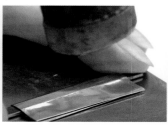  

1. 用手将银片沿其长度对折成"U"形，然后插入铜垫片。

2. 用虎钳夹紧工件，使折叠更紧密，并将垫片夹在转折的最底部。然后，将其放置在铁砧上，使用木槌将垫片紧紧地固定在适当的位置。

3. 使用锡剪、珠宝锯、闸刀切割成需要的外形，然后锉平边缘。对其进行退火处理，但不用酸洗。

4. 在轧片机的轧辊之间插入折叠后的金属片，使其与轧辊成直角。最好是通过几轮温和的辊轧来达到预期厚度，这比快速成型要好。在此过程中，需要定期退火，不需要酸洗。

折弯成型：锤击多重折叠成型示范

需要一块0.4毫米厚、7厘米×4厘米大小的银片和一把压痕锤。

 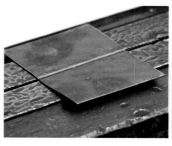  

1. 把银片对折，和单面折叠的方法一样，但不要垫片，然后用木槌把它合上；将其退火处理，但不要酸洗；用分规从折叠处将4毫米的直线标记出来。

2. 将工件放入虎钳内，使折痕位于底部，并确保划线与虎钳钳口顶部水平。用手或钝刀把纸的两边拉开，然后用木槌把它压平。

3. 将工件从虎钳上取下，沿板面折成"M"形。放置在方铁砧上，用木槌平折。

4. 将折叠好的一面插入虎钳中，与之前的折叠深度相同，插入之前可以再次用分规划线，以确保折叠时保持水平。然后再次将金属片的两面向下折叠，并用木槌敲平。

5. 为了获得最大的曲度，折叠物必须与辊轴保持垂直，因此可能需要在辊轴中随时调整以保持正确的角度。

6. 转动物体，直到带垫片的折叠侧与板材的其余部分厚度相同后，再退火。

7. 要想打开折叠的工件，请将垫片作为杠杆，从一侧翘起至另一侧。然后，从工件的一端开始，用钝刀或硬木楔将工件打开。注意别把银器弄坏。最后，用手指进一步打开工件或进行造型。

5. 从内缘开始，使用压痕锤沿着折叠边进行锻造，这样折痕本身就不会被击中。锤子应该保持与折痕垂直的角度敲击锤痕。定期退火并继续锻造，但要在银片变得过分薄之前，完成操作。

6. 再次对物体进行退火，使其更容易打开。可以用钝刀或硬木楔来协助打开褶皱。最终的调整应手动进行。

7. 展开折弯成型的作品。

当板材被抬升隆起时,外形会发生迅速的变化。反翘弯曲是其中一种特殊的工艺,它使凹曲线能够围绕本身形成圈曲的造型。

鞍形反翘式锻造

锤子和造型桩

一个"正弦曲线"(蛇形)的钢桩是鞍形弧面锻造所必需的。这种造型桩的形状允许用楔形锤或木槌将金属片压入缝隙或槽中。

锻造锤也可以用于这种技术,但它将为金属赋予锤痕肌理的表面。尼龙锤可以打磨后变成楔形,并与金属锤具有一样的效率,而且不会在金属工件和造型桩上留下不必要的印痕。

金属板材的选择

抬升是一种典型的"弯曲弧面"成型技术,造型呈碗状,轴沿同一方向弯曲。而"反翘弯曲"隆起后形成鞍形,其中轴线向相反方向弯曲。

所使用的金属板材厚度以0.4~0.7毫米为宜,这取决于正在制作的工件和使用的金属,通常金、银、铜和铝都是合适的。

设计反翘弯曲形式的饰品

手镯和戒指可以由封闭的鞍形曲面环构成,这也是这种工艺最合适的饰品形式,也可以用来制作耳环、胸针和吊坠。戒指不应该反翘得太高,因为明显的边缘使它们佩戴起来不舒服。

不同形状的金属板材将直接影响最终的成型效果。平行的带状金属条将产生一个平行的曲线形式,但不均匀的金属条会在宽度和轮廓上产生有趣的变化,因为不同的宽度会影响工件的曲率。有些设计会很自然地规定一个形状的周长,当它被锻造反翘之后,形成椭圆形或三角形造型,非常有吸引力的。两次锻造之间的整形操作,并不是为了这种形状一定要被扭曲成一个圆圈,整形的主要目的是敲平

扭转形状的吊坠
保罗·韦尔斯(Paul Wells)
这件作品是用一片金属薄片,采用鞍形反翘曲线锻造工艺制作而成的。

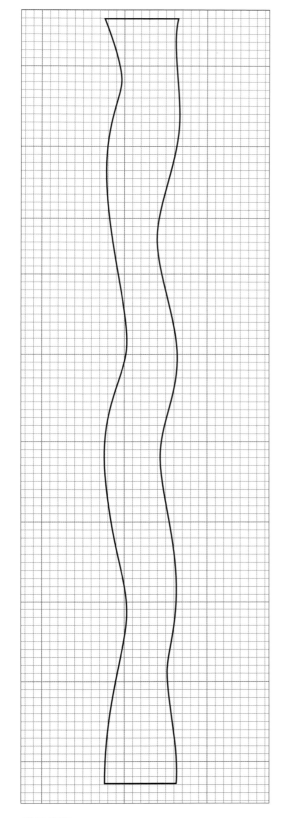

设计模板

此模板可用于制作右图所示的鞍形反翘手镯。

鞍形反翘手镯的制作示范

使用楔形锤和正弦曲桩对长度为21厘米的银带进行锻造。在锻造之前需要将手镯材料切割成型、锉磨平整并焊好。

1. 用虎钳水平固定曲桩，把银环套在曲桩上，使它位于最大曲线的弯曲处；用木槌重叠击打，从模板的边缘开始，一直沿着外缘击打；再将银环翻转，在另一侧边缘重复这个过程。

2. 在圆形手镯棒上，对手镯的外形进行校准。在退火和酸洗之后，把手镯放回曲桩上，在两侧再做一轮锤击锻打，形成比上一轮略深的凹陷感。

3. 继续锻打，在每一轮后，交替进行锻打、手镯棒矫形和退火，直到弯曲的手镯已经贴合了曲桩的曲线。

4. 然后，可以通过曲桩上连续较小的弯道继续加工该手镯，直到获得所需的翘曲度。

鞍形反翘弧面：开放形式示范

　　使用0.6毫米厚的银片。虽然这样可能看起来很薄，但最终形成的结构给了造型一个整体的支撑，并有助于大件物体保持较轻的重量，方便佩戴。

1. 设计一个模板，并锯割掉周围的银片。虽然较宽的位置比较窄的位置效果呈现得要慢，但它们可以获得较大的翘曲度。

2. 把金属片按长度弯成圆形。像之前示范的一样，在曲桩上锻打，从银片的一端开始。紧紧握住银片，防止圆圈被击中时"打开"。沿着一条边敲打到底，然后再锤击另一条边。

3. 把锻打的工件套在戒指铁上进行整形，如果部分与戒指铁形成了贴合，就可以把它轻轻取出来，然后退火。然后像以前一样，通过曲桩上的弯曲进行修形。当物体由曲桩支撑时，可以通过锤击物体侧面来收紧或闭合曲线。

4. 完成作品。

在金属薄片宽度中心部分形成的脊线。

　　一开始就能准确地判断出实际所需的金属长度是有相当困难的，因为在锻造过程中，金属的外缘会拉伸，但金属片的中心长度实际上会收缩，曲率的大小也会影响这种情况发生的速率，但通常21厘米的长条可以用于制作一个中小型手镯。记录下所有切割的形状及其长度，并将其轮廓记录清楚，这有利于经验的积累。金属条带的两端应具有相同的宽度，以便它们可以整齐地连接在一起。

封闭的形式

　　焊接后形成闭环的金属带比开放的金属带更容易反翘。焊接时，焊缝两端必须紧密贴合，并用绑扎线固定，再用稍多的高温焊料焊接，在锻造之前用锉刀锉磨掉多余的焊料，这

反翘工艺的戒指
索尼娅·塞德尔（Sonja Seidl）
通过反翘锻造，这些鞍形金、银戒指的内圈口更小了。

是为了确保焊缝足够坚固,能够承受锤击和反复退火。如果焊缝出现孔洞或开裂,需要用锉刀轻轻打磨一下,露出新鲜的金属,再用高温焊料重新补焊一下。

从曲桩最大的凹陷或弯曲开始,用楔形木槌将金属逐渐敲入凹陷的空隙中。然后从边缘开始,一次沿着一边进行锻打。金属环的锻打与其在手镯棒上的修整交替进行,手镯棒将防止或矫正工件内壁可能形成的凸起。一旦工件位嵌于凹槽中,且槽下没有间隙,就可以将曲桩翻转倒置在虎钳中,以便使用下一个最小的槽来收紧曲线。必要时重复此过程。

开放形式

理论上,任何形状的金属板材都可以应用这种鞍形反翘式锻造,但最小宽度为10毫米的流线形式是最容易上手的。金属在锻打之前必须先进行弯曲,否则将产生一个圆筒。锻打时,开放式需要比闭环式握得更紧,因为锻造的动作会使曲线沿着工件的长度展开。

开始自身蜷缩的造型可以被拉开,以便继续锻打,然后再次闭合。用曲桩作支撑,从侧面击打金属,可以使曲线收紧或减小直径。

通过窝作冲头进行反翘锻造

窝作冲头可以用来拉伸戒指环的边缘,迫使它们向外展开。虽然这不是真正的反翘锻造,但它确实形成了反翘的式样。

所使用的两个窝作冲头的直径必须足够大,以便在应用于任何一端口时,它们都不能穿过戒指环。这也将取决于带状戒指的宽度,窄环将需要用比宽环更大的冲头来展开。

通过窝作冲头进行反翘锻造的示范

制作鞍形戒指的一种简便方法是用两个窝作冲头将带状银戒指的两端铺展开。在开始操作之前,应先把戒指清理干净并退火。

工艺示范 **36**

1. 需要两个30毫米直径的窝作冲头,该尺寸对于直径17毫米的戒指来说比较合适。需要确保两个窝作冲头都不和指环内壁接触,否则工艺将不起作用。先将一个冲头固定在虎钳上。

2. 把戒指放在虎钳的冲头上面,再把另一个冲头放在戒指上面。用木槌击打,确保被击打物保持垂直,这样指环就能均匀地展开。

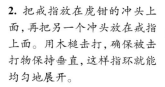

3. 然后使用更大的窝作冲头来扩展指环的边缘,直到成为所需的形状,记住要定期退火,这样焊缝就不会开裂。

凸锻和凹锻两种工艺一起配合,通过正、反两面的协同锻造,可以在金属板上制作出细节丰富的浮雕作品。

鏨花工艺: 凸锻与凹锻

工具和材料

银、铜和纯度较高的黄金都是鏨花工艺的理想材料,但金属的厚度将影响细节的程度。通常使用的金属厚度应达1毫米,但如果需要达到较高的细节要求,0.5毫米的厚度也应足够。

鏨刻时,金属片应该被固定在沥青膏上。沥青是一种焦油状物质,有一定的弹性,可以使金属在被击中时适度变形。通常沥青装盛在一个沉重的半球形碗中,俗称沥青碗,它的底座是一个甜甜圈形状的环,从而允许沥青碗变化角度,方便操作。

沥青碗应放置于一个合适的工作高度,通常是直接放在所坐的凳子前的凳子上。

鏨子和锤子

可以购买各种各样的鏨子,但由于需要许多不同的造型,所以建议使用工具钢自己制作鏨子。从钢筋上锯下10厘米,然后锉磨成你需要的形状。鏨头的表面应该稍微有一些弧度,没有尖锐的角或边缘,这样就不会敲裂金属。内衬鏨子应该有个窄面,而找平用的鏨子应该是有微微弧度的缓冲形状。花鏨通常有图案或肌理在鏨头上,用于纹理区域的设计。鏨子的末端要倒角,以抵消用鏨花锤反复击打所产生的扩散。手工鏨子在使用前需要硬化和回火。

鏨花锤有一个特殊的手柄,手柄一端较细,另一端是适合手掌的形状,这有助于锤在

戒指《雄蕊》
劳拉·班贝尔(Laura Bamber)
漂白表面的回收银形成了微妙的
光散射效果,从而加强了这一鏨花
成型戒指的雕塑效果。

耳环《熔炉里的伟大1#》
奥尔内拉·扬努齐（Ornella Iannuzzi）
六面体的黄铁矿晶体被镶嵌在鏨花
成型并镀银的造型里，成就了这对奇
妙的耳环。

与鏨子接触后反弹。锤子有好几种重量，较重
的锤子会比较轻的锤子形成更大力度的击打，
从而使金属变形更快。

鏨花工艺的应用

从技术上讲，凹锻是在作品的正面完成
的，凸锻是从作品背面完成的，但是当它们结
合在一起使用时，就被简单地称为鏨花工艺。
这些工艺可以用来在金属板材上创造出令人
惊讶的复杂三维浮雕，包括有衬底的区域，历
史上曾用于装饰手表壳、小盒子和挂坠。

鏨花工艺可以在冲压成型的基础上，对工
件重新进行定义和修饰，而冲压成型的过程本
身可以用来"替代"那些原本需要花费大量时
间去凹锻的区域。

将工件固定在沥青碗上的示范

工艺
示范
37

鏨刻板胶是一种沥青混合物，用于鏨刻时支
撑金属片。它可以牢固地粘贴住工件，便于使用
鏨子进行准确的操作。通常使用0.6~0.9毫米厚
的银片进行鏨花操作。银板的厚度取决于鏨花效
果的设计，因此需要使用较厚的板材才能适应高
低起伏的鏨刻操作。

1. 退火后，用平嘴钳将四个角
折弯。

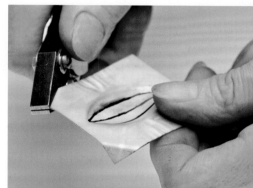

2. 用柔和的火焰轻轻加热沥
青，使其表面变得柔软。注意
不要让沥青沸腾或烧焦。

3. 把金属片的背面打湿，然后
把它推到沥青碗里，弯折的四
角向下插入沥青。确保沥青
与银片完全贴合，并用湿手指
将银片周围的软沥青推到工件
边缘，确保结合紧密。在开始
鏨花之前让沥青碗完全冷却。

錾刻出轮廓线的示范

设计完成后，先在金属背面使用錾刻线条的錾子进行刻线，也可以将作品翻转过来，从正面再进行一次补錾，以进一步明确形状。

1. 坐在凳子上，把沥青碗放在面前。碗可以稍微向前倾斜。用錾花锤和錾子錾出设计轮廓时，用锤轻轻敲打錾子，通过重叠推进的轨迹连接在一起，形成线条。

2. 需要把这块金属从沥青碗里取出时，可以用一团稍微浓密的火焰轻轻地加热这块金属，直到可以用镊子把它拿下来。然后，刮去多余的沥青并用溶剂除去所有残留，再进行退火和清洗。

3. 把角朝加工面相反的方向弯折，凹形现在是背面。将破碎的沥青块融化到凹槽中填充。

4. 将凹坑处填有沥青的金属放入沥青碗中加热，并确保银片上熔化的沥青足够形成微微的凸起。然后再把金属扣放在沥青碗里，确保两者结合紧密，下面没有空气。

工件的固定

在开始錾刻之前，金属片必须被固定在沥青碗里。具体的操作步骤是：将金属退火和酸洗后，需要将设计稿转移到金属表面。由于它将要被锻打，因而设计稿需要用划线器或永久性记号笔在金属表面清楚地标记。然后把金属片的四角向下折叠，这样它们就会插入沥青板胶与其固定在一起，锻打时金属片就不会移动了。

沥青碗应该用柔和的火焰加热，这样可以把金属片压进去。固定时，用水来保持手指湿润，使沥青不会黏在手指上。如果沥青确实黏在了手指上，在把沥青从手指上去除之前，应先把手指放在水龙头下用冷水冷却沥青。

刻线

按照传统的制作方法，首先应用錾花锤轻敲錾子，将设计图的轮廓线錾刻到金属表面。在轻击时，将錾子慢慢向前移动，通过将重叠的轨迹连续起来形成一条线。在轮廓线錾刻完成之后，将金属片从沥青胶垫上取下来，并进行退火处理。

錾花成型

把基础造型中不需要凸起的地方用沙地錾压下去，造型呈现出基本层次。凸度不够的地方，用面积大小不同的圆头点錾，从金属片的背面冲一下，以达到要求的高度。在此过程中，金属需要从沥青中取出并定期退火。如果在压印成型的基础上继续操作，这意味着已经有了一定的立体效果，所以这个阶段不会花费太多的时间。

注意不要在任何区域过度加工，因为这可能导致金属局部过薄，很可能开裂或在退火过程因过热导致熔化。劈裂可以通过将边缘敲在一起并焊接来修复，但在随后的加热过程中，这个区域应该用隔热膏覆盖，这样焊料就不会再次熔化。

完成

一旦基本的起伏从作品背面操作完毕，精细的细节就可以从正面"引入"，并使用平面鏨进行平整操作，以使设计区域实现平滑效果。接下来，可以将其最后一次从沥青中取出。

然后，可以将外围的金属片沿设计轮廓锯割掉，准备完成作品。这意味着，它可以用出汗式焊接法焊接上一个平坦的背板，也可以用与之相匹配的造型，形成一个盒式吊坠。

鏨刻后的效果
通过鏨花工艺可以实现三维的高浮雕效果。

鏨花锻造示范

一些鏨子专门用于使物体呈现基本的高低起伏效果，小的窝作也可以用于这一步骤。作品的背面也可以用同样的方法操作。

1. 将工件固定在沥青中，确保其下没有气泡。

2. 一旦沥青冷却，就可以用鏨子轻轻鏨刻。用轻而有规律的锤击加深有轮廓线的凹槽。当加工变得更加困难时，可以将工件从沥青中取出并退火。

3. 然后，用直口鏨均匀、理顺之前鏨子停顿造成的痕迹。最后一次将工件从沥青中取出后，应在工件的外边缘周围使用铁砧衬垫找平，以确保其平整。

冲压成型工艺可以将金属片压成三维形式，并使用模具来塑造外缘的轮廓，也可以使金属通过模具上的一个孔洞，形成拱形金属片。

液压冲压成型

工具和材料

用于成型的液压机是一种带整体活动架的钢框架，它是通过增加固定其上的液压千斤顶压力而抬升的，并通过松开螺母来降低挤压力。

冲压成型也可以在大型虎钳上完成，但要达到与液压机相同的效果需要花费大量的努力，而且只能用于较小的造型。压印机也可以用来压印金属片，但需要有匹配的阴模和阳模。

用于冲压的模具通常由10毫米厚的亚克力板（丙烯酸）制成，往往需要在模具上制作定位孔。如果要生产许多相同的形状，可以在压克力材料的表面粘上一层与定位孔匹配的黄铜板，这将使模具更耐用，也使模具边缘更

挺括。对于较大、起伏高的造型，可能需要将两张亚克力板粘贴在一起，以允许形成更有深度的造型。中密度纤维板（MDF）也可以用来制作模具，但这种模具通常寿命更短。

银和铜是最适合冲压成型工艺的金属，因为它们足够柔软，可以精确地变形，而且具有足够的韧性，可以承受一定的压力。用于冲压模板的金属板需要有一个稍大的外延，通常是10毫米，这意味着用黄金作为原料会使成本提高。铜片的厚度应在0.6毫米左右，而银片厚度可为0.5~0.8毫米。通常作品越大，银片也要相应增厚。

聚氨酯橡胶板是挤压接触面的理想材料。冲压时，它在压力下几乎成为流体，并能够提供最佳的效果。此外，标准黑色橡胶也可以获

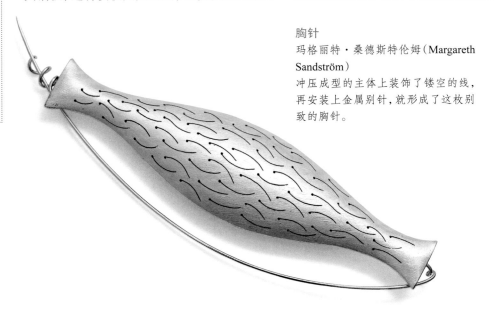

胸针
玛格丽特·桑德斯特伦姆（Margareth Sandström）
冲压成型的主体上装饰了镂空的线，再安装上金属别针，就形成了这枚别致的胸针。

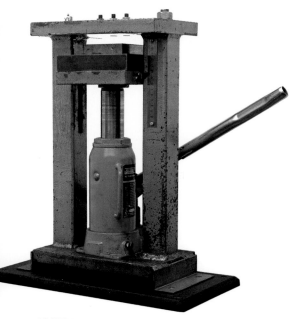

液压机
液压机可用于在金属板上进行多
种造型和花纹的压印。

得不错的效果。操作时，如有必要，也可以将
几层橡胶叠放使用。

模具的制作

　　开始制作前需要仔细考虑模具的造型，究
竟要将亚克力模具切割成什么样。有机曲线
类的形状最适合冲压，应尽量避免尖锐的棱角
和细小的凹陷，因为它们要么会导致金属板裂
开，要么会使金属无法充分变形、填充。金属
不容易通过小孔，但可以快速且容易地通过稍
大的孔洞，因为凹陷的窄区域不像宽区域那样
容易施压。如果要为一个不对称的物体制作
模板，通常需要两面分别制作。

　　制作模具时，先在亚克力块上画出设计
图，然后钻出一个导向孔，最后用蜡锯进行锯
割。请注意，保持锯条垂直非常重要，因为材
料的厚度会放大任何微小的角度，因此造成镂
空的底面与顶部效果不相同。如果还要做嵌

实物冲压成型示范

　　任何顶部不被遮盖（"头大身子小"）的坚硬
固体，都可以采用此工艺。钥匙、齿轮和螺母等物
品是理想的选择，也可以用亚克力雕刻模具。压
制时使用的金属片应该比作为模具的物体大一
些，一般留出 1 厘米的外延比较合适，通常板材的
厚度为 0.5~0.8 毫米，这取决于物体结构和所需
的细节程度。

1. 用胶带把银片固定在物体
上。在银片上放几层橡胶板，
然后把"三明治"放在液压机
平台的中间。

2. 逐渐提升液压千斤顶的压
力，直到橡胶被压到液压机顶
部、可以感觉到阻力为止。此
时，释放压力，取出银片进行退
火，如有必要可以重复此过程。

3. 压印之后的银片可以锯割
下来焊接到背板上，也可以
继续进行錾刻，以增加细
节。如果使用更多
的成型技术，则
需要对工件进
行退火。

液压冲压成型示范

液压机适用于制作带有弧度造型的物体。施加压力时,橡胶迫使金属板穿过亚克力模板上的孔洞,形成一定的弧形突起。

1. 在1厘米厚的亚克力板上做出图样,确保图案形状边界清晰。在模板内钻一个洞,然后用螺旋锯条在轮廓周围锯割镂空。用锉刀对模具的内圈进行修整,使轮廓的上边缘光滑顺畅。

2. 将一块退火后的银片放在模具中央,确保其有足够的外延,并用胶带固定好。在银的上面放置一块聚氨酯或几层橡胶。

3. 将模具居中放置在液压机机架上,加大压力使机架上升。当感觉到阻力时,释放压力,放下架子,检查作品的进度。

4. 在重复这个过程之前,先退火和酸洗银材。当银片开始形成凹陷,应切下几块橡胶,把它们塞到更大的橡胶片下面,作为填充。

5. 继续退火和挤压,直到获得所需的造型深度。

入组件或阳模,请保留镂空下来的碎片。锉平镂空花纹的内缘,去除可能导致金属划伤的锋利边缘,但不要将边缘磨圆,否则压出的边会不清晰或锐利。

将金属片冲压成型

将金属片退火后,用透明胶带将其固定在模具上,使穿孔位于中心位置。为了达到理想的深度,将需要进行多轮挤压,每轮都不要使用太大的压力,否则会使金属片开裂。当感觉到阻力时,停止增加压力,这样慢慢增加压印的深度会更"安全"。对于造型起伏较大的操作,应使用稍厚的金属板,这样就相对容易开裂。

当造型被压制完成后,应再次将金属片退火,并将其用透明胶带固定在方铁上。然后用木槌把边缘敲平。如有需要,可以用錾子沿着形状的轮廓进行补錾,还可以在沥青碗中进行细致的錾花,以添加细节或强化造型。压模成型是制作空心挂坠的理想开始。

当需要把冲压成型的两半金属合焊在一起时,先将轮廓以外的区域锯割掉,并将焊缝打磨平整,这样下部的一半口沿就可以用来承载焊料。最后再将这些部件焊接在一起(参见第100页)。

阳模和阴模

冲压成型也可以由阴模的镂空部分与阳模的嵌合部分配合形成。雕刻模具时要考虑到金属片的厚度。当与阴模配合使用时,金属片可以形成更精确或清晰的轮廓。

按照前面介绍的相同方式开始冲压成型,并在开始冲压时添加阳模。模具可倒置,冲压时需要用胶带固定。

阳模冲压成型

冲压成型工艺可以以钥匙、螺母或其他固体金属实物为模具；也可以通过金属丝、雕花亚克力或铸造金属等方法手工制作模具，但是它们必须能够承受冲压过程中的压力。

将模具上的凹痕转移到金属上是不现实的，因为金属是直接压在模具表面的，而不是紧密包裹模具的。虽然精细的细节不能很好地被复制，但使用更薄的金属片将有助于提高细节的清晰度。

可以在冲压前先使用蚀刻或轧片机压印等工艺制作出表面肌理，但注意不要追求过深的印痕，从而导致金属过薄。

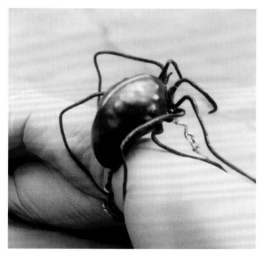

《手腕上的蜘蛛》
阿纳斯塔西娅·扬（Anastasia Young）
这件作品的主体由两个焊接在一起的冲压件构成。打孔的痕迹赋予了工件表面肌理，并增加了冲压成型的立体感。

阳模冲压成型示范

当阳模与阴模一起使用时，可以创造更清晰的造型，也可以将其单独使用，将不同的轮廓用来形成基本的缓冲形状。

1. 在之前的项目中，模具镂空下来的部分被雕刻成了三叶草的形状。阴模和阳模之间必须留有足够的空间，以适应所用金属薄板的厚度。接下来用胶带把一块退过火的薄片贴在阳模上，然后把它固定在一块方铁上。

2. 在银片上垫几层橡胶，用液压机压制。由于银片边缘会起皱，因而在退火和酸洗之前，需要先用木槌和方铁把银片展平。

3. 将阴模套在压制的突起图案上。用小块橡胶填塞到银片的凹陷中，这有助于使银片更紧密地贴合在阴模内壁。

4. 继续退火和压制，直到效果满意。要制作冲压成型的挂坠盒，请参见第192页"铰链"的制作。

热塑性塑料中的亚克力在加热后会变得柔软且有弹性，可以塑造出许多极具个性的造型。一旦冷却，树脂就会变得坚硬，并保持它的新形状，直到再次加热。

亚克力的弯曲

热塑性树脂

热塑性树脂在加热时可以变得柔软而有弹性。局部加热可以用来弯曲某一特定的区域。加热后丙烯酸树脂与金属模具配合，可以很容易地弯曲、取直或形成一定的弧度。较大的区域可以用"焊炬"局部加热，但注意温度不要过高，这样会在表面下形成气泡。为了在弯曲或扭曲时使曲线更加流畅，需要将整块丙烯酸在烤箱或电窑中加热。

烤箱应该设定在170℃，这样只需要几分钟，丙烯酸树脂就会变得柔软和灵活。注意不要过度加热材料，因为会在表面下形成气泡而无法剔除。加热完成后，可以握住丙烯酸树脂，形成扭转和弯曲，直到其凝固为止。操作加热后的材料时，要戴上厚厚的皮手套。

手镯《萨》
莱斯莱·斯特里克兰
（Lesley Strickland）
这个手镯由醋酸纤维素切割后加热塑形而成，哑光的表面使它呈现微妙的半透明效果。

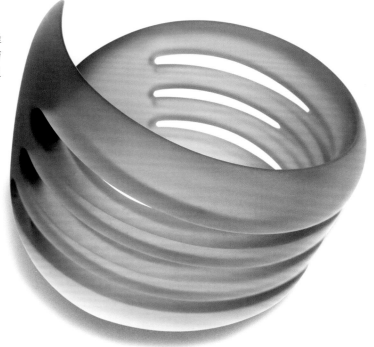

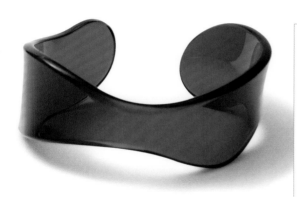

丙烯酸树脂手镯
使用热成型技术可以简便地制作出优雅、简洁的亚克力首饰。

使用模具辅助亚克力成型

要做一个椭圆形的亚克力手镯，应先用蜡锯条锯割出预计的形状，然后把边缘锉平。造型的长度应在15.5厘米左右，不要将末端做得过于尖锐，否则在佩戴或摘下时会很不舒适。

当亚克力被抛光后（在亚克力手镯平展的状态下抛光要安全得多），把它放在烤箱的托盘或架子上，先预热几分钟。然后戴上手套，将其包裹在一个椭圆形的手镯棒上，并将它固定在合适的位置，直到它凝固。更宽的袖口需要更小心一些，直到它们完全凝固为止。要确保手镯两端留有均匀的间隙，并且它们平贴在手镯棒上。通常亚克力从烤箱中取出后，会在60～90秒凝固。如果得到的效果不令人满意，可以将其返回烤箱重新加热，然后再次塑形。塑料有记忆，再次加热时就会恢复平展状态。加热过程可以重复很多次，直到塑料开始降解；但千万注意掌握合适的温度，避免过热。

其他成型工具，如方铁、冲头和模具也可以与加热后的丙烯酸树脂一起配合使用，但只能人工施加压力，而不能选择锤子。

借助模具制作亚克力手镯的示范

压克力应该在切割成型、清理干净以及抛光后再加热塑形。该工艺可以在传统的烤箱或电窑中进行操作。

工艺
示范
43

1. 烤箱或电窑预热到170℃，然后将亚克力片放在烤炉的铁丝架上，加热2～3分钟。

2. 戴上隔热手套，当亚克力柔软、有弹性时从烤箱中取出。

3. 将压克力包在一个椭圆形的手镯棒上，固定好位置。60秒后塑料就会开始变硬。

4. 亚克力凝固后，将其放在冷水中冷却。

雕刻与铸造

本节介绍在之前其他工艺无法实现的情况下，创建物体结构和三维形态的新工艺。雕刻能"削减"一件物品的体积，从而创造出一种形式。雕刻可以是简单的，也可以是复杂的，还可以应用于珠宝蜡、木材、角、塑料和金属等各种材料。使用模具可以将许多材料（如蜡和树脂）复制出相同的形状，相对于制作难度大或耗时耗力的其他工艺来说，是珠宝加工最理想的方法。特别是需要多个重复组件时，模具可以铸造出许多相同的物体。用雕蜡、翻模批量浇铸出金属造型的方法通常称为失蜡浇铸法，本书第257页"委托加工"部分有更详细的描述。

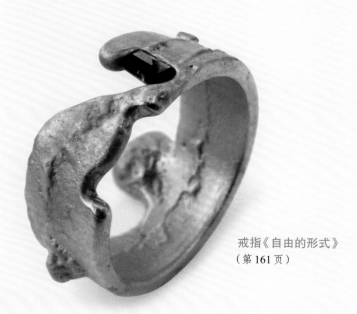

戒指《自由的形式》
（第161页）

使用失蜡铸造工艺，需要掌握从雕蜡到金属浇铸等一系列技术。这是一种很实用的制作方法，可以避免花费大量时间去加工或雕刻金属。

雕蜡与翻模

珠宝蜡是专为首饰设计师制作首饰模型使用的，做好的蜡模将通过失蜡铸造法（参见第260页）铸造成金属版。蜡的特性决定了它是创造复杂细节以及小规模三维造型的理想材料。有各种不同性质的蜡可供选择，使用的类型取决于所制作的模型。

蜡锉、螺旋锯条、雕刻刀或牙科工具都是雕蜡常用的工具。吊机的各类机针和打磨头也可以使用。和酒精灯一样，电烙铁和专用的热喷枪也适用于蜡模的焊接。

雕蜡

蜡通常是用"减法"雕刻的，这意味着要从比实际作品更大的一块蜡上去切割雕刻，从而形成预计的造型。基本造型可以先用螺旋锯片锯割出来，然后再用蜡锉修整造型；雕刻工具则可以用来增加细节。

最后再对较薄的区域进行细加工，因为这些部位更容易破裂，一旦出现这种情况，如有必要可以用软红蜡进行修补。蜡的厚度可以放置在光源下进行判断，薄的区域会呈现白色。

蜡模的熔接

加热后的雕刻工具也可以用于蜡模的雕刻或快速去除大块的蜡。加热后的刀片可以向蜡块表面传递热量，使其熔化，也可以用这种方法将蜡黏连，用于修复断裂或将各部分连接在一起。注意，应使用酒精灯加热工具，因为酒精灯可以提供清洁无烟的火焰。

纽扣的蜡模雕刻
保罗·韦尔斯（Paul Wells）
这件复杂的蜡模经过精心
使用火焰来抛光表面凸起
区域，而使视觉效果得到了
增强。

雕刻戒指蜡模的示范

使用珠宝首饰专用蜡可以迅速地实现细致的三维雕刻。下面是从戒指专用的蜡管上切下一段开始的。

工艺
示范
44

1. 使用一个戒指蜡刀尺增加内圈圈口。轻轻地旋转刀尺,将蜡从内表面刮掉,直到戒指圈口大小合适为止。注意在戒指圈口的两端交替工作,避免形成锥形内圈。

2. 螺旋锯条装在珠宝锯上可以用来切割掉大面积的蜡。如果按照设计图锯割,也要为后续加工留有一些余地,避免切割过度。

3. 大平蜡锉可以迅速锉磨掉蜡材。先用大锉建立基础的造型,然后用蜡针锉进一步塑造形状。

4. 当基础形状完成以后,就可以使用雕蜡刀来处理蜡环表面,使其光滑并添加细节。

5. 最后,用细钢丝棉打磨戒指表面,以去除细小划痕。此时应千万小心,不要把细节擦掉。现在的蜡模已经基本完成,可以进行失蜡铸造了。

浇铸戒指系列
梅拉妮·埃迪(Melanie Eddy)
这些戒指是用蜡模浇铸而成的,蜡模被雕刻成有棱角的形状,内部掏空以减轻重量。

熔化的蜡可以注入开放的或硅胶模具中,也可以滴入冷水中,以创造出自由随机的效果。但须注意,不要在明火上熔化蜡,这样很容易着火。

蜡的表面处理与减重

在对蜡模进行清洁和表面处理之前,需要先称一下蜡的重量,根据它的重量预估金属的重量:银比蜡重10.6倍,18K黄金比蜡重16.3倍。作为指导,戒指蜡模的重量应该小于1克,否则成品戒指戴起来会很重。可以用吊机的各种机针或雕蜡刀把蜡的内部挖空,以减轻重量。在此过程中,需要经常把它放到光线下,检查蜡壁是否太薄。

蜡模的表面效果非常重要,因为它们将直接转化为金属形式,而且细化蜡件的表面比细化金属表面要快得多。粗一点的钢丝棉可以用来去除锉痕和磨圆边缘,然后再用细一级的钢丝棉来进行抛光。也可以小心地用火焰"舔"蜡,当其表面变得光滑时,就可以铸造了。

将一个物体翻制出模具以后，就可以制作出多个复制品。橡胶通常用于模具的制作，所用橡胶的种类将影响模具的性能和可注入模具的材料。

模具制作

橡胶是制作模具最常用的材料，各种各样的化合物，无论是乳胶、硅酮还是聚氨酯，都适合制作模具。可浇注的橡胶用来制作可重复使用的三维模具。如果添加增稠剂，它们还可以涂覆在物体表面，制成像皮肤一样的模具。硅树脂也可以以浆液的形式出现，将物体嵌入其中，从而形成模具。乳胶、石膏和海藻酸盐也是有用的制模材料，它们都很便宜，但其制作的模具寿命非常有限。硫化橡胶通常被用来制造耐用的高质量模具，通过向其内部注入蜡液制作出多个蜡模，用于失蜡铸造。

"开放式"模具是为背面平整的物体准备的，制作模具时橡胶被浇到物体上。一旦凝固后，该物体被去除，橡胶模具呈现出一个开放的凹槽，便可以将蜡、树脂等材料注入，完成浇铸。

三维结构物体需要更复杂的模具，这些模具需被小心地切割，以便原始物体和后续的铸型能够从模具中取出。

硫化模具

当橡胶在硫存在的环境下受热时，分子结构会发生变化，从而变得更加耐用。特殊加工的橡胶薄片专门用于制作硫化模，这种模具可多次使用，并主要用于失蜡铸造，从一个金属模型生产出多个蜡模型。因为硫化橡胶的过程中会产生热量和压力，所以通常只有金属物体（母材）才适合这个过程。当模具被切割，原始金属母体被移除之后，在压力下将热蜡注入模具，填补金属母体留下的空隙。这种类型

淘金者的项链
埃米莉·理查森（Emily Richardson）
这条项链上相同的链接部件是用模具复制而成的。

制作硫化橡胶模具示范

硫化橡胶模具通常是用来批量复制蜡模的。这种模具非常耐用，但只能用于从金属母版翻制成模具，因为在制作模具的过程中涉及加热和加压。

工艺
示范
45

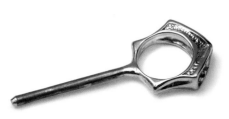   

1. 当铸造完成的金属"母模"清理和抛光完成后，需要为它焊接一个浇铸口，为蜡液的注入形成通道。浇铸口通常是用低温焊料焊接的约3毫米粗的基础金属杆。

2. 在生橡胶片上标记出模框轮廓，然后把它剪切下来。生橡胶片的层数取决于模框的深度。将第一块生橡胶放在模框中，然后剥去背衬以粘上第二层橡胶。用软布涂抹打火机油，可以清除橡胶上的所有污垢或灰尘。

3. 继续粘贴橡胶层，直到高度达到模框厚度的一半。接下来将一块生橡胶片抠出母模的形状，再将金属母模嵌入其中，并用废橡胶填充所有间隙。然后继续逐层粘贴橡胶层，直到橡胶达到模框的顶部，甚至微微拱起。

4. 在模具两侧各放一片钢板，防止其粘在加热板上，并将模具插入预热的硫化器，然后旋转压紧胶模。硫化橡胶所需的时间取决于生胶的层数，但通常为30～50分钟。10分钟后可以检查一下松紧度，如有必要可以再拧紧一些。

的模具可以非常好地保留细节，通常用于精密铸造。

复杂的物体或形状可能需要专业的模具，特别是需要批量复制的时候（参见第260页"失蜡铸造"）。

冷固化模具

因为在制作硅树脂模具的过程中不涉及加热，所以可以使用一系列更为宽泛的材料作为母材，当然也包括那些原本在硫化过程中会被高温和压力破坏而不能采用的材料。柔韧的硅酮树脂适用于为"头大身子小"的物体制作模具，因为模具成型之后，就可以切割模具，

取出铸件。多孔表面的物体，在用黏土浇铸模型之前，应先用清漆密封，以便在模具中形成浇注通道。将浇铸口底部密封在一个适当大小的容器中，或者用折叠泡沫板建造一个盒子。该盒子必须用蜡密封好，以防泄漏，并且应该在物体周围到模具边界至少预留1厘米的厚度。

当硅胶与催化剂彻底混合后，可以用真空泵抽除混合物中残留的气体。这一步骤不是必需的，但确实可以减少气泡黏在模具内物体上的机会，达到更理想的效果。当模具固化后，可以小心地切割以去除母模物体，但不要直接切割模具，否则将很难将两半模具对准并

制作冷固化模具的示范

硅树脂与催化剂混合后，在室温下就可以固化，因此是制作非金属或易碎物品模具的理想材料。下面展示的是用柔软、灵活的硅树脂制作罂粟种子荚的模具。

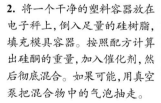

1. 在物体上加一个浇铸口（通常用蜡棒就可以），如果物体不太重，也可以用黏土做浇铸口的模型。将浇铸口底部密封到适当大小的容器底部。

2. 将一个干净的塑料容器放在电子秤上，倒入足量的硅树脂，填充模具容器。按照配方计算出硅酮的重量，加入催化剂，然后彻底混合。如果可能，用真空泵把混合物中的气泡抽走。

3. 用塑料勺把硅树脂倒在模具的一侧，让它在物体周围逐渐"上升"。这减少了产生气泡的概率。继续填充模具，直到物体被完全覆盖，然后静置24小时。

4. 将硅胶从容器中取出，并移走模型的黏土浇口。然后可以用手术刀切开模具，取出物体。用胶带紧紧缠绕这个模具后，就可以灌注蜡、石膏或树脂来复制物体了。

5. 从硫化机上拆下模框，冷却后取出橡胶模具。使用新手术刀或美工刀切割模具，开模的过程是将模具的两半分开，目的是将金属母模从模具中取出，但不要简单地直接切开，要依据母模的造型谨慎开模。

进行精确铸造。在用树脂或蜡进行浇铸时，硅树脂模具可以装盛在之前制作模具使用的容器或框架里，这样可以确保它们较好地吻合。

压印模具

将物体压入硅胶腻子等介质中，就可以制作出简单的开放式模具。这种类型的硅树脂通常与固化剂以相同的比例混合，固化时间非常短，大约为10分钟。压印物应避免"前端大后端小"的造型，以便容易从模具中取出。树脂、蜡和金属黏土可以在压印模具中造型，由于这种模具是开放式的，最终的物体的背后将是一个平面。

有几种传统的金属铸造工艺，包括乌鱼骨铸造、砂或黏土铸造等，这些方法不需要太多的专业设备，而且是复制贵金属组件工艺中快捷简便的方法。

金属铸造

失蜡浇铸对于小型首饰工作室来说，需要太多的专业设备，通常难以负担。事实上，大多数制造商会把蜡送到专业铸造师那里，这样的效果会好得多，而且可以复制出复杂得多的形状（参见第260页"失蜡铸造"）。

在简易铸造方法中，除黏土和乌鱼骨等制模材料外，还需要熔化金属的坩埚和钳子、焊炬、硼砂粉和良好的通风。这些铸造工艺依靠重力将熔融的重金属注入凹槽，因此不需要专门的设备。乌鱼骨铸造工艺还需要一把刀、一个划线器、一根绑线、一根火柴和一个可以压入模具的物体。黏土铸造则需要一个由两部分组成的铸铝框架，以容纳黏土，使它可以被压实，从而能准确地再现细节。这种模框有几种尺寸可供选择。此外，滑石粉、刀、细棒和钢尺也会用到。

选择用来压模的物体

黏土和乌鱼骨作为铸造模具时，可以很容易地将原始物体的印迹压印在材料表面，然后用这个印痕浇铸出金属的造型。作为被压印的原始物体，其造型不能是前端大后端小的类型，否则在不损坏压痕的情况下无法从模具中将其取出。简单的三维形状和背面为平面的物体最适合用这些方法铸造，压印的原始模型可以是各种材料，包括切割和雕刻的亚克力。

完成的铸件经过清洁之后可以进行一系列操作，比如它们可以被焊接到其他组件上，被切割、钻孔和轻微的锻造成型。进一步加工时，铸造的金属薄片相对易碎，因此应尽量选择那些不易损坏的形状进行操作，并在锻造之前对其进行退火。

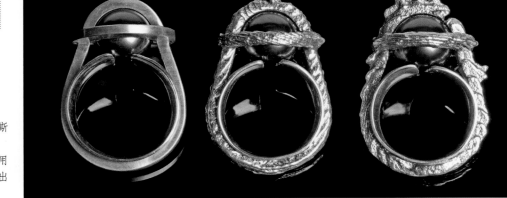

"航海六分仪"系列戒指
帕梅拉·迪恩斯·邓达斯
（Pamela Deans-Dundas）
以左边的戒指为模型，采用乌鱼骨铸造的方法浇铸出右侧的两枚戒指。

开放式铸造工艺的戒指
开尔文·伯克(Kelvin Birk)
这枚18K金戒指中的蓝宝石是在注入熔融金属之前嵌入黏土模具中的。

乌鱼骨铸造

乌鱼骨柔软易碎，但耐高温，与熔融金属接触时虽然表面会烧焦，但形状不会改变，它可以铸造的物体体积由所使用的乌鱼骨的大小决定。一个乌鱼骨可以切成两半使用。如果需要更厚的尺寸，也可以用砂纸分别磨平两个乌鱼骨的表面，拼合成一个厚的模具使用。压模时，先将被压印的物体按压到一个平面的半边，再加上三到四根短的火柴棍作为定位钉，然后轻轻地压到另一边，直到它碰到平面并贴合到一起为止。然后将这些部件分开，这样被压印的物体就可以被移除。接下来，应该用锋利的刀在模具的一侧切割出排气孔，但不要超过1毫米深；在此阶段还必须切割出漏斗形的浇注槽。重新组装模具后，用绑扎线将两个部件固定在一起。火柴棒做的定位销将确保模具的两半准确定位，这很重要，因为不完全吻合的模具会造成铸件不完整或鱼鳍状的问题，这是由于金属流淌到了两半模具之间的区域造成的。完成这些后，就可以用这个乌鱼骨模具进行浇铸了。

翻砂铸造

这种类型的铸造将黏土或黏结砂压实在一个模框内，以创建一个一次性的模具，熔融金属可以倒入其中成型。通常会先选择造型上不是"头大身子小"的物体在黏土上压印出痕迹，再在压印物体的顶部周围填充更多的黏土，再用刀片在压印物顶端修出水口（浇筑槽）。浇注槽和通风口的准确切割是至关重要的。水口必须保证熔融金属能够顺畅进入空腔，当金属熔液涌入时，它所替代的空气通

乌鱼骨铸造示范

由乌鱼骨制成的简单模具可以在铸件表面形成独特的纹理。乌鱼骨也可以用于雕刻造型以及在物体上压印出印痕。

1. 将两片乌鱼骨在粗糙的砂纸上打摩，使其表面平整，再将压印物体压入乌鱼骨一侧的平面内。在物体周围插四个定位桩——短的火柴棍就很好用。

2. 把乌鱼骨吻合在一起，然后再将乌鱼骨分开，并移除压印物体。用刀为熔化的金属切割一个浇注通道，并用划线器在表面划一条压痕，浇铸时使空气从压痕处排出。

3. 用火柴棍把乌鱼骨重新连接起来。用绑扎线把模具固定好，放在加热区等候浇铸。接下来，在坩埚中用硼砂加热金属。待金属熔化后，将其倒入浇铸口中，然后在冷水中冷却几秒钟。

4. 将两片乌鱼骨分开，取出浇铸好的金属。用珠宝锯将浇铸口形成的多余金属锯割掉，并锉平该区域，使其与整体造型吻合，也可以用金刚砂纸和抛光轮，完成打磨、抛光。

翻砂铸造的示范

　　特殊配制的砂或黏土可用于为物体压模制作模具：当熔化的金属被倒进去时，就产生了一个压印物体的副本。这项工艺需要一个由两部分组成的铝模框。

工艺
示范
48

1. 把黏土切成块，再将其碾碎。将黏土沿着模框的边沿填塞进去，并用锤子把表面敲紧。然后加入更多的黏土，用钢尺把顶部抹平。将物体压入黏土中，用滑石粉覆盖整个表面。

2. 把模框的上半部分放置好，也用黏土填满，并压紧。然后将框架的两部分分开，小心地移走被压印的物体。用刀修出浇铸口，用细棒戳出通风口。通风口不能越过浇铸通道。

3. 确保模具中没有松散的黏土，否则可能进入熔融的金属中。在坩埚中用少量硼砂粉加热金属。把焊炬对准金属持续加热，让其保持流动注入模具。

4. 将模框在冷水中淬火，然后将其劈开，取出铸件。酸洗铸件以去除氧化物，然后从铸件上锯下多余的金属并将其清理干净。

过通风口逸出。穿透黏土形成的通风口不能与浇注通道相交，否则冷却的金属（排出小孔）和黏土颗粒可能最终会进入铸件。黏土可以重复使用，但是需要扔掉浇铸时烧焦的部分，并在装入新的模框之前将黏土碾碎。

熔化金属

　　正确计算一个铸件所需的金属用量是很重要的，过多的金属是危险的，因为它会在浇铸时溢出来，但用量不够又会导致铸件不完整。如果制造印模的物体的比重是已知的，那么金属的用量可以很容易地计算出来（纯银的密度大约是蜡和塑料密度的10.3倍），或者可以通过物体的排水量估算出所需金属的体积。根据浇铸物体的大小，应该额外添加2～5克金属，以确保整个浇铸物体被注满。

　　在加热金属时，可以使用清洁的金属废料作为浇铸原料。建议先将其切割成更小的碎片，并在坩埚中加入少量硼砂粉融化，这样加热的时间就会缩短。工业用铸造颗粒中含有大量的添加剂，不适合翻砂浇铸或乌鱼骨铸造。加热时，应用大火尽快将金属提高到熔点，完全熔化时，液态金属将形成一个球体。即使在将金属溶液倒进模具的过程中，焊炬也必须在金属上持续加热，否则液态金属会迅速冷却，使铸造出来的物体比原来的模型小一些，因为金属会随着冷却而收缩，这在体积较大的物体上表现得更为明显。

清理铸件

　　铸件淬火后，需要对其进行酸洗，以去除所有氧化物或硼砂渣，然后才能进行清洁。接下来用弓锯把多余的金属从铸件上锯下来，然后使用锉刀来修整锯割的区域并锉磨掉粗糙的"补丁"。然后，使用金刚砂纸或吊机打磨机针，如砂纸夹杆或胶皮轮，准备抛光工件。

这种材料是由有机黏合剂固定的银颗粒组成，可以用类似于陶瓷黏土的方法来使用。当黏土被烧制时，黏合剂就会被烧掉，只留下固态的银。烧成的工件可以切割、锉削、焊接和抛光。

银黏土

当使用银黏土时，清洁的工作区是很重要的，因为污染物可能会影响烧成效果。可以与黏土一起使用的工具包括金属或硅树脂模具、刀具和印模。金属黏土也可以用塑料模具压印，也可以进行塑造与雕刻。

还有糊状和有色彩的几种银黏土可供选择，它们可以被应用到银黏土作品的翻模塑形，还可以覆盖在树叶等自然材料的表面形成纹理，自然材料会在烧制过程中被烧掉。纯金的颜料可以用来增加设计的特色。

银黏土的塑形

银黏土是一种软而柔韧的物质，可以压入模具中赋予其纹理或形状，也可以直接在黏土表面压印出肌理。操作过程中可使用橄榄油防止黏土黏在手指和工作台表面。如果黏土在加工过程中变干，可以在表面加一些水，并抹平所有裂缝，这种方法也可以用来连接组件。不工作时应用塑料膜覆盖工件以防止其变干，但在烧制之前应该使其彻底干燥。在烧制过程中，黏土会稍微收缩，所以制作戒指等物品时，要制作比实际需求更大的戒指圈以补偿其收缩。

吊坠《树叶》
维多利亚·迪克斯（Victoria Dicks）
一片叶子的表面被涂上了银黏土膏。加热时，悬挂这件作品的挂环也一同被焊接了起来。

银黏土压模成型示范

　　银黏土成型最常用的方法之一是将黏土压入模具中，待其干燥后再对其进行修整。烧制时请遵循制造商的加热说明，以获得最佳的效果。

1. 该模具由快速凝固的硅胶膏体制成，使用时先将两种材料等量混合，混合后不需要抽真空。将适量的贵金属黏土压入模具中，待其干燥。

2. 黏土干燥后，就可以从模具中将其取出来。这个阶段应该用锉刀和砂纸清理黏土坯，这将使后续操作省时省力。然后使用雕刻刀明确轮廓和修整造型，如果需要的话可以进一步添加细节。

3. 将银黏土放入窑中，按推荐的时间烧制，然后让它在水中冷却或淬火。

4. 在这个阶段，工件可以进行锉削、钻孔和焊接。在放进滚筒抛光机里抛光前应进行进一步精磨，这有助于使纯银硬化，使表面光泽度保持得更持久。

首饰套装《清新》
斋藤优子（Yoshiko Saito）
这套首饰的花和叶是用不锈钢网支撑金属黏土烧制而成的，叶子的表面还雕刻了叶脉等细节。

银黏土的表面处理

　　当银黏土干燥后，可以用雕刻刀、锉刀、吊机及配件进一步为黏土造型的表面添加丰富的细节。银黏土在这个阶段仍然相对较软，可以很容易地加工。金刚砂纸和钢丝棉可用于进一步细化物体的表面。

　　该黏土在窑中需要以特定类型黏土的推荐温度烧制，不同黏土的烧制时间也各不相同。烧制完成后，工件就可以被淬火，并在滚筒中进行抛光，使其表面变硬。

黏土造型中包裹其他物品

　　在银黏土干燥之前，宝石和玻璃可以被嵌合到黏土中，这是宝石镶嵌的特殊方法，而这在传统金属饰品制作时是不可能的。实验室里研发的耐热宝石（如立方氧化锆）及石榴石、钻石、红宝石和蓝宝石都可以相对安全地应用于该操作，但烧制后不要迅速降温，应让作品在密闭的空间里慢慢冷却。

其他很多适合用于首饰制作的材料也可以通过模具铸造来创作饰品。这些材料可以被铸造成一个大体轮廓，然后再雕刻成型，也可以通过模具铸造出批量的、完全一致的造型。

树脂、水泥、石膏的铸造成型

材料本身对于模具类型的要求不高，关键的问题是如何从模具中取出已经硬化的物体，"头大身子小"的物体或坚硬的模具需要重点考虑。

模具可以由硅树脂、黏土和石膏制成。商店购买的成品模具或聚丙烯容器也可以使用。

本节介绍的所有材料都是靠化学反应来进行固化的，但每种材料的固化过程是不同的，成功取决于精确的测量和混合，并受温度等其他因素影响，如树脂在冷天的固化速度要比在热天的固化速度慢得多。

使用新材料时，最好先做几次测试，再正式制作。这样可以了解获得满意效果所需的过程，并对新材料进行测试，找出其局限性。

铸造材料的选择

铸造成型比手工成型或雕刻成型更省时省力，因为模具的形状直接决定了工件的造型。铸造过程也有很多优点，由于其成型工艺较为简单，在加工这些材料时产生的粉尘相对较少。原本需要花很多时间单独雕刻的形状可被快速地、批量地制作出来。在一些情况下，可以制造出中空的形式，减少了材料的用量以及最终制品的重量。但铸造也有一些技术上的弊端，如复杂的"前端大而后端小"的造型比简单的造型更难以成功地实现，而且应该尽可能避免形成非常薄的区域，因为许多用于铸造的材料相对软且易碎。

胸针《雪街》
加藤卡琳（Karin Kato）
这枚树脂胸针结合了颜料和沙子，创造了微妙的色彩和肌理组合。

聚酯树脂浇铸示范

聚酯树脂可浇铸成各种造型，而且大多数硬质塑料也都可以获得令人满意的效果，造型黏土则可用于制作一次性压印模具。

工艺
示范
50

1. 提前制作好模具，在本次示范中，是提前将一个小海螺压入模型黏土中的，从而形成了一个清晰的印痕。接下来，向量杯中倒入适量的树脂。

2. 用移液管向树脂中加入2%（按体积计算）的催化剂，并用塑料勺搅拌均匀。注意要慢慢搅拌，以防形成气泡。

3. 用塑料勺把树脂填满模具。对于较大的模具，可能需要分多层制作来防止过度收缩。然后用大头针把气泡戳破，并让树脂固化24小时。

4. 从模具中取出树脂，并擦洗掉所有残留的黏土。再用温肥皂水浸泡10分钟左右，直到表面呈现磨砂状态（温热的肥皂水有助于清除固化剂残留）。然后，使用干湿两用砂纸加水打磨、抛光表面，从320目开始，直到1 200目为止。

树脂手镯
卡兹·罗伯逊
（Kaz Robertson）
这些彩色的树脂手镯内部有磁铁，可以吸在一起。树脂是通过模具成型的。

当考虑要用哪种材料制作作品时，首先要考虑材料的特性，是否适合制作将要完成的作品。如果它只是作品的一个组件，那么还需要考虑如何将它附加在作品中。

铸造聚酯树脂

聚酯树脂是通过添加甲基丙烯酸甲酯催化剂（液体固化剂）固化的。少量铸造时，固化剂的用量通常为2%，但具体用量可能会因树脂的不同类型而有所不同，大用量的树脂铸造时则需要更少的固化剂。一旦固化剂与树脂搅拌，混合物的"操作时间"（固化调和完毕到混合物变稠之前的可用工作时间）约为15分钟，这取决于环境的温度。

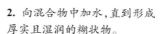

5. 用抛光蜡或抛光液在电动抛光设备上完成抛光。抛光后的作品将恢复其透明的效果。

聚酯树脂可以使用聚丙烯、硅酮、石膏或模塑黏土制成的模具，也可以直接浇铸到饰品的金属组件上，金属组件的衬底应该是涂有润滑油的亚克力板或塑料薄膜。金属组件也可以与造型黏土结合，形成密闭的空间，防止渗漏。

深度超过12毫米的模具，注入树脂时应分多层逐级注入，以减少收缩，防止内部开裂。当前一层变成"凝胶"状态后，就可以注入后续的树脂了。

当树脂固化以后，就可以将其从模具中取出来，如果有一面暴露在空气中，其顶部表面将保持黏性，必须用干湿两用砂纸蘸水打磨。通过在苯乙烯添加剂中掺入高达2%的蜡，可以获得无黏性的表面。这也有助于某些类型

水泥模制的示范

当注入模具后，高铝水泥（HAC）可以成为一种坚硬耐用的材料，并能复制出模具内的肌理和表面效果。

1. 戴上手套，将1份高铝水泥与3份沙子或其他细骨料混合。

2. 向混合物中加水，直到形成厚实且湿润的糊状物。

3. 将高铝水泥混合物压入准备好的模具中，这里使用的是硅酮腻子制作的压印模具。用湿布将其整体覆盖起来，让它隔夜固化。

4. 从模具中取出铸件，在通风良好的地方刷掉所有松散的材料。

石膏铸型示范

牙科专用的石膏在铸造时可以形成一种坚硬的材料，是制作后期精雕细节类物体的理想材料。下面演示如何铸造"空白"石膏块，以备后续雕刻的过程。

1. 在碗里放一些水，水的体积由铸型的大小决定。用手把石膏块碾成均匀的粉末，并将其撒在水面上。

2. 继续向水中添加石膏粉，直到表面出现明显的凸起。

3. 石膏凝固的反应要等到与水充分缓慢地混合后才开始，注意保证混合物中残留的所有石膏粉末块都散开。

4. 将石膏混合物倒入将要浇注的模具、容器中，轻击容器以释放气泡。石膏凝固后就可以将其从容器中取出来，并且在完全干燥之前进行雕刻。

的树脂在硅酮模具中固化，因为硅酮会阻止树脂表面的固化进程。

石膏模型制作模具

石膏是制作首饰模型和模具的常见材料。精细的牙科专用石膏具有非常高的细节表现能力，可以用来雕刻复杂的石膏模型。底为平面的浅浮雕石膏造型可以从雕刻过的石膏模具中直接浇铸、复制出来。因而，可以利用雕刻好的石膏模型制作石膏模具，进而实现批量复制。但雕刻好的石膏如果用来翻模，表面必须用皂液涂抹密封以防水，然后再在其周围围出一圈"墙"，用来填充石膏。当其凝固后，两半石膏被撬开，从而制作出凹陷的阴模。这种技术可以使设计的图案在阳模和阴模上都能精确地呈现出来，尤其在刻字的时候，准确度更高；这个过程常被用于艺术奖章的制作。

如果石膏表面有孔洞或气泡需要修补时，必须先将石膏浸泡在水里，否则在涂抹石膏浆的时候，只会把水从涂抹的石膏浆中吸出来。完成后的石膏阴模可以用稀释后的PVA黏合剂密封，之后即可作为模具批量复制了。

水泥

高铝水泥，也称细水泥，是制作现代饰品的理想材料。它非常细腻，铸型坚硬致密，用途广泛，有白色或深灰色可供选择。水泥可以与辅料（如宝石颗粒或染料）混合，因为它与细骨料（如沙子）混合可以用来改变其最终的色彩和肌理。

模具将决定铸件表面的质量。光亮的模具将形成光洁的表面，硅树脂模具可以用于有纹理的表面，而石膏模具将在成品表面留下白色的花斑。

天然材料（如木头、角和骨头）很容易进行雕刻，可以用于较大的造型设计，因为它们相对较轻。雕刻这些材料有很多方法，但所有操作都需要足够耐心和细心。

天然材料的雕刻

木材、贝壳、角和骨头的材料特性允许我们探索用其创建立体三维形态，但它们都在一定程度上受到结构的限制，因此要考虑所用材料的颗粒与纤维构成：沿着材料的纤维走向进行加工，可最好地保持其固有强度。有趣的视觉效果经常是切割面显现出的特殊纹理，但此时材料的结构可能较脆弱，往往需要用金属做支撑和保护。

许多塑料也可以用同样的方法加工，有些塑料是模仿象牙、角和贝壳效果制造的，所以在这里提及它们很有意义。塑料在加工时应该和天然材料采用同样的预防措施，防止在锉磨或抛光时产生粉尘，但塑料的一大优点是没有颗粒和纤维，故不像天然角质那样容易开裂。

雕刻工具

由于这些材料相对较软，可以用各种各样的工具来塑造它们。凿子可以用来雕刻木头。各种吊机机针、锉刀和雕刻刀可以用于塑造和添加细节。

牛角材质的戒指
法布里奇奥・特里登蒂（Fabrizio Tridenti）
这枚有机曲线造型的戒指由一块野牛角雕刻而成，凸起的部分经过了打磨。

天然材料的切割雕刻示范

大多数天然材料都可以用这里描述的工艺进行雕刻。下面演示如何用水牛角雕刻成发簪。

1. 在牛角上标出轮廓线,确保牛角没有任何结构缺陷(材料上的缺陷会影响制作效果)。12厘米的长度足以制作发簪。在珠宝锯中使用螺旋锯条沿轮廓线切割,然后用0号锉刀将轮廓线的一端锉成锥形,但不要把锥体锉得太尖。

2. 用锉刀锉磨发簪头部的造型。所有的凹面造型也可以用吊机机针实现雕刻和打磨。在此过程中,应佩戴护目镜和防尘面罩,然后用真空吸尘器和湿抹布清理产生的粉尘。

3. 用带水的干湿两用砂纸清除所有的锉磨痕迹,从400目开始,直到1 200目为止。确保发簪的末端是圆滑的,不要过于尖锐。

4. 用抛光蜡与抛光毛布轮抛光,或者在柔软的皮革上涂上奶油或液体抛光剂进行打磨,这样表面很快就会光亮起来。

天然材料的固着

天然材料通常与金属部件结合,也可以安装在金属结构上,或嵌入金属造型中。金属元素可以是单纯的点缀,也可以是必要的配件,使饰品能穿挂在身体上。当不同的材料相结合时,使用铆接、镶嵌、螺纹和胶黏剂等连接技术是很有必要的。

雕刻图案

除非使用钉或铆接等方式来连接自然材料,否则应该使用比最终尺寸更大的材料开始雕刻,具体的雕刻方法和雕蜡类似(参见第155页)。有时,一块特殊的材料会暗示出它应该被如何雕刻,如肌理的图案、色彩的变化或整体的造型。最成功的雕刻设计不会让人轻易发现人工切割的痕迹,通常在流动的、有机的曲线中展示自然的美感。吊机的各种机针可以快速将这些柔软的材料切割、去除,但是较大机针的切割可能具有侵略性,故应该使用直径小于3毫米的机针。

不要使作品的局部过薄,因为这些区域会非常脆弱;如果有必要,可以用金属底托或框架予以加固。

虽然干湿两用砂纸与水一起使用是去除锉痕或吊机打磨痕迹的最佳方法,但木材等材料可能会因此吸收过多水分,故有时需要使用干砂纸打磨。需要注意的是,操作时一定要佩戴防尘面具。抛光蜡等适用于抛光的材料参见第114页。

有很多工具和工艺可以对金属进行雕刻,并在表面形成复杂的浅浮雕效果。为金属表面雕刻肌理可以作为作品最后的修饰,也可以作为浇铸件的后续加工。

金属雕刻

在传统工艺中,锤子和凿子就可以在金属表面进行剔除和雕刻。金属专用的凿子比木雕的要细小得多,但操作时应该经常在油石上对其进行打磨。微镶雕刻刀也可用于雕刻金属,但与凿子相比,其每次凿掉的金属量更少,因此会更耗时,但可以获得更高的精确度。锉刀也可以用来雕刻金属,但与平面相比,它更适合立体造型的物体。

使用凿子时要格外小心,因为它可能会在使用过程中滑落,从而造成伤害。注意,一定要把手放在刀刃后面,朝向外侧雕刻,而不是朝向内侧。

在已经成型的金属表面雕刻

在已经成型的物体上进行雕刻、冲孔、锉磨,既可以装饰主体,也可以作为局部的点缀。被雕刻的金属及配件应该是有一定厚度的片或杆,这些材料和配件也要足够坚固,可以承受雕刻过程中产生的压力。

表面雕刻的银胸针
阿纳斯塔西娅·扬(Anastasia Young)
这枚银质胸针是用吊机的菠萝头机针和凿子雕刻而成的(参见第172页)。

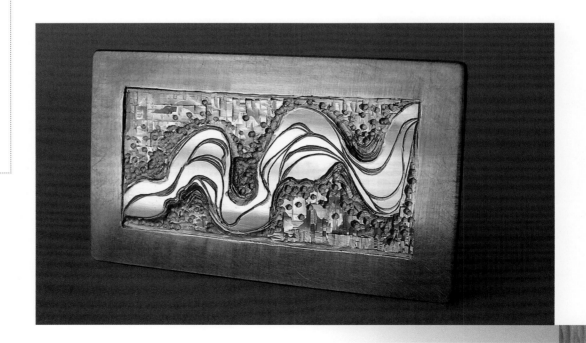

在金属表面雕刻图案的示范

　　该操作中，使用1.2毫米厚的银片是比较理想的。在银片的一角钻洞，用小钉子把它固定在一块木头上，这样在雕刻时更容易把持。

1. 将模型黏土涂在纸的背面。在纸上描一遍轮廓线，然后用划线笔沿黏土印痕在金属表面画出轮廓，这样轮廓线就不会被轻易擦掉。

2. 在吊机上使用金刚砂车针，可以快速将大面积的银剔除。定期给机针添加润滑油，可以使其更有效地进行剔除工作。

3. 用锤子敲打锋利的凿子也可以用来雕刻银片。在入刀角度调整到20°左右之前，先将凿子垂直地插入金属进行定位，以免一次剔除过多。

4. 当基本纹样完成后，就可以用雕刻刀来细化线条了，并为作品添加更多的细节和装饰。

金属板上的剔地雕刻

　　所使用板材的厚度取决于将要雕刻的深度，通常板材厚度不小于1毫米，如果想要雕刻得更深，板材应该更厚。金属可以用钉子、沥青或火漆等固定在木头上，然后将其固定在虎钳中。

　　首先做一个切口，把凿子的尖端放在金属上，使把手几乎垂直，用小锤子轻轻地敲。然后降低凿子的角度，再用锤子持续敲打平推，可以成条状地削减掉金属。如果需要，也可以用凿子反弹式的翘凿。要想准确掌握凿子削减金属的方式、锤子施加力度的大小、凿子的角度以及进入的角度需要反复地练习和积累。操作时，需要定期在金属表面涂润滑剂，以帮助凿子更有效地工作，并随时检查凿子是否锋利。不同形状的凿子可以用来做不同轮廓的凿痕，凿子也可以做出抛光效果的切割痕迹，创造出带反光的纹理。

　　当基本的图样完成后，就可以进行边缘修整或雕刻添加更多细节，详见本书第203页。

雕刻件的后期处理

　　精加工后的雕刻件可以进行打磨、抛光，但要注意不要磨掉表面的肌理。首先，仔细检查工件是否有毛刺或锋利的边缘并将其去除，然后使用毛布轮以及精细的红蜡或抛光液用吊机进行轻抛光。

首饰配件制作

本节详细介绍首饰中必不可少的配件，从简单的耳环挂钩和链条制作到复杂的桶钩、铰链等，鼓励珠宝首饰设计师探索在手工作品中融入部分机制部件的可能性，只在适当的地方使用手工元素。为了使珠宝首饰适合佩戴，使其固定在身体上并可以晃动，各种配件通常是必要的。配件主要包括活动部件，如挂钩、挂环和链子，使身体的运动不受饰品的阻碍或损伤。有些配件需要精确的构造才能工作，另一些配件则只要遵守一些基本规则就行。个人设计风格的引入范围是无限的，即使在小范围内，也应该鼓励个性设计，比如一个签名卡环可以帮助定义和标记作品，使其可被立即识别。

磁力搭扣
（第 184 页）

耳环挂钩和耳钉、胸针和袖扣都是常见的首饰配件。虽然可以直接买到各种各样的成品配件，但那些经过特别设计和特意制作的东西可以为作品增添内在的审美价值。

配件

这些配件通常用以将珠宝饰品系在身体或衣服上，因而对其坚固度要求较高，故选择用于配件制作的金属材料很重要。

银或金可以用作耳环等穿孔佩戴的饰品配件，因为基础金属会引起皮肤过敏。不过，对于胸针和弹簧等一些功能部件来说，银和高纯度金可能太软了。引线通常由一种特殊的黄金合金制成，这种合金在退火后不会变软。白金是一种非常坚硬的金属，当配件对硬度和强度要求较高时可以使用。通常情况下，在饰品贵金属纯度标识规定的允许范围内，可以在一些别针、弹簧扣等配件中使用基础金属为材料的小型部件。

本节中描述的机制配件使用了前面介绍的许多技术，如焊接、铆接和抛光打磨。精确的操作非常必要，它能确保所有部件的功能实现预期效果，并方便佩戴者使用。

机制配件

机制配件与手工珠宝结合使用时通常会显得不协调。不过也有一些配件（如耳钉的耳挡）对首饰设计师来说，自己制作既不经济也不实用，所以通常都是直接购买成品。自己手工制作的配件也非常有参考价值，它们可以用来检查与功能有关的配件尺寸，也可以形成更灵动的效果，以适应自己独特的设计。

波浪式耳环
劳拉·杰恩·斯特兰德
（Laura Jayne Strand）
这对银耳环的挂钩强化了整体造型的舒展效果。

耳环的配件

耳环通常有两种款式：耳钉或耳钩。每种款式都有一些基本规则，这将确保正确的功能和佩戴的舒适度。

一般情况下，耳环挂钩和耳钉应使用直径0.8毫米或0.9毫米的圆线。耳钩必须有足够的长度，这样它们才不会轻易滑脱，耳钉的针应该长约1厘米。耳环线的两端必须有一定的尖端，可以提前用砂纸将边缘磨圆并用皮革抛光棒抛光，否则直接将切割好的一端平直地插入耳洞中会令人感到不舒服。

所有穿洞佩戴的配件，应在佩戴前用合适的液体清洗和消毒。当然，也可以使用医用消毒液，或外科手术用的酒精。

耳环挂钩和耳环铰链

通常用半硬或经过加工硬化的银丝制作耳环挂钩和挂环，因为这种材质具有轻微的弹性，比软银丝更能保持形状。在用钳子调整形

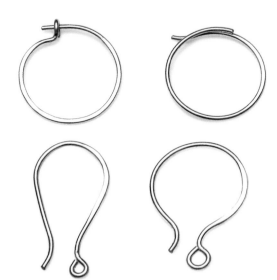

耳环钩的造型
耳环挂钩在基本设计的基础上会有许多不同的变化。

耳环挂钩制作的示范

本操作需要两根长6厘米、粗（直径）0.9毫米的银丝，在其软硬适中的状态下制作耳环挂钩。为确保两个挂钩的效果一致，在进入下一阶段操作之前应该在两根银丝上分别同步执行每一步操作。

1. 将每根线的一端锉平，然后用平嘴钳将其右弯1厘米。制作一个圈，先用圆嘴钳把线从顶端卷起来。线圈应该放在银线顶部的正中间，而不是偏向一边。

2. 把这两根银线剪短，使它们长度完全一致。把两端锉平，用细砂纸把边缘磨圆，这是耳钩的末端，用来穿过耳洞，因此一定不要太锋利。

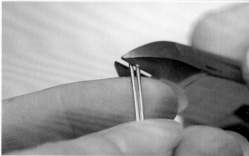

3. 将每根银丝缠绕在戒指铁上，缠绕的直径要比期望的曲线要小一点，确保环的开口侧与戒指铁相对，使其最终位于耳环内侧。

4. 用半圆钳调整钩的形状。钳子的弯曲面应该始终位于正在形成的曲线内侧。最后，弯曲钩子的末端，这样可以更容易地插入耳洞。

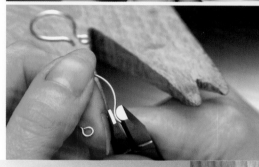

桥连式耳环配件的制作

这个操作是在克里奥尔耳环的基础上进行的设计。两段短管焊接在一个开口银环的两端，一段用来固定金属丝并充当枢轴，另一段用来固定金属丝的另一端。

1. 该操作采用直径为2.5厘米的圆环形式，在该圆环的顶部切割出10毫米的间隙。清理间隙的两端，用一个圆锉在两端的顶部表面锉一个弯曲的凹槽，以备焊接。最后用割管钳割下4段小短管备用。

2. 用绑扎线把两根管子分别固定在耳环上。把一根钢丝穿过管子对捆扎有帮助。由于这是唯一的焊接操作，故在焊接时使用低温焊料就可以了。最后把表面打磨、抛光。

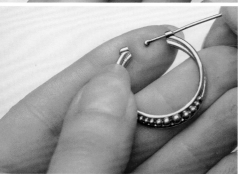

3. 将一根0.9毫米直径的银丝一端烧结成球，然后清理干净。把线穿过耳环一侧的管子。

4. 将银丝弯曲成固定的形状，并将其剪成固定的长度，这样它就能锁在另一根管子里。确保耳环的所有部分都进行了细致的打磨抛光，并擦亮银线使其变硬。

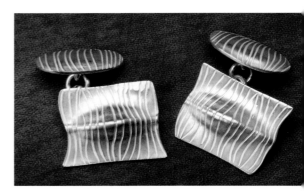

袖扣
安妮特·佩奇（Annette Petch）
这对袖扣的正面和背面都展现了装饰性的表面。

状之前，可以先将金属丝绕在成型器（如戒指棒）周围弯曲，做出基本形状。一条平滑顺畅的曲线看起来会更好，因此从直线开始，要尽可能每一步骤都一次到位，不要反复调整，因为任何重大调整都很难完全纠正。如果同时做几对耳钩的话，就可以从中选择最相似的耳钩搭配在一起。

可以将耳钩前端进入耳孔的位置进行打磨。这项操作会使金属丝变硬，并在形式上产生微妙的变化，使作品更加专业化，同时也更加实用。检查成品耳钩重心的方法是将其平衡在圆形截面的金属杆上，用钳子操纵金属杆来调整其悬挂角度。

铰链耳环使用一根金属丝来桥接耳环两侧的间隙。金属丝必须能够转动，因此需要制作铆钉头或将金属丝的一端烧成圆球，以便将金属丝固定在环或管中，并允许其移动。金属线的另一端固定在一个夹子或管子里。

耳钉

耳钉的后端通常由一根金属丝焊接而成，金属丝通过耳洞插入后，用卷曲或蝴蝶形的耳挡固定在耳后。耳挡款式包括欧米茄式耳堵（通过一个弹簧夹夹住金属杆，以固定耳钉）和通过螺母拧紧的款式。

制作耳钉时,可以将耳钉针插入钻孔中再焊接,或者通过在耳钉针底部焊接一个小圈来增大焊柱与主体之间的接触面积,这样耳钉针与主体之间的焊接将更加牢固。

焊接用的耳钉针可以先用平行钳把它们夹紧,然后用抛光机打磨使其变硬。当工件完成后,在滚筒抛光机内抛光也有助于使软化的金属丝变硬。

袖扣

袖扣是一种用来固定衬衫袖口的配件,在使用时,袖扣必须易于插入并保持在合适的位置。袖扣要么是由金属整体一体化制成,要么是背面以某种方式铰接、可以活动以助于插入的款式。必须确保袖扣至少有一端能够穿过扣眼(侧着穿过即可)。菱形嵌板是袖扣中最常用的一种形式。袖扣的两边可以是一样的。要测试一个设计是否实用,可以先用基础金属做一个模型,然后在袖口上试一下。

旋转式袖扣

这种风格的袖扣,其底托杆可以转向,从而与连接杆保持方向一致地通过纽扣孔。枢轴可以用铆钉或其他连接系统(如半跳环)形成。所使用的金属线剖面通常为正方形或长方形,以减少摆动,使插入更容易。有的袖扣底托杆内部有一个钢质小机械,使其可以快速地弹开和关闭。除了需要铆接的位置之外,其他操作都要在焊接之前完成,否则钢质小机关将失去弹性。

链式袖扣

可以用一根链子来连接袖扣的两面,其中一个面必须能够穿过扣眼。链子可以是手工制作的,也可以是买来的成品。袖扣链通常由椭圆

旋转式袖扣配件的制作示范

这一简单的装置使袖扣杆的走向回旋成与连接杆一致,使它可以通过扣眼轻松推出。

1. 在轧片机的轧辊上做一段方线。完成后方线的边长应该是4毫米,因此要从更大规格的圆线开始,通过辊槽逐步向下辊轧,直到获得需要的尺寸。然后割下2段18毫米长的金属杆备用。

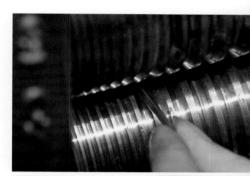

2. 将直径1.5毫米的金属圆线对折,单边长度不低于20毫米。使用平行钳闭合折叠端,但在折叠顶部要留有间隙。然后,用高温焊料焊接间隙的底端,以缩小间隙。再参照本步骤另外制作一条相同的折线。

3. 将折叠好的金属线酸洗、清洁并晾干,然后在金属线间隙位置钻一个1.3毫米直径的孔洞。接下来做2个外径为1.2毫米的跳环,把它们切成两半,并锉平两端。

4. 将半圆的跳环穿过折好的线材孔,用镊子在方形线材上将其平衡、固定。将半圆跳环焊接到方线上,工件应该能够通过钻孔旋转。在将袖扣前端焊接到折叠线做的连接杆上之前,应将连接杆的长度削减到16毫米,然后将连接杆的一端锉平。

简单的胸针配件制作示范

工艺
示范
58

别针最简单的形式是由一根管来固定针杆，再通过挂钩扣住针杆末端，并将这两个组件都焊接在一块平整的金属片上。

1. 将一段切好的金属管焊接到基板上，用来固定针杆。焊接时使用高温焊料，并将其置于支烧网上，以便从下面加热金属片，防止金属管过热。

2. 将一根直径1毫米的银丝竖着焊接在银片上，可以在金属丝的底部盘一个小圈，使焊料与基底金属接触的表面积更大。采用低温焊料焊接。

3. 对工件进行打磨，然后用锉刀清除掉多余的焊料。把刚焊接好的银线剪短，卷起来，做成弯钩形状。用砂纸清理干净，如果需要的话可以适当打磨。接下来，将直径0.7毫米的不锈钢丝插入一侧的银管。

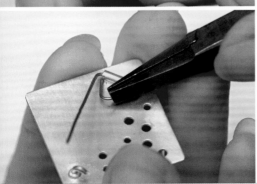

4. 弯曲钢丝的一端，使其与挂钩对齐，并折叠钢丝的另一端，使其上下弯曲，使针杆向上。把钢丝的两端剪成合适的长度。当别针关闭时，针杆应弹入弯钩中。

形的链扣制成，通常通过半圆环焊接到两个面上，或者一端悬挂着杆栓，这取决于袖扣的设计。

一体式袖扣

这种袖扣由一整块固定的金属构成，两端较宽，中间较细。它的尺寸设计非常关键，两端必须足够小，以便通过扣眼，但又不能太小，应确保不会松脱且保持在合适的位置。

胸针的配件

胸针的别针主要由一个旋转的针杆和锁销构成，它有时会弹起，使其在锁销中更牢固。这组装置可以由铰链、锁销等单独部件组合构成，也可以由一根金属杆做不同的弯曲结构。别针可以和装饰主体焊接在一起，也可以通过铆接等冷连接的方式固定在混合材料上。

针杆应由硬度较高的金属制成，如白金或不锈钢等。针尖的锋利程度取决于其将要穿过的材料：较粗的针杆只能与松散编织物一起使用，并且端部是圆的而不是尖的。

双针胸针
杨京·金（Yeon-kyung Kim）
这件高雅的作品结合了紫水晶、烟晶、纯银和不锈钢等多种材料。

别针的位置应该准确，通常是在重心的上方，这样胸针就能以正确的形态悬挂。当佩戴胸针时，别针的开口应该朝下，以防止胸针松开。

使用盘绕的弹簧丝有助于确保针杆一直位于锁销中。从线圈延伸出来的金属丝长端形成针杆，短端向下倾斜，靠在胸针的底部，迫使针面朝上。

胸针别针的装配通常是制作胸针的最后一个阶段，一般是在焊接完成后进行，这样就不会影响到针杆的回火。

胸针模板（下图）

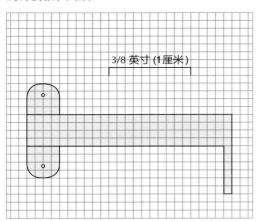

别针的其他形式

最简单的胸针别针可以完全按照商店购买的关针基本形式制作，可以将组件直接悬挂在关针上或焊接到关针上。

扣针是一种古老的胸针形式，它是一体的，别针的主体一端形成挂钩，另一端形成针杆。针杆通常盘绕在物体较薄的地方，这样容易形成杠杆式的弹簧效果，使挂扣的效果更牢固。

安全链通常附加在大型胸针上，以增加安全性，防止主钩松开。安全链是一条精细的链条，一端有一个小金属丝制作的关针，独立固定在服装上。

铆接式胸针扣的制作示范

这枚胸针上的螺旋形钢丝弹簧必须在它被铆接穿过的两个面之间保持协调。本操作中，使用0.7毫米粗的不锈钢丝盘绕在与管铆钉直径相同的金属杆上，以与其协调。

1. 将模板描在0.7毫米厚的银片上，并将其锯割下来。锉平并打磨边缘，再按图纸上的标记在其中一侧钻一个洞。

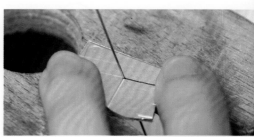

2. 然后用平行钳把两边的"耳朵"弯折起来。沿着折痕用高温焊料焊接以加强它们的牢固度。焊接好后，用圆嘴钳把钩子部分弯起来，再通过"耳朵"上的第一个孔钻出第二个孔，这样两个孔就可以对齐了。

3. 退火并缠绕不锈钢线，匝数不得超过刚才弯折的两耳之间的宽度。弯折后线头两端之间的夹角应为45°左右。将一端剪成7毫米，另一端剪成比别针锁钩距离稍长的长度。

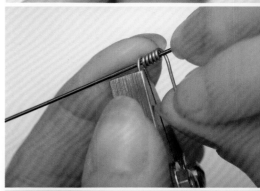

4. 将做好的针杆嵌入"两耳"之间，再将一根金属管通过两个耳洞并穿过缠绕的不锈钢丝，将针杆固定在适当的位置。使用抛光钢压笔打开管的两端，形成铆管。不锈钢丝的短端（7毫米端）抵在胸针的底座上，使胸针向上受力，确保其在固定时处于张力下。

手工制作的卡扣可以作为一件作品造型和结构的良好补充，这是商店里买不到的。卡扣的功能也很重要，因此它应该便于佩戴者使用，而且安全牢固。

卡扣

银和金是很多设计师制作卡扣的理想材料，但是对于某些包含机械装置的卡扣来说，它们质地太软。如果构造中的一个组件使用频率过高或者需要承受很大的力，那么用白金或不锈钢制作可能更合适。简单的卡扣可以由混合材料制成，但复杂的机械结构应该由金属制成，以便它们能准确地发挥作用。

选择合适的卡扣

某些类型的卡扣只适合某些特定的材料，因此要考虑卡扣的重量和易用性。手链的扣环必须是可以单手闭合且牢固的，不能因为晃动或轻微用力而松脱。盒形卡扣和筒形卡扣适合重手镯，即使它们很牢固，有时也需要设置保险栓和保险链。无论使用什么卡扣，其操作都应该简便顺畅。

卡扣的风格

卡扣的风格应该与整个作品的设计风格保持一致，无论是通过其大小或与作品其他部分的呼应来保持协调，还是提供一种强烈的对比效果，都应该将卡扣纳入整体设计来通盘考虑。一般情况下，为了尽可能精致，细链通常采用小型搭扣。

紫色毡链
安娜·威尔士（Anna Wales）
锻造的银链缠绕了手工染色的毛绒纤维，增加了这件作品的质感对比。

条纹吊坠项链
安妮特·佩奇（Annette Petch）
在这条手工制作的银链上有一个"S"形挂钩。

卡钩放在首饰的前面或后面都可以，无论是简洁的还是极具装饰性的，它们都决定了首饰的佩戴方式。有的链子可以通过卡扣卡在不同的点位，实现对链子长度的调整，局部增加所用金属线圈的直径可以使定位点更加明显。卡扣的装饰设计虽然没有明显限制，但是不应该损害卡扣的基本功能。

手工卡扣

手工制作的卡扣如果安装在购买的机制链上，看起来会很不协调，尤其是一条很精细的链子。机器可以制作出有机械装置的微小卡扣，像螺栓扣和龙虾爪这样的搭扣都附有一个未焊死的跳环，这样它们就可以安装在链条的末端。请不要试图焊接这个跳环，否则卡扣的功能会受到影响。

简洁的卡扣

最简单的卡扣可以单纯由金属线制成，就可以实现安全牢固的闭合。一个"S"形的金属线就可以很牢固地连接链条的两端，如果"S"形金属线两端延伸与搭扣主体相交，则

"S"形挂钩的制作示范

"S"形挂钩是一种最简单的链接装置，简单实用，但是"S"造型必须匀称，搭扣看起来才会精致。其一端可以焊接闭合，以实现更大的安全性。

1. 将 1.5 毫米粗的圆形银线绕在金属圆杆上。退火后的银线更容易卷曲。

2. 将线材一端的直线部分切断，用小平头钳拉起线圈的一圈，使切断的一端位于底部。

3. 剪断银线的另一端，这样就可以实现"S"形造型。接下来，调整弯曲的部分，将其端口锉平，并打磨抛光，使其整齐且不锋利。

4. "S"形钩可以被局部敲平并变硬。这也使金属线可以稍微平展，并呈现有特色的肌理。

"T"形卡扣制作示范

该操作的工作原理是利用了各元素之间的比例关系且栓杆必须足够长，这样才不会轻易滑脱扣环，并依靠项链的重力使挂钩保持闭合。

工艺
示范
61

1. 使用直径1.5毫米的银线，制作3个直径7毫米的跳环（跨接环），并用直径1毫米的银线制作一些直径4毫米的跳环。闭合大、小两种跳环，并用高温焊料完成焊接。

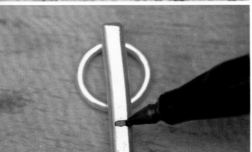

2. 在一根正方形的银杆上标记出适合的长度，这个长度比大跳环的直径还要大，然后把银杆锯断、锉平、打磨好。

3. 把一个小跳环切成两半，用高温焊料焊接在方杆上。使用一个小的、未焊接的跳环连接两个大的跳环，然后用低温焊料将其焊接闭合，这就形成了卡扣的一侧。

4. 用开口的小跳环将焊好的小跳环连接起来形成短链，用短链条将方杆和大跳环连接起来。链条必须足够长，使杆与链条呈一条直线，以便它能穿过另一部分的大跳环。

更加牢固，其一端还可以焊接闭合。金属丝应通过手工抛光或滚筒抛光实现硬化，使其不易弯曲。在基本形式上做一些适应性调整将得到不同的效果，还可以用于个性化的搭配。根据搭扣所固定物体的艺术风格来选择本书其他章节中介绍的工艺，将其运用到卡扣的创作上，使其变得更加具有审美趣味。

"T"形卡扣

制作"T"形卡扣，最主要的要求就是"T"形杆要比它穿过的圆环的直径要长，这样就能使搭扣保持关闭状态。这种类型的卡扣在项链上功能将实现得更好，因为其可以借助项链的重力防止卡扣打开。需要注意的是，用"T"形卡扣闭合的手链不应在手腕上呈现宽松状态，否则"T"形杆的长度可能需要比通常要求的更长。

弹簧扣

制作弹簧扣对于初学者来说可能是一个挑战，但第一次听到两个部分闭合时声音的成就感使麻烦变得值得！一块折叠的硬化金属在搭扣的一侧形成"舌"，并被推入另一侧的槽中。接收侧具有突出元件，当其完全插入

模块化的项链（细节）
萨利马·塔克尔（Salima Thakker）
这条铰接项链的扣环完全符合设计要求。

维多利亚手镯

丘斯·布雷斯（Chus Burés）

这款18K金手镯有一个隐藏式卡扣，内表面用手工编织和刺绣的丝绸填充。

时，该突出元件位于舌状物的凹槽中，通过挤压舌状物以减小其高度，释放凹槽，从而将两部分分开。

　　根据外形的不同，这些卡扣也称为盒式卡扣或管式卡扣，但都必须精确地进行制作，才能实现理想的功能。该搭扣的外形和大小可以有很多变化，使其与饰品本身协调一致，但搭扣的扣舌不能短于1厘米，否则打开和闭合搭扣所需的压力可能会导致扣舌损坏。此外，扣舌不能在扣栓盒内摇晃，否则容易松脱；如果需要在制作扣舌的金属片上进行焊接，那么应该在对扣舌折叠之前进行焊接，并在焊接后对其进行硬化处理，使折叠处不会完全折倒。如果是较小的卡扣，可以考虑用白金或钢做扣舌，因为银可能不够坚固或坚硬，不足以应对可能产生的压力。

　　卡扣的外观设计可以更符合饰品主体审美，这种款式的卡扣非常适合尺寸较大的、相对较重的手镯或项链。

管式卡扣

　　这种卡扣借助扣舌的张力使它成为一种非常坚固的闭合装置，不容易随着身体的运动而松开，因此是手镯的理想卡扣。

1. 在一根"D"形银杆的中心做上记号，然后锉出一个浅的"V"形槽。用圆针锉在金属杆的曲面上（离端口3毫米）锉出一个凹槽，用钳子向上弯曲，形成拇指扣动的拇指片。

2. 把金属杆对折，平的一面在内侧。在金属杆拇指片的另一侧继续锉一个凹槽。在这个槽的前面钻一个洞，把一截金属线弯成跳环，然后装上。

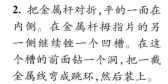

3. 卡扣的另一边由管子制成，管子与折叠后的"D"形线周围的间隙以0.8毫米为宜。为银管焊接一个盖子，在其上加焊跳环。用1毫米的金属丝做一个跳环，把它紧紧地绕在"D"形线上，然后将其焊接到管子的另一端口沿。

4. 当折叠的扣舌被推入管中时，管内壁的跳环位于拇指片下方的锉槽周围，应该会发出令人满意的"咔哒"声。如有必要，可适当调整开槽的深度。

磁力卡扣的制作示范

这个卡扣将磁力装置隐藏在两个包镶的蛋面宝石下方。长效磁铁和薄银片使强大的吸引力能确保卡扣的两半牢牢吸在一起。

工艺示范 63

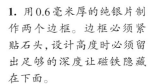

1. 用0.6毫米厚的纯银片制作两个边框。边框必须紧贴石头，设计高度时必须留出足够的深度让磁铁隐藏在下面。

2. 将包镶的包边焊接闭合之后酸洗，然后同时调整两个包边的外形到完全一致且适合所镶嵌的宝石为止。将包边底部磨平，然后焊接到0.5毫米的银片上。酸洗后将其锯割下来，并锉平底边的焊缝，使四周齐平、光滑。

3. 制作一个适合包镶框外侧的银箍，并焊接在包镶框的底边外围。然后焊接一半跳环到每一个包镶边的侧面，位置要低于包镶的宝石，但在外围套环的边缘以上。

4. 在镶嵌宝石之前，在底座包镶框内放一块磁铁，确保磁铁的位置和朝向正确，否则卡扣无法闭合。最后进行宝石镶嵌即可（参见第238页）。

磁力扣

磁力扣非常容易操作，因为没有可活动的机械部件，磁力强且形状小的磁铁很容易成为各种形状和大小搭扣磁力的来源。

在设计时，需要先检查磁铁吸力是否足够强，可以通过选择不同厚度的金属片来进行测试。磁铁侧向挪开比直接拉开更容易。因此，如果固定磁铁的方式降低了磁性的吸引力，需要采用一种防止横向移动的设计或边框，以确保牢固度。

磁铁不能直接粘在位置上，而且仅靠黏合剂无法让其长时间保持原位。许多磁铁磁力非常强劲，如果安装得不太牢固，它们就会脱离原本的位置。

弹簧扣

弹簧可以多种方式在卡扣中使用；在P185的图中，推簧用于将一根管子固定在三角形的末端。弹簧允许将管子拉回，但在释放时会卡回原位，形成一个安全、闭合的回路。三角形的形状确保了这个小机械中卡扣的环不会被意外地拉出。这种设计可以通过多种方式进行调整，但应遵循基本的构造和基本的功能。

磁力卡扣
制作完成后的磁力卡扣。

弹簧扣的横截面

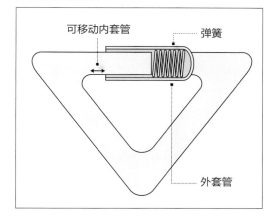

在设计机械运动装置时，先构建一个基本的金属模型来检查装置是否能够正常工作。可能有必要随时调整零件的长度或比例，以确保运动装置工作顺利，这些有时单靠设计图纸不能计算得非常清楚。

项链《猎豹游戏》
菲丽珂·凡·德·李斯特（Felieke van der Leest）
这个两面均有装饰的卡扣与主体的设计元素相呼应。纺织品、珠子、塑料动物模型、氧化银和14K金一起构成了这件别致的作品。

弹簧扣的制作示范

这个卡扣使用了一个小的弹簧装置，但是需要精确操作才能确保它很好地发挥作用。当套管向后滑动使卡扣固定，它可以迅速回弹，以便保持返回状态来关闭卡扣。

1. 用3毫米粗的银杆做一个三角形。用锻锤把各个角铺展开，在每一边的中心留下一小段金属脊线。用锉刀和金刚砂纸棒把物体修整好，末端要有明显的空隙。

2. 用吊机的球形铣刀机针在较短的一端形成凹陷，这有助于锁住机械装置。

3. 将一个圆形顶帽焊接在一根内径为3毫米的管子上，然后将管子切割成合适的长度。管子向后滑动约1.5毫米即可，但滑动的越长，固定得越牢固。清理管子，插入钢弹簧。

4. 将三角形的两端向侧面弯曲，刚好使套管滑过顺滑的另一侧，然后将挂钩折回正常状态。管段可以向后滑动，露出一个小的间隙，松开时将弹回来闭合间隙。

链子是将各独立的组件连接在一起的结构,具有灵活性。链子通常由小的金属线连接而成,许多其他工艺和材料也可以用来创建独特的结构和效果。

链子

基本链条的制作需要有卷绕金属丝的成型器（芯棒）、两对扁嘴钳或鹰嘴钳、焊接设备等工具,此外台钳也是有用的设备。制作其他类型的链条可能需要使用更多的专业工具,如铆接或宝石镶嵌所需的工具,这取决于所制作的款式。

直径1毫米的银线是开始练习制作银链的合适尺寸,它应该围绕一个至少4毫米直径的金属杆形成大小合适的金属环,这个尺寸焊接也相对容易。许多不同截面的线材可以用来创建不同的造型,也可以组合在同一造型中创建有趣的视觉效果。

功能性与装饰性链子

手工制作的链子可以被设计成一个独立的部分,也可以特意用来作为吊坠等配饰的重要补充。吊坠搭配的链子通常需要"低调",确保吊坠是作品的焦点,但这并不是必须的。

为了确保链条本身的功能,佩戴时应舒适灵活,以适应身体的运动。手链可能需要比项链更灵活,因为需要承受的运动强度和弯曲幅度更大。

链环的长度会影响到它是否能够灵活适应弯曲的角度,大环链与小环链相比,适应、服帖的效果稍差,但是需要连接相同距离的链环

手镯《无限链接》
维多利亚·玛丽·科尔曼
（Victoria Marie Coleman）
弯曲造型的银线被巧妙地连接在一起,创造了这个独特的手链。

项链《莲花》
丘斯·布雷斯（Chus Bures）
手工搭扣和铸造元素相结合，构成了这款动感与质感兼具的项链。

数量会减少。提前制作一小段链子是明智的，可以提前确定一段特定长度需要多少个链环，近而预估出所需金属的量。

机制链

链子的使用在设计款式和使用规模上有着无限可能，但在规模化生产和统一、工整的尺寸方面，机械制造的链条为首饰设计师提供了比手工制造更广泛的可能性。机制链通常是按重量从卷轴上"松"下来或者略经加工的"成品"出售的，如已经在两端焊接完成挂扣并裁剪到标准长度的链子，长度通常是40厘米、45厘米、50厘米等常用尺寸。

机械链条可按常规方式切割焊接，主要的难点在于非常细的链条，它们很容易熔化。此外蛇骨链焊接也存在困难，焊接时容易造成焊料流淌，使关节凝固，链条失去灵活性，解决方法是使用各类隔热膏，以抑制焊料沿着链条流动。

基础环链的制作示范

制作简单的环链是一个很必要的过程，但是环越小，链条的长度就越需要增加。可以试着锤击它们改变环的形状或者使用不同的金属丝来延伸出不同的造型和效果。

1. 缠绕一组线圈，用其制作一组跳环（参见第109页）。用珠宝锯把线圈的一边锯开，然后用扁嘴钳把跳环中的一半焊接上（注意焊接时要使用高温焊料焊接）。再用锉刀去除多余的焊料之前，先将跳环酸洗并冲洗干净。

2. 使用一个未焊跳环连接两个已焊跳环，用这种方法把三个环分成一组，直到所有的焊接环都用完为止。

3. 连接环用高温焊料焊接，使这组环牢固地串联起来。注意，每个环只使用一小簇焊料，过多使用焊料会造成其他问题。

4. 用一个未焊的跳环将两组三个跳环连接起来。焊接完成后，七个跳环就连接在一起了。以此类推，直到链子制作完成，把链条清理干净，并用滚筒抛光机进行抛光。

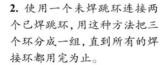

锁子甲的制作示范

有很多方法可以将跳环连接在一起来制作锁子甲。下面演示如何创作一条锁子甲手链。

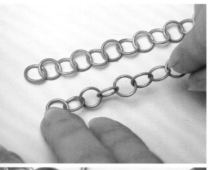

1. 用直径1毫米的银丝在直径6毫米的钢棒上缠绕，制作出3条10厘米长的银链子。用高温焊料焊接所有连接。

2. 用十字交叉的形式用跨接环将两个链条连接起来。制作时，把链条的一端固定好，以便使链条保持一致。闭合并焊接跳环。

3. 用一个跳环将作品一端的前两个跳环交叉连接起来。如果用另一个跳环连接新跳环两侧的上下环，则形成花瓣设计。沿着链条每隔一定距离重复该操作，并将跨接环焊接好。

4. 添加足够的延长链，以适应手腕的周长。延长链使手链的长度变得可以调节。安装上"S"形挂扣后，在滚筒抛光机内进行抛光。

制作一条简单的环链

圆形或椭圆形截面的金属丝比其他形状的金属丝更适合连接跳环，它会使链条运动平稳、灵活性更高。制作时先将金属丝绕成螺旋状，使转弯尽可能地靠近，作为缠绕物的芯棒，以确保所有跳环的尺寸相同。以一定角度锯割线圈，这样跳环会被规整地锯割下来。

接下来，要焊接闭合一半数量的跳环。首先使用平嘴钳调整端口，确保没有可见光线能透过接缝。然后将闭合的跳环一字排开整齐地放在焊瓦上，并涂上助焊剂和少量焊料（注意使用少量的焊料，否则在后续的焊接过程中会有部分跳环被焊接在一起的风险）。从排好的一端开始加热，并焊接第一个跳环；下一个环会因为靠近第一个环而被加热，并很快达到所需温度。

沿着生产线操作，直到所有的环焊接完毕，然后酸洗、冲洗并待其干燥。在这个阶段，任何多余的焊料都应该用锉刀去除，然后把跳环打磨光滑。

用一个开口环连接两个焊接完的跳环，然后将其焊接闭合。在焊接期间，把环分成几组，提前把它们分别连起来，以减少混淆或过度加热的可能。继续这个过程，直到所有的跳环焊接完成。然后用力拉链条，检查是否存在未焊接的跳环，最后用滚筒抛光机进行抛光处理。

跳环也可以运用熔接的方法实现闭合，但是要注意不要过度加热，因为它们会变得非常脆弱。

简单环链的变形

改变使用金属线的规格或造型可以让原本简单的环链更有趣。链环可以在串连时大小交替或渐变大小，让最大的跳环位于链子的中心。此外，使用不同的金属也可以造就不同的艺术效果，比如在一个链条上可以"定期"或

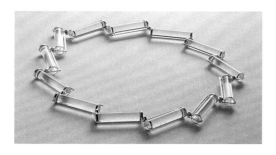

水晶项链
彼得·德·威特（Peter de Wit）
圆柱形的水晶被镶嵌在18K黄金框架中，形成了这条铰链连接的项链。

随机间隔不同色泽的金属或氧化处理过的同一金属。当焊接完成时，跳环还可以被压扁、锤击，做出肌理、扭曲或拉伸，也可以增加一些普通的、更有装饰性的跳环，进一步丰富效果。手工链可以与机制链条结合使用，但往往需要统一做锈蚀着色处理来进行适当的统一。

采用混合金属或不同规格的线材制作链条时，应先将熔点最高的金属或较粗线材制作的跳环焊接闭合。然后可以使用更细的环连接它们，这样第一组焊点就不会受到后续加热的影响或者使先前焊好的更细的金属线熔化。

锁子甲

因为链锁的变化太多，无法详细描述。其基本结构是由与跳环交联的长链组成的。在将长链连接起来之前，确保跳环对齐很重要，否则它们将不能正确地固定在相应的位置。如果把链条的两端挂在固定在木板的钉子上，操作起来会更容易，而且为了节省时间，所有的交叉连接都可以在焊接之前提前插入和闭合端口。

这些跳环可以通过将每个链接使用的环数增加2～3个来形成不同的效果，将几个环与一个环连接来打破固有的串联结构，从而形成无数种变化。虽然该过程非常耗时，但连接完成的锁子甲是非常有触感和流动效果的材料，值得付出努力。

镂空装饰的连接示范

这种工艺使用了本书90页上介绍的镂空组件。这些造型是在原有造型基础上用钳子沿着长度方向扭曲形成的，这样工件的一端与另一端就形成了垂直角度。

工艺示范 **67**

1. 用珠宝锯将所有组件顶部的镂空处锯开（保留一块不动）。

2. 用一对平嘴钳或尖嘴钳打开切断部分，插入下一个"环"的底部，并关闭间隙。以这种方式连接所有组件并对断口进行焊接，这通常不会加热到其他焊点，因为这个组件的表面间隔非常大。

3. 用高温焊料焊接每个闭合的端口。如果端口被严密地闭合，那么只需要少量焊料就足够了。

4. 用锉刀清理接缝处的焊料，并用金刚砂纸打磨去除锉痕。此时，链条就可以用抛光筒抛光了。

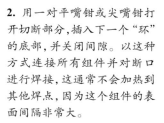

混合金属链的制作示范

在一件作品中可以使用不同的金属或者锈蚀着色工艺,形成色彩对比的效果。由于金属的不同,锈蚀着色工艺只对其中一种金属产生作用。本操作中使用银和黄铜。

工艺
示范
68

1. 制作一些形状随机、大小不同的金属线圈,并确保两端整齐地连接。

2. 将其中约一半环焊接闭合,确保较粗的环和具有较高熔点金属制成的环被焊接。

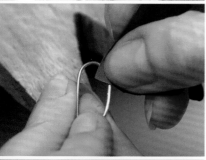

3. 对环进行清理,去除多余的焊料。然后使用未焊接的环连接焊接完成的环,可以使用多个环来连接一个环,在链的构造中要有创意。

4. 当焊接时,用反向镊子将未焊接的连接置于顶部,以支撑链条。镊子会从夹住的金属环上吸收热量,防止焊接部位过热。

伊特鲁里亚链(环回链)

这种类型的链也是由金属丝连接形成的,只是这些金属丝连接被拉伸后,对折成了"U"形。伊特鲁里亚链最基本的形式是由一个环穿过"U"上的一个环,再穿过下一个环,以此类推。如果在底部以交叉形式焊接两个"U"形链环,则可形成密度更大的链环,因为这意味着将进行双轴编织。如果需要编织紧密但又很灵活的链子,可以选用这种方式;如果在基底使用更多的链条,完成后的链条可以通过木头上一个比直径略小的洞拉出来,这样就可以把链条拉平。

连接重复的组件

这种类型的链条通常由铸造、镂空锯割制作的金属单元或组件连接组成,通过巧妙的方法以一种浑然天成的方式将各种造型连接在一起。可以采用不同的设计来适应这一前提,其中一个简单的解决方案就是扭曲每个链节,使得一端与另一端成直角,允许链节以相同的方向对齐。交替链接也是一个选择,但这种类型的链条应该避免使用跳环,因为它们过于简单。连接方式不必局限于跨接环、铆钉、芭蕾线(球端金属线)或其他材料和造型,可以在设计过程中不断探索和尝试。尝试调整链接的形式,这样一个完整的卡扣也可以合并到整体中。

其他连接方式

有许多方式可用于制造链子,如灵活的球窝关节、以一个平面为轴心的铆接连杆或铰链以及通过回路固定的卷曲金属线弹簧,这些小的机械系统可以适应特定的设计,故研究和使用玩具、机器和家具中的机械系统非常有必要。许多与运动部件相关的功能设计问题的解决方案都可以根据需要进行修改。

铰链常用于零部件之间可活动的连接，如盒式吊坠的两半。铰链的结构精度较高才能确保功能良好。

铰链（合页）

除了基本的手工工具和焊接工具，切管器是从金属管上切割出准确"关节"的有效工具。

对于某些常要用到铰链的大型饰品，如大手链，连接管的壁需要非常厚，需要比壁厚 1 毫米的标准管再厚一些。黄铜、银和金都是制作铰链的适宜材料。

铰链用途

铰链最常见于盒子、挂坠盒和手链上，形式多样。一个简单的铰链可以由金属片延伸并卷曲构成，该延伸部分环绕着一个杆以形成一个枢轴。最稳定的铰链类型是由几个切割

出的凸耳或管状节组成，这些凸耳或管状节交替焊接到围绕中心轴旋转的两个部件上。铰链上关节的个数通常是奇数。

通过巧妙设计，可以创建位于物体内部的隐藏铰链，也可以将铰链作为作品的装饰特征予以突出。

焊接铰链到位

关节及其所连接形状边缘之间的交叉点对于决定铰链的开合程度至关重要。用锉刀或其他工具沿着金属片准备焊接转向节（关节管）的外沿锉磨一个与转向节直径和外形相同

戒指《爱与恨》
弗里达・芒罗（Frieda Munro）
这些戒指上的字母是用铰链连接起来的，戴上戒指后，它们就会横卧在指节上。

为冲压成型的盒式挂坠制作铰链的示范

这个示范使用第150页和151页制作的组件组成一个盒式挂坠。冲压组件在穿孔和打磨抛光之前，要在内部焊接上内衬，以便为铰链提供更大的接触面。

铰链连接的盒式挂坠
为冲压成型的盒式挂坠
完成铰链的制作。

1. 将其两半扣在一起，用平直的圆针锉或连接锉在其与铰链的结合面上开槽。槽应该有与转向管接触面相同的曲线弧度，并基本达到管壁的一半深。在压模上涂抹胶水，把两半粘在一起。

2. 把金属管切成"关节"，每段的长度取决于铰链的长度，最终应该是奇数个关节。使用平锉打磨，确保每个关节的两端是平行的。

3. 用耐火砖支撑物体，使凹槽位于顶部并水平放置。用钢制枢轴穿过转向节并定位。在每个转向节上交替涂抹一点硼砂和高温焊料，加热至焊料熔化但未流动时，将转向节固定到位。

4. 打开两半组件，将钢质枢轴穿过其中一侧的转向节，并对其进行旋转磨合，转向节必须保持对齐，以免它们无法顺畅串联。在另一半重复同样的动作。如果有必要，可以在铆接前对转向节的孔洞进行适当的调整。

的槽或通道，这将使转向节和薄板之间产生更大的接触，从而使焊点更牢固。如果金属板材的厚度太薄，不能很好地与转向节接触，可以在物体内侧焊接衬垫；将铰链应用于曲线造型也是可行的，通过直边的衬垫可以让曲线造型的物体也通过铰链实现连接。

转向节的管段的直径应该相同，并与中空通道的长度相匹配。这些转向节被套在与管子内孔直径相同的钢制枢轴上。与其他金属相比，钢轴在管子内焊接时黏连的风险较小。转向节和枢轴应轻轻固定在物体合适的位置上，以便进行焊接（如果可能，可以使用激光或PUK点焊将转向节固定到物体组件上）。

然后可以拆开，将两部分分开焊接，但一定需要确保转向节位置准确，关节对不齐可能会使铰链摆动或者难以插入枢轴。枢轴的直径应该与管子内径相同。任何焊接操作，例如在挂坠盒上添加一个挂环，都应该在枢轴铆接到位之前完成。

色彩和肌理

　　除了前几章描述的工艺外，本章还将介绍更多工艺，为珠宝首饰增加更精彩的视觉效果和艺术效果。大多数首饰设计师都会使用这些工艺中的部分，来为他们的作品创造鲜明的艺术特色。无论是简单地创造对比鲜明的金属表面效果，还是雕刻文字或图案，抑或是用金箔装饰作品，本节介绍的工艺大多都可以作为一种设计元素帮助作者表达一种特殊的美学追求或设计理念。本节介绍的工艺主要用于金属，但有些也可应用于其他材料，此外，一些只能在非金属材料表面实现的趣味效果，如皮革的压花和染色也在本节有所介绍。其中一些工艺，如珐琅工艺，本身就涉及面广泛，涉及复杂或耗时的过程，有时还涉及专业设备，但是它们可以创造令人惊讶的艺术效果。

螺旋形胸针
（第 196 页）

当板材与带有肌理的材料一同经过轧片机辊轧时,会在金属表面形成压痕。许多肌理材料可用于此工艺,包括纸张、织物、干燥的树叶和金属模板等。

辊轧纹理

金属在被辊轧之前应该先退火,这样才能在表面留下深刻的印痕,通常质地较软的金属(如铜、银和铝)比较硬的金属更容易呈现精美的细节。铝板在辊轧前应夹在纸间,以防止铝材本身的微粒转移到轧辊上,而对其他金属造成污染。

所有通过轧辊的材料,包括压印肌理的原材料,都必须绝对干燥。轧辊暴露在潮湿的环境中会生锈,光滑的表面会被损坏。

永远不要试图在轧片机中使用钢或钛等金属,因为它们的硬度足以在轧辊表面形成不可消除的痕迹。

大多数干燥的材料都可以用来辊印肌理到金属表面,这给了创作无限的可能性,可以创造出无限的肌理和效果。此外,可以同时轧制一种以上的肌理原材料,但较厚的材料总是占主导地位,因此薄材料的肌理可能不会被很好地转移。

将肌理辊轧至金属表面
肌理原材料应夹在两片退火的金属之间。材料可以用胶带精确地排列和固定,也可以选择随意放置。被轧制的材料的厚度将影响轧辊之间的距离,这在轧制大面积纹理时很难进行判断。如果轧辊之间距离太大,肌理可能无法转移,但如果轧辊距离太近(轧片机的手柄难以转动),则有使金属变得太薄的风险,而且纹理可能会导致金属开裂。

椭圆形领饰
伯娜丁·切尔瓦纳亚格姆(Bernadine Chelvanayagam)
这条领饰是由纹理细腻的银色椭圆形片连接而成的。

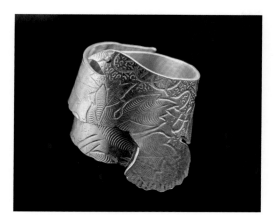

戒指《囚鸟》
丽贝卡·汉农（Rebecca Hannon）
这枚戒指表面的图案是由轧片机在其卷曲成型之前压印到银片上的。

压印非常精细的纹理时，如树叶叶脉和羽毛等，最好的效果是将压印材料与单块金属板进行辊轧。操作时，应将辊轮之间的距离设置为略小于板材的厚度。需要注意的是，所有紧绷而精致的图案都会在辊轧时发生变形。

轧制后，金属会弯曲、变硬，所以在使用方铁砧和木槌将其敲平之前，应先对其退火。

使用有纹理的板材

因为用轧片机轧制肌理只能在平板材料上实现，故有肌理的金属实际上只是制造饰品的原材料。有肌理的金属面积应该比工件所需要的更大，以便能被切割和锉磨成需要的形状。当锻打、弯折等成型操作时必须小心，不要损坏脆弱的肌理图案，当肌理形成后可以适时使用透明胶带保护金属表面。透明胶带也可以保护肌理不受锉刀意外滑擦带来的损伤和影响。

以后将用于冲压成型的薄板表面，其肌理不应过深，否则会导致局部过薄，导致金属沿薄弱点开裂。

轧片机轧印肌理的示范

经过轧片机辊轧时，各种各样干燥材料的肌理都可以被压印在金属薄板表面。

**工艺
示范
70**

1. 退火两块0.9毫米厚的银片。酸洗并冲洗，确保金属完全干燥。将肌理原材料夹在两片金属之间。本操作中使用了盘绕的线绳。

2. 调整轧辊之间的距离，使工件在没有太大压力的情况下通过，因为过大的压力可能会拉伸板材并扭曲纹理。如果辊距太宽，则纹理不能被清晰转印。

3. 当工件通过轧片机之后，先用木槌在钢块上将其敲平，并用细钢丝棉提亮表面，使纹理更加明显。肌理表面往往受益于锈蚀着色技术，以增强对比的设计效果。

用锤子和冲头制作的肌理可以增加作品表面的对比效果，也可以用于在局部增加装饰细节或文字。该工艺可用于平板和部分立体形式的作品。

用锤子和冲头创作肌理效果

戳记或图案冲头通常由淬火和回火工具钢制成，这会使它们非常坚硬和耐用。冲头要么是直杆，要么是"天鹅颈"——在杆上有一个弯曲，以允许在戒指的内圈进行标记。

有许多种不同类型的冲头可用于创作肌理。图案冲头可以购买成品，也可以通过雕刻、切削或蚀刻钢棒自己制作。字母和数字冲头是非常实用的文字戳记，并且有大小不同的型号；錾花冲头也适用于在金属板上创作肌理。

金属的直接锤击可以产生极具魅力的肌理，锤头的形状直接影响所形成的痕迹。锤头可以是经过特殊雕刻的，也可以是带有纹理的，锤头还可以用来将其他物体的肌理转移到金属表面，如织物，锤头可以在金属上敲打织物，从而实现压印肌理的效果。

为板材冲压肌理

当为平板表面冲压肌理时，应该在一个钢块（方铁或铁砧）上操作，并用透明胶带把它固定在钢块上，这将迫使金属被垂直压缩，而不是被冲压导致横向变形。退火后的金属更容易被冲压出肌理，操作时工件应该是清洁和干燥的。将冲头垂直放置在金属上，使其表面处于接触状态，然后用铁锤猛击冲头的一端。如果金属在冲压过程中发生翘曲，则需要先退火后再用木槌将其敲平。

螺旋形胸针
费利西蒂·彼得斯（Felicity Peters）
一个锤打后的金色螺旋装饰着波纹状的银质正方形。

《步道》（胸针/吊坠两用）

里纳尔多·阿尔瓦雷斯（Rinaldo Alvarez）

这件作品结合了银、黄铜和纸等多种材质，采用了热锈蚀着色工艺和锤痕肌理，展现了生动的年代感。

在成型件上冲压

　　成型件在被冲压戳记等操作时必须支撑在钢桩的表面上，以免变形。戒指应该套在钢制戒指棒上接受锤击，操作时戒指的内圈应该只与芯棒前端的表面接触，而不是紧紧地套在一起，这样可以允许它在锻打纹理时自由旋转。以这种方式装饰的戒指圈口应该比最终要求的圈口尺寸小1～2个码，因为锤击会拉伸圆环，使其有更大的圆周。记住要考虑到戒指棒的锥度，并把戒指交替转向锻打，使两边的拉伸较为平均。

　　如果要用带有图案的冲头为套在戒指棒上的戒指敲出肌理图案，可以用胶条将戒指固定在戒指棒的合适位置，这将阻止它下滑，且每敲击一次，都应该重新为戒指定位一次。当使用天鹅颈冲头为戒指内壁敲击戳记时，应在一个平坦的方块上操作。该过程会在戒指的外面留下细微的痕迹，因此在所有的冲压完成后，都应该用锉刀和金刚砂纸进行打磨和抛光。

用锤子、图章戳记和冲头制作肌理图案的示范

工艺示范 **71**

　　用锤子直接击打工件或者使用锤子击打冲头的末端，可以直接或间接形成一系列变化的肌理图案。

1. 在把戒指圈放在戒指铁上锤打肌理之前，先退火、酸洗、冲洗、干燥。使用有重叠的锤击为戒指圈制作肌理。锤头的形状将影响所形成的效果，图中使用的是肌理锤。

2. 使用冲头时，把一张退火后的金属薄板粘在方钢砧上。选择合适的冲头，并将其放在金属上，确保图案端与金属接触良好，冲头绝对垂直。

3. 用小锤从上面击打冲头。一次成功的打击应该在银片上留下清晰的印痕，如果冲头图案面积过大，一次可能无法完全转移，可以进行仔细的定位和反复的打击来创建整个图案。

4. 重复的冲压图案可以构成吸引人的设计效果，还可以使用中心冲头添加一些装饰性的点。在退火前请用木槌将板材敲平，以便进行进一步的成型操作或加工。

蚀刻是一种用硝酸等腐蚀性液体从工件表面去除部分金属的工艺。抗蚀剂是用来将部分金属表面遮蔽和掩盖的材料，因为只有暴露的金属才会被腐蚀，不同的抗蚀剂可以用来创造不同的效果。

蚀刻

硝酸是一种危险的化学品，但合理使用可以在金属表面创造精美的效果。酸液必须稀释到与要蚀刻的金属相匹配的正确浓度，随着溶液使用时间的延长，蚀刻的速度将逐渐增加，当溶液被溶解的金属饱和时，酸的浓度又将逐渐下降。当启用新配制的酸液时，可以通过添加一些旧的废酸来提升蚀刻速度。慢速蚀刻比快速蚀刻能获得更精细的效果。当使用快速、强劲的液体对金属进行较深的蚀刻时，金属表面会形成侵略性的"咬痕"，造成不均匀的蚀刻表面，也可能造成图案的损失。

氯化铁和硝酸铁是盐，通常以晶体形式提供，可溶于温水。硝酸铁只会腐蚀银，但氯化铁可用于铜、黄铜和首饰铜（仿金合金）。这些盐类的使用比酸安全得多，但金属侵蚀的速度也要慢得多，而且往往会在金属表面生成残留物，从而抑制蚀刻，除非将其倒挂在溶液中或在气泡蚀刻槽中使用（参见第202页）。缓慢的腐蚀意味着温和的侵蚀，可以形成非常精致的细节。

机环
阿纳斯塔西娅·扬（Anastasia Young）
蚀刻的银标签被铆接在水牛角制作的戒指上。

不同材料的蚀刻液	
材　料	化学溶液配方
铜、黄铜、首饰铜（仿金合金）	将9盎司（250克）氯化铁晶体加入1品脱（1品脱 = 0.5 L）温水中，并保持在40℃状态下操作，或者将1份硝酸（试剂级70%）、1份水在室温下配制
银	将1份硝酸铁晶体与3份温水混合，并保持在40℃左右的温度下蚀刻，或者将1份硝酸、3份水在室温下配制
钢	在室温下，1份硝酸加6份水
贝壳、象牙	在室温下，1份硝酸加5份水
金	（王水）室温下，1份硝酸加3份盐酸

戒指《刷》
杰茜卡·得·洛茨（Jessica de Lotz）
当刷头从这个银戒指上取下时，一个氧化的、光蚀刻
形成的图案就显现出来了。

当制备混合酸性溶液时，需佩戴护目镜、手套，如果不在通风橱里操作，则需佩戴专门用来过滤酸雾的呼吸面罩。工作空间必须有良好的通风，还应特别注意防止木质表面吸收溢出的酸液。配制溶液时，请使用清洁的、校准过的化学玻璃器皿，并始终确保向水中添加酸液。将混合后的化学药品存放在标有稀释率、适用金属和日期的玻璃瓶中，以便安全地重复使用。

硝酸铁和氯化铁不会释放出酸等有害气体，但加热后的溶液会释放有害的蒸汽。它们还会导致工作台表面、衣服和皮肤染色，因此要提前采取有效的预防措施。具体请阅读第10～11页的健康和安全信息，以获取更多帮助。

抗蚀剂（阻隔剂）

抗蚀剂是一种用于掩盖和遮蔽金属局部区域，以形成设计效果的化学品；酸液会因为抗蚀剂的阻隔而无法对所覆盖区域进行腐蚀。使用前，金属必须彻底清洁和脱脂，这样抗蚀剂才能很好地附着在金属表面。任何起翘的区域都会让酸液与金属接触并造成腐蚀。适用于硝酸的抗蚀剂有透明胶带、包装胶带、水纹树脂、阻光漆（有时称为黑色抛光剂）和PnP

用氯化铁蚀刻黄铜的示范

工艺
示范
72

铜、黄铜和首饰铜都可以用三氯化铁溶液进行蚀刻。这个解决方案可以产生边缘线条非常清晰的蚀刻效果，用于表现丰富的细节。

1. 将准备蚀刻的金属进行脱脂清洁。用有黏性的塑料薄膜或透明胶带将金属整个背面密封起来，并在剩余裸露的金属表面涂上隔离漆。当漆液干燥，用钢锥划开漆面创作图案，但应确保线条至少1毫米的宽度。

2. 在通风良好的地方或室外，将装盛氯化铁溶液的玻璃瓶放置在装盛热水的塑料盆中加热，可以在溶液底部中放入两片亚克力支架，用来抬升腐蚀的金属片。

3. 将金属表面向下悬在溶液中，定期检查蚀刻进度。

4. 当蚀刻深度达到令人满意的程度时，从溶液中取出工件并冲洗干净。使用合适的溶剂去除抗蚀剂，并彻底擦洗金属以去除所有化学残留物。

用PnP胶蚀刻示范

PnP纸可以作为抗蚀剂使用,它可以在蚀刻前将图像转印到金属片上,但只能使用黑白图像,高对比度的效果最好。

1. 将设计影印在PnP纸的哑光面。黑色区域的设计将最终形成遮蔽层,不会被蚀刻,因此在影印前需要考虑清楚是否反向的图案更合适。最终被转印到金属表面的图像都是镜像的,故所有文字类的图像在被转印到PnP纸上之前都应该先进行镜像处理。

2. 从PnP纸上剪下一幅图像,在其周围留下边框,然后将印有图像的一面朝下放在银片上(先用丙酮脱脂和擦拭)。在一块木板上,用中等温度的熨斗,以圆周运动的方式压印图像。

3. 揭取PnP纸的一角,查看图像是否转印良好,如果没有,应继续熨烫。然后遮住工件的背面和边缘,并用隔离漆填补转印图像中的瑕疵、间隙。在硝酸中蚀刻工件,直到获得满意的凹槽深度。

4. 用丙酮和钢丝棉除去PnP胶,将蚀刻后的图案按尺寸裁切。图中的样品已经被硫酐溶液氧化并进行了打磨,参见第213页。

双头戒指
谢尔比·费里斯·菲茨帕特里克(Shelby Ferris Fitzpatrick)
这枚电镀了铑和24K黄金的银戒指,因为光蚀刻的纹理而更有特色。

纸。除了上述抗蚀剂外,三氯化铁和硝酸盐还可以用指甲油和永久性记号笔进行阻隔。为了确保获得理想的蚀刻效果,金属的暴露区域应该至少为1毫米宽,在设计上几乎没有其他限制。可以用绘画技巧在金属表面涂绘阻光清漆,透明胶带则可以将金属表面分隔成规则的区域,还可以将几种不同的方法结合在一起使用。通过使用几轮蚀刻、清洗后,重新应用抗蚀剂,来形成不同蚀刻深度的层次设计。

PnP纸可以用来实现一种低技术含量的光蚀刻效果。高对比度的图像被影印或激光打印到蓝色PnP醋酸纤维的哑光表面,并用熨斗将其烫印到金属上。暗黑色区域的图像被转移到金属表面并形成防护涂层。需要精确转印的图像和设计也可以使用这种形式的抗蚀剂进行蚀刻,这种蚀刻技术也是"内填珐琅"工艺的理想方法，它可以创造一个个凹陷的填色"细胞"，让釉质处于其中。PnP纸的详细使用说明会在购买时一并提供。

光蚀刻涉及更复杂的生成和涂覆抗蚀剂的过程，通常需要使用紫外线反应膜来生成抗蚀效果，可以用于非常详细的图像和镂空的造型。有一些专业公司会承接光蚀刻的加工业务（参见第268页"光蚀刻"）。

用硝酸蚀刻金属薄片

使用比实际尺寸更大的金属薄片，以便其在蚀刻后能被切割成需要的形状。在用选择的抗蚀剂将设计图绘制到金属表面之前，需要先用透明胶带小心地将金属薄片背面和四边进行密封。绘制完成后，戴上手套，用塑料镊子将金属转移到酸性溶液中，将其滑入液面以下，以免溅起"水花"。酸液会立即开始腐蚀，金属表面开始形成小气泡——这些气泡应该用羽毛刷掉，否则它们会妨碍酸液的均匀腐蚀。一件作品在酸液中停留时间的长短将取决于所需蚀刻的深度和溶液的蚀刻速度。

注意随时检查蚀刻进度，当达到预期效果时取出金属，用流动水冲洗，以去除残留的酸液，然后用大头针检查蚀刻区域的深度。如果需要进一步蚀刻，则将工件继续滑入酸液中。

蚀刻后，用自来水将金属表面残留的酸液彻底冲洗干净，再用合适的溶剂除去抗蚀剂。

其他形式的金属，如杆和线，也可以被蚀刻，但其可供设计的范围过于局限。

腐蚀成型的器物

要非常小心地遮蔽和阻隔任何不打算在成型件上蚀刻的区域，如果必须锉平这些区域以去除酸蚀造成的多余痕迹需要大量的时间，还可能形成局部过薄。简单的部件，如带状宽

耐蚀笔的应用示范

耐蚀笔可以直接在金属表面画设计图案，但更常用于制作电路板。下面演示使用这种方法蚀刻带状戒指的过程。

1. 将戒指圈去除油脂，并在内部和边缘涂上隔离漆。隔离漆分两次或两次以上涂抹，且在第一遍干透后再抹第二遍。清漆上的任何缝隙都会在工件上留下令人遗憾的痕迹。

2. 用耐蚀笔绘制图案，并自然干燥。绘制得较细、较薄的区域可能会被酸液腐蚀，失去作用，因此在这些地方还应再涂上一层油墨。

3. 腐蚀戒指，酸液的容量必须高于戒指的顶部，使整枚戒指被淹没，此时需要每隔一段时间检查一次腐蚀的深度。

4. 当图案清晰地蚀刻在戒指上后，将戒指洗净，去掉内圈的隔离漆和耐蚀笔的防蚀剂。在抛光筒内进行抛光之前，应彻底擦洗工件以去除所有化学残留物。

贝壳的蚀刻示范

　　使用弱硝酸溶液可以将设计的花纹完整地蚀刻在贝壳表面,这一操作过程非常快,并会产生大量的气泡。

工艺
示范
75

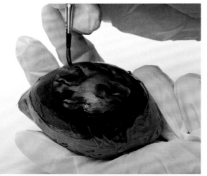

1. 用几层透明胶带将贝壳的底面遮盖密封起来,并在外露的表面用阻光漆涂上图案。待第一遍油漆干燥后,再涂抹第二遍,要确保油漆和透明胶带的边缘没有暴露的缺口。

2. 把硝酸调到合适的浓度,小心地倒入高边烧杯,然后把贝壳放在酸液里。

3. 随着酸性物质的侵蚀,贝壳的外露区域会迅速开始"嘶嘶"作响,需要每隔10秒或20秒检查一下蚀刻进展和深度。

4. 当贝壳表面下的浅色材料充分暴露时,再将贝壳从酸液中取出。冲洗干净,并去除阻光漆和透明胶带。

戒指,最适合蚀刻,并可以围绕戒指的周长进行连续设计。在焊接组件之前,也可以对个别组件进行蚀刻,但必须注意避免焊料浸没蚀刻区域,从而破坏设计效果。

气泡蚀刻机蚀刻

　　气泡蚀刻机有一种特殊的容器槽,该容器装配有通过蚀刻溶液冒气泡的气泵,更昂贵的机器还配有加热解决方案,使其腐蚀得更快。气泡蚀刻机通常只适用于氯化铁和硝酸铁溶液的腐蚀。通过连续的气泡不断地搅动溶液有助于防止沉积物在工件表面形成,并产生非常锐利、清晰的蚀刻效果。

　　硝酸铁和氯化铁可以在没有气泡腐蚀槽的情况下使用,但是由于会有沉积物堆积的潜在隐患,金属必须面朝下悬浮在溶液中。塑料线或涂覆有抗蚀剂的金属线可以用来支撑、悬挂蚀刻液表面下的工件。将溶液放入装有热水的外部容器中加热,可以提高蚀刻效率。

其他材料的蚀刻

　　钢可以像其他金属一样蚀刻,但需要使用较弱的硝酸溶液。蚀刻钢材是很实用的,它可以为压花皮革制作压印模具。

　　象牙可以用1份硫酸配6份水制备的溶液进行腐蚀。一些作为抗蚀剂的清漆可能会使象牙染色,因此往往需要先做一个样品进行测试。

　　贝壳在腐蚀时必须被彻底遮盖起来,因为酸的作用非常强。贝壳的碳酸钙和酸之间的化学反应释放出二氧化碳气体,会产生强烈的"嘶嘶"声,因此应该使用非常稀的溶液来进行更精确的蚀刻。从浮雕作品的表面效果来看,蚀刻与雕刻相结合,不仅可以创造出精美的浅浮雕图案,通常还可以在去除外贝壳顶层花纹的情况下,与底层形成鲜明的对比。

雕刻是一项需要很多技巧和实践的工艺,可使用锋利的钢质雕刻刀(也称刨刀)来雕刻线条。设计的图案、文字或肌理都可以被雕刻出来,而且这通常是在作品上完成的最后一道工序。

雕刻

雕刻中最重要的工具是雕刻刀。有许多形状的刨丝雕刻刀(参见第309页),但对于初学者来说,2.5毫米的方形刻刀是最好的学习工具,可以用来雕刻各种线条、纹理和效果。

因为雕刻刀没有手柄,所以首先要把雕刻刀制作切割成合适的长度,然后再安装上底部平滑的蘑菇状木手柄,这可以使雕刻刀以一个较低的角度在平板上雕刻。

雕刻刀在使用前必须磨尖,只有足够锋利,才可以精准地雕刻出设计图。磨制优良的雕刻刀通常更少需要锐化打磨,因为它们可以有效地切削,而且刀尖不太可能折断。

被雕刻的作品通常被固定在一个更大的表面上,如木质夹具,这样它在被雕刻的时候更容易把持,并且需要支撑在沙袋上。其他工具包括油石、润滑油、划线器、曲线磨光器、模型黏土、尖木棍和钢尺。

雕刻的最佳工作高度大约是胸部的高度——沙袋的使用可以使它更适合在桌子上而不是工作台上工作。雕刻时,良好的照明是必不可少的,因为这种精密的操作可能会导致眼疲劳。雕刻技艺需要长时间的练习,但不要在雕刻上花费太多时间,要保证有规律的作息。

挂有牙齿的垂饰
阿纳斯塔西娅・扬(Anastasia Young)
这枚吊坠上的雕刻装饰利用了线条和阴影。

安装雕刻刀的示范

雕刻刀也叫刨丝刀，通常会以标准长度出售，但没有手柄。通常根据手掌大小来确定雕刻刀合适的长度是非常重要的。

工艺
示范
76

1. 把雕刻刀放在手掌上，刻刀的尖端应该比拇指稍长。预留出足够的长度把刀固定在刀柄上，并在刻刀上做好标记。切割或锉削标记，直到有可能把末端折断为止。

2. 将雕刻刀水平固定在有防护牛皮的虎钳上，斜面向上，准备安装进手柄的部分突出在外。安装时，将手柄轻敲到雕刻刀的末端，确保手柄的平底在下方。用木槌把手柄轻敲到雕刻刀的末端，确保手柄的底部是平的。

3. 将三合一的油涂在细油石上，确保与油石接触良好，并将刻刀的刀刃打磨锋利。打磨时，用长而均匀的轨迹在油石表面上下摩擦。

4. 方形和菱形刨丝刀需要切割面的底面"退缩"，这样可以使它们在雕刻时保持合适的角度。在背面两边各磨出一个面，这样雕刻者就会与物体成5°夹角，在金属表面刨雕。

5. 将打磨完的刻刀刺入硬木，以去除表面的毛刺。再在可以在阿肯色油石上进一步磨光表面了，这样可以进一步提升锐利度，并可以防止刀尖碎裂。

雕刻图案的设计

格鲁吉亚和维多利亚时期的珠宝通常装饰有雕刻的图案和铭文，是用来研究雕刻家创作的宝贵资源。形状和阴影也可以通过雕刻来创造，因为不同角度的线条会反射不同的光，在未雕刻的区域产生明暗的变化。

可以先在金属板上雕刻，然后再成型、焊接，最后通过仔细抛光来恢复刀口的光泽度（参见第206页）。还应注意，避免焊料流进雕刻区域，对设计效果造成影响，因此对雕刻较为复杂的表面，建议考虑采用冷连接工艺。

削挖线条

线条是以刻出的图案轮廓为指导，用方形雕刻刀挖削剔除的。采用短线重叠的方式推进，可以更容易地刨削直线。操作时，把雕刻刀插入金属内，然后降低角度，慢慢向前推，从而抬起一块金属薄片，当刨削的足够长时，用刻刀的尖端把它撬出来。

对于惯用右手的人来说，曲线通常以逆时针方向去刨削的，这样刻刀的背面就不会损坏

手镯《冰霜》
露丝·安东尼（Ruth Anthony）
这枚手镯内外的雕刻图案经过氧化处理，效果更加明显。

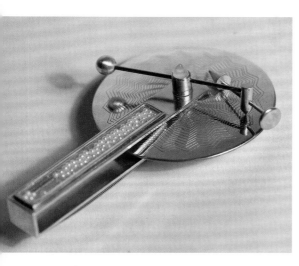

可旋转的胸针
米歇尔·先农·尼（Michelle Xianon Ni）
一个雕刻了几何图案的圆盘与松散的珍珠在这个银和钢制作的胸针表面，形成了有趣的对比。

金属；在向前推的过程中，刀口的路径就会形成切削的凹槽，而转弯的速度将决定弧线的曲度。操作时可以用左手来旋转作品，右手拇指和左手食指形成一个可旋转的枢轴。

　　弯曲的椭圆形钢压笔是用来"擦去"雕刻刀的错误或划痕的。为了弱化无意间造成的错误痕迹，可以用钢压笔的曲面沿着不需要的线及附近摩擦来引导金属从侧面填补沟槽，可以借助少量润滑油使操作更顺畅。不要在错误的线条内摩擦，因为磨光器（钢压笔）有可能会卡在沟槽里，进而使沟槽变宽。非常深的痕迹只能用刮刀先降低周围金属的高度，再来清除。

雕刻肌理

　　当刻刀左右摇动轻轻地向前移动时，这种"蜿蜒蠕动"能形成一种锯齿状的肌理，可以用来雕刻直线或曲线和边框，也可以用来创作局部的肌理。各种形状的雕刻刀都可以用于这项工艺，从而形成点、线以及任何其他的组合形式。

肌理的雕刻示范

　　任何轮廓的雕刻刀都可以通过简单的工艺在金属和其他材料表面创造肌理。

1. 创建一个曲折的肌理时，将雕刻刀从一侧到另一侧摇动，"蜿蜒"式轻轻地将它向前推进。这种方法可以创建线条或曲线，而方形、圆形和凹槽式刻刀的雕刻效果都略有不同。

2. 要创建点状肌理，可以先用一个圆形的刨刀压到金属内，撬出一小块金属。较大的圆雕刻刀雕刻圆点要比较小的刀具需要更大的力量。另一种方法是，用方形或其他雕刻刀的尖端在金属表面急速旋转，来制作圆点。

3. 雕刻的肌理通常有锋利的毛刺以及从表面伸出来的金属碎片残留，故可以用钢尺刮过有毛刺的肌理，以去除毛刺。

4. 钢压笔也可以对肌理部分抛光，来减弱该区域的对比效果。这在大面积肌理上创建明暗对比很有效果，也可以为雕刻图像强化明暗关系。

雕刻线条和文字的示范

要掌握娴熟的雕刻技艺需要大量的练习和积累,但当基本的线条雕刻能达到令人满意的效果时,完成其他一系列的效果也是可能的。

1. 用划线器先在银片上标记出轮廓。图案的外轮廓应该最先被雕刻出来。直线可以用方形雕刻刀剔刻,这样相对省力。将工件按顺时针旋转到雕刻刀的路径上,就可以剔刻出曲线,旋转得越快,曲线转弯就越"急"。

2. 可以用衬线设计出阴影、块面的效果。使用直的、平行的笔触密集排列形成一定的肌理平面。在切割成曲线时,不要将缝线切成线角,以免所有的工具都接触到金属表面。

3. 当阴影完成后,重新修整一遍轮廓线,并加粗一些线条,在设计中创建视觉上的纵深感。要进行更深的雕刻,在起点处插入金属,向右滚动,然后向左用力,把它"剔"掉。

4. 手写字体可以镌刻出理想的效果,而且比印刷的标准字体更容易实现。在开始雕刻之前,把所有的笔画用划线器标记出来,先把所有的直线统一雕刻好,这样它们容易保持平行。

雕刻铭文

由字母和数字组成的铭文通常刻在戒指的内侧。这种工艺需要高超的技巧,以便准确地雕刻,通常此类操作会交由专业的雕刻师代工(参见第265页"雕刻")。对于初学者来说,通过练习,在平板金属上刻下令人满意的文字也是可行的。应该避免使用正体字,因为正体字要求的规律性不容易达到,但是手写的笔迹可以被较好地复刻到金属表面,因为这些手写的特征会分散人们对笔画标准程度的注意。

可以先用一块模型黏土滚过抛光后的金属表面形成黏土膜,再用牙签的尖端来书写铭文。然后用划线器描出这些笔迹,使它们成为永久性的。所有的直笔画都应该先用方形刻刀镌刻,这样它们容易统一平行,然后剩下的笔画就可以分别镌刻了。

雕刻后的表面处理

在金属表面雕刻时可能会被划伤,因为手指下按住的任何碎片都会在金属表面留下痕迹。在打磨抛光雕刻品时一定要小心,因为细小的线条很容易被损坏,如果刀口经过摩擦或抛光而变得圆润,效果就不会那么明显了。在使用蘸有细抛光蜡化合物的抛光棒手工抛光表面之前,可以先用木炭粉打磨,去除所有划痕。黏在细纹内的抛光蜡可以用涂在脱脂棉上的打火机油清洗掉,然后用抛光布擦亮。

一件首饰的视觉效果很大程度上受其表面光泽度的影响，但也会结合实际需要有一些特殊设计。哑光或缎面的饰面效果可以提升该区域的吸引力，但不适合佩戴过程中容易被摩擦的部位。

表面处理

首饰设计工作室向来有着对于表面装饰不断探索和不断尝试的传统，且表面的处理通常与作品的审美追求和潜在的信息或叙事有关。在这一点上，工作室首饰的创作不像商业首饰，往往是统一抛光，工作室的创作通常较少关注展示所使用材料的内在价值，而更多的是关注设计或概念。然而，除了设计效果需要之外，影响表面抛光效果选择的因素还有佩戴方式、与身体的接触部位等。抛光后的表面光滑，没有粗糙的肌理，因而适用于需要穿孔佩戴的部件，如耳钉；哑光和磨砂表面会因有纹理而容易沾上灰尘，最终会因为磨损而变得更加光亮，所以它们不太适合容易磨损的区域。哑光和磨砂的表面处理方法确实能让不同金属本色比抛光后看得更清楚，所以可以作为混合金属饰物表面效果的常用选择，特别是在对比度较高的区域，如镶嵌区域。不同的表面处理方法可以结合在一起使用，以强化肌理效果或创建区域对比。

操作前的准备

有一些表面处理方法可以掩盖工件表面的痕迹和瑕疵，比如用吊机铜扫机针制作的毛扫肌理，但大多数表面处理方法都要求在操作之前将表面清理干净。对金属进行表面处理时和准备抛光一样，先用锉刀把所有的痕迹、焊料和火焰斑清除干净，然后用砂纸或干湿两用砂纸打磨。用最细腻的砂纸打磨可以为表面处理操作打下良好的基础。

塑料和天然材料也可以在哑光或缎面操作之前以类似金属的方式制备。

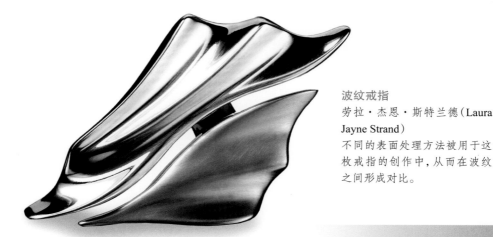

波纹戒指
劳拉·杰恩·斯特兰德（Laura Jayne Strand）
不同的表面处理方法被用于这枚戒指的创作中，从而在波纹之间形成对比。

表面处理示范

一件作品表面的光泽度会对它的外观产生很大的影响，因此在决定最终效果之前，可以先在废金属上尝试几种不同的光泽度，以便选择最合适的效果。当然，不同饰面效果的组合也可能形成自己的特色。

工艺
示范
79

1. 如果用较细的砂纸仅朝一个方向来回摩擦，可实现金属表面的缎面光泽。在进行最终表面处理之前，要先用较粗的砂纸去除划痕。

2. 百洁布可以创造极具吸引力的、明亮的划痕表面。操作时，通过均匀的圆周运动在金属表面摩擦，直到所有的表面都具有相同的表面效果。

3. 金属毛扫有利于创建磨砂纹理的表面，但不应使用在较为脆弱的物体表面。虽然应用此种工艺时，金属表面的一些瑕疵会被掩盖，但干净的工件才是能获得理想效果的重要保证。

4. 不同的吊机铣刀机针可以用来打磨出各异的金属肌理，但在此过程中需要使用大量的润滑剂，以保持机针的顺畅移动，除非需要较深的坑痕。此外，操作时应将手指放在远离机针的区域。

打磨的效果

任何研磨介质都可以用来打造缤纷的表面效果，浮石粉、百洁布、金刚砂纸和钢丝棉可以产生不同的效果。将磨料朝一个方向前后移动就会产生缎面效果；磨料越细，效果越好。均匀的圆周运动将形成散射光，有利于形成精细的磨砂效果，只有用细腻的材料仔细打磨才能真正实现磨砂表面；粗糙的材料打磨会留下反射光线的划痕，但会随机散射，更重要的是它的纹理看起来很刻意。

使用吊机机针完成表面处理

多种不同的机针可安装在吊机上用来创建漂亮的肌理和最终的表面效果，包括可以形成磨砂、哑光或缎面效果的各种机针、轮扫。电机的旋转效果意味着更大的面积可以更快地被覆盖，但不容易在角落和内部边缘实现操作。有些吊机机针可以在纹理凹面区域进行抛光处理，如雕刻出来的戒指刀口内部，这些位置相对隐蔽，需要相当长的时间才能抛光到令人满意的效果。

胸针《石窟》
阿德里安·布拉德（Adrean Bloomard）
这枚胸针的珐琅表面处理使银材表现出了风化石头的质感。

金属片的表面熔化时会形成波纹状褶皱，这种神奇的褶皱是金属以不同的速度冷却时，表面产生的张力形成的。银、金或黄铜最容易形成这种网状的结构。

金属褶皱

褶皱效果的产生是一个不可预测的过程，没有两个褶皱结构是完全相同的。这个过程可以在金属板材上进行，但锯割和锉磨轮廓之前或之后，效果并不一样。如果金属出现褶皱效果之后再开始锯割，需要在更大的薄板上操作。银、黄铜或金都可用于此项工艺，操作时金属板应保持平整，厚度以1毫米为宜。

创建褶皱效果

这项工艺利用了不同金属熔点和冷却速度之间的差异，当局部区域收缩比其他区域更快时，就会产生褶皱。在标准银上实现这一效果的方法是：至少7次退火和酸洗，在表面形成薄薄一层纯银。

该操作最好在木炭块上进行操作，因为它会更好地保留热量，并迅速使金属片上升到足够的温度，从而使表面开始熔化，此时可与火焰配合操作，以形成温度差异，从而在板材冷却时产生良好的效果。注意不要让板材过热，否则边缘有牵引和扭曲引起轮廓变形的可能。

过程中的变化

在标准银（纯度为92.5%）表面添加非常小的纯银颗粒会破坏表面张力，当整体加热时，纯银尚未熔化时，可以用来控制局部效果的形成。不必反复进行加热、退火操作，这对于最终效果不是必需的。

使用黏土或隔热膏将某一局部涂覆起来，可以确保某一局部不出现褶皱。

褶皱效果的创作示范

工艺示范 **80**

这种技术依赖于一块金属区域之间熔点的差异——在标准银片表面添加少量的纯（足）银碎屑可以大大提升效果。

1. 在基材表面涂上助焊剂，并放置纯银屑。

2. 加热工件，直到基材表面开始变成液体。然后，用火焰移动熔化的金属，使其聚集在纯银屑的周围。

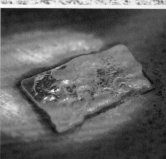

3. 当银片冷却时，不同的收缩速度会形成"脊"和"沟"构成的褶皱效果。

珠粒工艺是指将金属小球或颗粒应用于作品的表面或结构上的技术。这种工艺可以在作品局部创建丰富的细节或者用珠粒形成肌理并覆盖一个区域。

珠粒的制作

先将切割过的、涂满助焊剂的金属线放入木炭块内的小凹陷处，有助于在颗粒成型后阻止其滚动。然后，加热金属线，直到它们熔化形成小球。如果要求颗粒大小一致，请使用统一直径的小跳环，因为它们每一根金属丝的长度相同。完成后将它们倒入一个小的塑料滤网中搅拌冲洗，避免颗粒在流水下冲走、丢失。

焊接方法

颗粒可焊在表面有凹坑的平板上，使其具有更大的接触面；或者在两根金属线之间卡住，以保持平衡；或者沿着錾刻出来的凹槽进行填充。焊接时使用硼砂与焊料锉屑混合制成的焊接膏，也可以将颗粒置于已经用出汗式焊接法固定了高温焊料的银片上（参见第100页），然后在金属底材上再次涂抹焊膏，并加热金属片或金属线，直到焊料流动，完成焊接。最后在空气中自然冷却，然后酸洗。

熔焊法

熔焊法适用于三维立体的器物表面，因为球在熔接过程中会固定在一定位置而无法移动。操作时先用绑丝将铜片吊在酸洗池中，为银珠子表面镀一层铜。低共熔现象可以降低两种不同金属接触时的熔点，有助于元素间的熔合。将银珠颗粒置于阿拉伯树胶、黄芪胶或黄芪胶混合物中，并将其置于金属薄片上。待完全干燥后，轻轻加热至胶水烧完，继续加热至超过退火温度，直到"闪粒"发生，然后停止

加热。注意：不要急剧冷却。如果有些颗粒没有熔焊成功，需置于室内逐渐冷却，酸洗，再次重复熔焊过程。

珠粒工艺装饰耳环的示范

珠粒工艺是一种古老的技艺，目的是将微小的球或颗粒应用在一个物体上。颗粒可以被熔接或焊接到合适的位置。

1. 在炭块表面钻出浅孔，在每个孔里放一段切断的金属丝或一个跳环。把金属线加热，直到它们熔化成小颗粒。将这些颗粒酸洗后，再小心地冲洗干净。

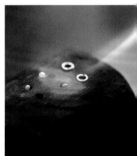

2. 用镊子把颗粒定位在金属片上，使它们在两根弯曲的金属线之间保持平衡。在平坦的金属薄片上提前冲出小的凹陷也能很好地实现效果。图中采用混合了硼砂的高温焊料粉末制成的膏体来焊接这些颗粒。焊接完成后，将没有焊接成功的颗粒分拣出来，再次重复上述操作。

金属与化学物质结合所形成的着色效果通常被称为"锈"，它是通过表面氧化物的加速形成来呈现的。在银和基础金属表面可以用不同的化学物质和方法来创作色彩和肌理。

锈蚀着色

铜材的锈蚀着色效果会被加热或酸洗破坏，因此这通常是作品创作的最后一步，除非采用冷连接（如铆接或螺丝）将铜板连接在一起。金属的表面光洁度直接影响锈蚀着色的效果，哑光区域可能会比抛光区域着色更暗或更明显。

锈蚀效果可以有效增强表面肌理金属的质感，那些凸起的表面可以通过轻抛光或使用非常细的金刚砂纸来回摩擦，只在凹陷区域留下锈蚀色彩从而形成鲜明的对比。在进行锈蚀着色之前，确保金属表面的清洁非常重要（参见第111页），因为指纹也能抑制某些化学物质的作用。如果锈蚀效果不太理想，可以再次清洗金属，重新试一次。这有助于氧化层形成较深的色彩。

用微晶蜡来保护已经完成的锈蚀着色效果，这在呈色效果较深的工艺中使用会更好，因为蜡会使色彩整体变暗，但它不适用于某些色彩，如青翠的蓝绿色，微晶蜡会使这类色彩变得非常灰暗。

化学溶液浸泡着色

硫酐溶液可用于在银、铜、首饰铜和黄铜表面形成深灰色氧化效果。操作时在3液盎司（1液盎司＝29.57毫升）温水中溶解少量硫化钾，或者每升水中溶解1液盎司硫酐溶液。

胸针《碎片——亚特兰蒂斯印象》
拉蒙·皮格·库亚斯（Ramon Puig Cuyas）
这枚铸铜胸针上的铜绿是用硝酸铜溶液锈蚀形成的。

锈蚀着色操作示范

　　当硝酸铜溶液被涂在铜、黄铜或首饰铜上时，轻微加热就会形成一层蓝绿色的氧化物，其颜色会因为使用的金属类型不同而有所区别。

1. 朝一个方向用细砂纸打磨金属表面后，会在金属表面形成缎面光泽。在最终的效果完成之前，需要用细砂纸打磨掉以前粗砂纸留下的划痕。

2. 把金属放置在焊瓦上，用刷子蘸上硝酸铜溶液进行刷涂。

3. 当工件被焊炬轻轻加热时，化学物质会蒸发，留下氧化的残留物在金属表面。注意：不要过度加热金属，因为氧化物会燃烧并变成黑色。

4. 如有需要，可以重新涂抹溶液，用焊炬火焰接近工件，使其显色，直到获得满意的效果，并让其在空气中自然冷却。注意：不要对其进行清洗或打蜡，否则会改变效果。

这种溶液应该被加热到60～70摄氏度，该溶液有强烈的臭鸡蛋味，如果没有通风橱，该操作应该在户外进行。浸泡前，先将金属在热水中加热；然后浸泡在溶液中20秒左右；最后再彻底冲洗干净，如果颜色不够深，继续重复该过程。

涂绘式锈蚀着色

　　用合成鬃毛漆刷将浓缩的氧化剂（如铂醇）刷涂于银、铜、黄铜和首饰铜等金属的局部，可以实现在特定区域进行锈蚀着色。涂敷溶液后需要等待几秒钟使金属变暗，而且会在表面出现轻微的渗出和流淌，可以用蜡或清漆提前对特定区域进行阻隔防护。这种着色方法可以随着进一步反应而变得更暗，但通常很难达到真正的黑色，防护蜡可以让其进一步变暗，尤其是哑光表面。

　　这些化学物质会释放出浓烈的烟雾，应该确保在通风良好的地方并佩戴防护手套时进行操作。

蓝色和绿色的锈蚀效果

　　在这种方法中，化学物质被转移到作为吸收物质的锯末、棉花、卷烟丝上，然后将它们涂覆在金属表面，这使得化学物质以一种更随机的方式与金属接触，形成了极具特色的肌理。接下来，把选择的材料放入一个可密封的塑料容器中，将1份醋和3份家用氨水的混合物倒入其中，使材料湿润。脱脂后的金属可在密封容器中放置数天，直至形成满意的锈蚀效果。

　　氨水会在铜、黄铜和首饰铜的表面发生反应，呈现出不同深浅的蓝绿色。

　　硝酸铜溶液用笔刷涂在金属表面，然后用焊炬轻轻加热蒸发，会在铜、黄铜和首饰铜

氧化青铜手镯
平田秋子（Akiko Furuta）
这个手镯上的部分氧化物被打磨掉，在局部暴露出青铜的本色，从而创造了一个环形的、灵动的手镯。

表面产生浅绿色的锈蚀效果。将200克硝酸铜晶体溶解在1品脱温水中就可以配置成该溶液。

热着色工艺

金属被焊炬轻轻加热时，表面会产生一系列颜色。火焰被移除后，着色的蔓延效果会停止，并在金属表面留下一层薄薄的彩色氧化物。热着色工艺形成的着色效果有些不可预测和不均衡，但十分有趣。该工艺比其他着色工艺适用的金属范围更大，但与其他着色工艺一样，其着色仅仅是表面一层，容易被划伤或损坏。当然，如果不喜欢形成的效果，也可以很轻易地通过打磨或酸洗将其去除。

钛在用焊炬加热时会产生鲜艳的光谱色彩，这与阳极氧化产生的色彩相似，但不容易控制。同一块金属上可以产生多种颜色，如果只从一端加热，可以产生带状效果，当金属变热时，色彩就会从热源四周扩散出去。

硫酐溶液着色示范

工艺示范 **83**

硫酐溶液可以在银、铜、黄铜和首饰铜表面产生一种暗灰色的效果。这一过程对整体氧化金属作品很实用，可以重复操作来加深色彩。

1. 将配制好的硫酐溶液在电炉上加热至约60℃。该操作需要在通风良好的地方进行，且需佩戴护目镜和手套。

2. 清洗要锈蚀着色的工件，任何油脂都会阻碍这一过程。操作时用镊子把工件放入溶液中，等待颜色显现，这个过程应该不到1分钟。

3. 将工件从溶液中取出，用自来水冲洗干净。如果颜色太浅，可以用少量浮石粉擦洗，然后重新放回溶液中。

4. 干燥后，可以用擦银布擦拭使局部变亮，并在边缘露出银质，让饰品具有迷人的亮光。

进行热着色时钢的温度和色彩对照					
颜　色	黄	棕	紫	深蓝	浅蓝
温度(℉)	390~470	500	52~540	550	610
温度(℃)	200~245	260	270~280	290	320

顺铂(PLATINOL)着色示范

工艺
示范
84

顺铂是一个品牌的专利化学品,可以用合成笔刷涂在作品的局部,用于黑色氧化着色处理。

1. 在开始前先去除金属表面的油脂。如果溶液有可能接触到皮肤,需要戴上防护手套。将画笔浸入溶液中,如溶液从瓶中溢出,应及时擦除。

2. 需要多涂几遍顺铂溶液,才能实现更深的着色效果。用擦银布或非常细的砂纸来回打磨肌理凸起的表面,使新鲜的银色显露,并与氧化区域形成对比。

3. 用薄纸或软布涂上防护蜡,可以加深锈蚀色彩,也可以防止磨损。最后,把上蜡后的表面擦亮,使其具有光泽。

通过钢在窑炉中被加热的特定温度,来预测钢的色彩(上表),一旦预期的色彩显现,立即用冷水淬火。

在金属表面涂上一层薄硼砂溶液,并在退火温度下长时间加热,也可以产生不同的色彩效果。这种工艺不适用于需要焊接连接的组件;如果金属后续被弯曲,其表面的色彩可能是脆性的,会剥落。如果要使铜材的表面呈现紫红色,可以先将其快速加热至红色,然后在热水中淬火。

白色戒指
法布里奇奥·特里登蒂(Fabrizio Tridente)
这枚银戒指经过热着色处理形成了黑白对比的效果。

染料可用于合成材料和天然材料，以添加色彩、增强对比度或绘制图案。有些染料可用于多种材料，但有些染料只能用于某些特定的介质。

染料着色

染料通常只适用于某一些材料或种类。比如，天然材料可用多种化学物质染色，包括茶、漂白剂、染发剂、织物染料和木材染色剂；但合成材料，如聚酯树脂和硅树脂，一般有自己的特定染料。

将染料应用于材料表面的染色方法有很多，如将材料直接浸入溶液中，用刷子、海绵或印花图章涂覆在材料表面。而阻隔剂可用来遮盖表面的某些区域，使染料无法对其染色。

使用化学品时应采取恰当的防护措施，确保始终佩戴护目镜和手套，并保护工作台面，避免沾染化学品。

被染色的材料

所使用的材料类型和染色方法常常会影响材料染色的时间节点，建议在正式染色前先做一个样品测试，可以保证在制作成品时不出现意外。有些材料需要在切割成型前就完成染色并晾干，而有些材料（如木材和象牙）则需要在制作完成后及抛光前进行染色。因为

花盆胸针
柯得熙·卡（Deukhee-Ka）
木质底座被染成不同的色调，来补充花朵的金属光泽效果。

着色聚酯树脂示范

聚酯树脂所用的染料主要有透明和不透明两种。不同的颜色可以组合，创造出变化，也可结合金属粉末，来增加作品的色彩魅力。

1. 混合足够的聚酯树脂（参见第166页）填充将要使用的模具，本操作使用的是第159页制作的硅胶模具。将催化剂添加到树脂中，并选择要使用的染料。染料很浓，只需要很少的量就足够了。

2. 将染料加入树脂中，慢慢搅拌直到颜色均匀。需要加深色彩的话，可以添加更多的染料，但染料过多会抑制固化过程。

3. 用塑料勺把树脂倒入模具（模具已经提前用胶带固定好）。将模具填满一半，轻轻地挤压模具，排出困住的空气。应在模具中多加一些树脂，因为树脂的收缩会导致固化后高度低于液体时的液位。

4. 染色树脂的凝固比透明树脂需要更长的时间，可以把模具放在通风橱里过夜。待其完全固化后，再从模具中取出并清理干净。

未抛光的表面更容易吸收染料，且会导致材料轻微膨胀，所以在抛光之前需要进行适当的打磨处理。

贝壳、皮革和羽毛等天然材料，其本身已经具有丰富的色彩和肌理，故需要慎重考虑它们是否有必要再染色，除非作品需要特定的图案或图像。

聚酯树脂染料

与聚酯树脂一起使用的染料有的为不透明，有的为透明，不同的颜色可以相互混合，也可以与金属粉末混合，以创造更丰富的着色效果。染料浓度非常高，应少量使用，因为混合量超过2%会抑制催化剂作用，因此树脂可能需要很长时间才能固化，或者不能完全实现固化。染料通常在催化剂混合之前加入树脂中，但要严格按照生产商的使用说明进行操作。

阳极氧化后铝材的染色

阳极氧化处理后的铝材可以使用多种着色工艺。专业染料通常呈粉末状，使用时通常将其与水混合制成液体后浸泡材料。这些染料分为不透明和透明两种。画笔、食用色素、丙酮转印件和块状图章也可以与之结合使用。设计完成后，金属表面必须进行密封，以便使色彩与多孔表面黏合牢固。将金属片浸入沸水中加热10～20分钟即可。

胸针《夕阳染红了天空》
加藤卡林（Karin Kato）
这枚胸针中树脂的鲜艳色彩与银质框架形成了鲜明的对比。

钛、铌和钽等难熔金属可以通过阳极氧化方法创造鲜艳的色彩。当金属浸入电解液并通过电流后，有色氧化物就会在金属表面生成。

阳极氧化

阳极氧化的过程需要使用高压电接近液体，相对危险故因而需要保持工作区域清洁干燥，工作时需佩戴无孔橡胶手套，确保儿童和动物不接近设备，并保证设备安装正确，如有疑问请及时咨询生产商。

用于阳极氧化的金属

钛、铌和钽可以像其他金属一样被清洗干净，在它们被阳极氧化之前，应该用丙酮彻底脱脂和清洗。金属表面的光洁度将直接影响通过阳极氧化—蚀刻钛产生的色彩强度，由于多孔表面会支持更厚的氧化物层，所以色彩会更鲜艳；而哑光表面会产生暗色调。所产生的有色氧化物是永久性的，但由于它们只是表面效应，磨损或划伤会使其受到破坏。在不同的电压下，可以形成不同的表面效果，可以先进行测试来比较这些色彩，从而找出最理想的效果。

阳极氧化技术

被阳极氧化的金属必须附着在阳极上，并悬浮在电解液中，这样才能使清洁的金属表面形成均匀的着色效果。通过不同的操作可以形成不同的效果，需要注意的是：在较低的电压下进行阳极氧化时，之前在高电压下形成的色彩不受影响。遮蔽局部可以用来抑制金属表面氧化物的形成，指甲油或透明胶带是理想的阻隔材料；也可以用打磨工具从阳极氧化后的表面局部去除氧化物，暴露出新鲜的金属，然后在较低的电压下再次进行阳极氧化。只有与电解质接触的金属才会被阳极氧化，因此可以用阳极氧化工艺创建彩色的条带，或者用带有导电笔尖的特制笔在金属上绘制图案。

阳极氧化设备
阳极氧化设备一般包括一个可变电压的电源单元、一个用于电解液的塑料池、绝缘引线、一个镀钛的网状阴极和10%浓度硫酸铵溶液（作为电解液）。工作时需保持工作区域清洁干燥，并佩戴无孔橡胶手套。

阳极氧化处理操作示范

当电流通过难熔金属时，会在其表面形成一层彩色的氧化物。颜色与所使用的电压有关。

1. 用一根钛丝通过钻孔插入可变变压器的阳极上，使其浸入电解液中。本样品为一块磨砂状的钽片。

2. 接通电源，并逐渐增加施加到工件上的电压。颜色的形成可能需要几秒钟。本操作将电压增加到135伏，然后慢慢降低。

3. 关掉电源，取出钽片并冲洗干净，检查色彩。对局部进行打磨，以暴露新鲜的金属，阳极氧化的色彩仍然保存在凹陷的纹理中，并未受到打磨的影响。

4. 在不改变第一种颜色的情况下，可以在较低的电压下再次进行阳极氧化（钽上的橙色为95伏电压下形成的效果）。

在特定电压下，难熔金属表面产生的色彩

当电流通过难熔金属时，可在规定的电压下达到下列颜色。

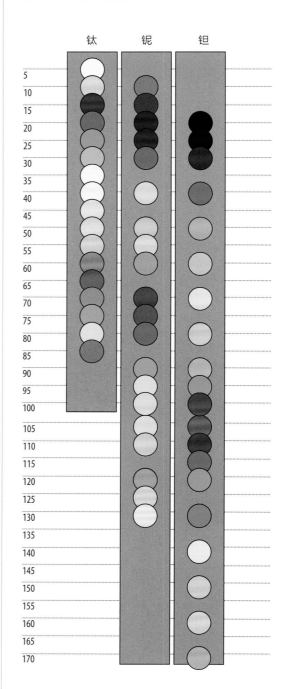

金属箔片和粉末适用于所有无孔的材料表面，可以为工件的凹陷区域增加颜色。有多种不同色彩的金属箔片和粉末可用，因此有很大的发挥空间。

金属箔片和金属粉末

金属箔片的应用通常在作品创作的最后一个阶段，除非作品采用冷连接且箔片固定在较低的一层表面。因为金箔很容易磨损，所以最好将其用在凹陷部位，这样不容易被摩擦损坏。凹下去的区域可以通过蚀刻、雕刻和辊轧肌理来创建，也可以锻造成型，如錾花工艺制作的首饰。

金属表面应清洁、干燥、无尘。多孔材料表面应该用几层清漆密封，并确保其完全干燥，否则箔片不能达到理想的附着效果。

金属箔片的应用

可以运用的金属箔片种类非常多，除一系列的高纯度黄金外，还有银、铂、钯、铝、铜和首饰铜等众多金属，此外还有经过热处理的箔片和镶嵌专用的箔片可供选择。

金漆是一种黏合剂，用于将箔片粘在金属表面。金漆可以是油性的，也可以是丙烯酸的。使用时，用画笔在金属表面涂上一层薄薄的金漆，等待其变黏。转移箔片时可以借助一些纸张（如硫酸纸），然后直接用棉签在纸的背面摩擦，将箔片转移到合适的位置。

活页式的箔片可以剪切成可操控的小块，更容易使用。从小册子上取下一片箔片，将其放在折叠的硫酸纸上；用剪刀从主片上剪下

八角形项链《懒惰系列》
凯瑟琳·马奇班克（Kathryn Marchbank）
这条项链在胡桃木贴面的福米卡家具铭牌上装饰了 18K 金箔。

箔片和金属粉末的应用示范

金箔可以应用于所有无孔的表面，并配合使用一种特殊的胶水（称为金胶）。操作时需要耐心和干净、密闭的工作空间。

1. 将油基金胶涂抹在即将粘贴金箔的区域，通常贴在凹陷区域，因为这将在一定程度上使金箔得到保护。然后用酒精把刷子洗干净，再用洗涤剂清洗一次。

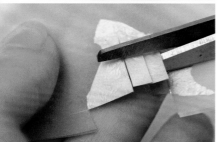

2. 在使用箔片之前，必须让涂抹金胶的区域接近干燥，请参考制造商对干燥时间的建议。同时，将一片箔片放在折叠的描图纸上，用剪刀剪成小方块。

3. 将天然毛笔在头发上摩擦，使其产生静电，然后吸起一块方形的箔片，在需要的位置刷一下，利用轻微的黏度将其附着在金胶表面。然后轻轻地刷平正方形箔片的边缘，但不要用力。重复此过程，直到覆盖所有刷胶区域。

4. 金属粉末也可以用类似的方法涂在金属表面上。注意不要在刷子上一次涂太多的金属粉，应坚持少量多次的原则。24小时后，刷胶区域干燥，再轻轻刷掉多余的粉末。

正方形的叶子。带静电的天然发刷、镊子或金属针可以用来拾起金箔，并应用于合适的位置。接下来把金箔刷到合适的位置，轻轻地重叠方块，直到整个区域被覆盖。在刷掉金箔上所有松散的边缘之前，让它停留一夜以便彻底干燥。

蜡和清漆

微晶蜡或透明清漆可涂在金箔表面以起到保护作用。可罩涂清漆，气溶胶清漆也可用于大面积均匀地覆盖，也可以用软布少量涂抹微晶蜡，待干燥后再抛光。

使用金属粉末

金属粉末可以用来为作品赋予鲜亮的色彩或闪亮的光泽。操作时，需要用软画笔蘸好金属粉末涂在已经上胶的位置。待上胶位置彻底干燥之后，再轻轻刷去多余的粉末。粉末表面不能上蜡或上光，否则会影响金属粉末的色泽。

日本漆粘箔戒指
菊池瑞（Rui Kikuchi）
金色的箔片突出了金属花萼，并将珍珠固定在这枚银戒指上。

首饰设计师可以通过使用皮革加工工艺来不断拓宽自己的创作范围，这些技术可以通过研究鞋匠和皮革缝纫师的创作获得启发，以得到更多灵感。皮革柔软、韧性高、重量轻，适合制作大件套的饰品。

皮革加工

皮革常被用于首饰加工，如皮锤、沙袋、工作台面和防护服。这种材料的性能也使其成为制作饰品的理想材料，设计中使用的皮革类型将取决于该作品的具体要求，包括重量、颜色和效果，金属装饰等也可用于皮革的装饰（有关皮革的更多信息参见本书第82页）。

皮革轧花工艺

皮革在受潮时更具柔韧性，可以借助成型器或变形材料拉伸或压缩，形成永久的效果。较厚的皮革最适合留下较深的印痕。

操作时用虎钳或液压机夹紧皮革，直到皮革变干。挤压时请在皮革的两侧各放一块木板，以防止钢材表面受潮。

此外，可以将镂空或有肌理的金属板焊接上金属杆，做成图章，并将其在烤箱中加热到120摄氏度，作为热印模工具将其应用于干燥的皮革表面。操作时，热量和压力会在皮革上压出永久图案。表面装饰的另一种方法是直接用热烙铁头在皮革表面绘制。这样可以使皮革局部烧焦，并可以相对准确地绘制出设计图案，如果使用浅色皮革，对比效果会更明显。

胸针《地球与小行星的魅力》
美田爱子（Aiko Machida）
折叠的皮革形状被缝合在一起，
形成三维立体空间。

皮革轧花工艺示范

当皮革被润湿并施加压力进行几个小时的肌理压印后,肌理和图案可以永久地留在皮革表面。

1. 将皮革放入温水中浸泡几分钟,使其吸收水分。然后取出皮革切片,用纸巾擦干,以去除多余的水分。

2. 将皮革放置在用于压印的、带有浮雕的金属模板上,并在两侧各放置一块木板。

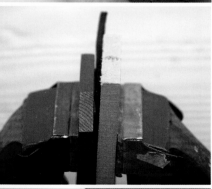

3. 用虎钳夹紧工件,放置超过12小时。该操作更好使用液压机,因为液压机能够施加更强、更均匀的压力,作用区域的面积也更大。

4. 将皮革从台钳中释放出来,此时肌理已经被转移到皮革表面,且具有了高精度的细节。

皮革的水煮工艺

切割后的皮革可以在沸水中硬化。该操作将使皮革略微缩小,并可能扭曲,但这一过程会使材料非常坚硬和耐用,从而适应其他工艺与应用。

普通皮革或犊皮都可以采用该工艺,操作时需要选择一块比成品面积更大的皮革原料,并按照预期有计划地进行缝线,将其紧紧地固定在特定物体上。当作品被煮沸时,皮革会围绕物体周围收缩,干燥后就会形成一个坚硬、牢固的三维造型,可以被精确地切割,并与其他元素结合。

经过煮沸,皮革足够坚硬,可以进行复杂的雕刻,如果通过操作暴露出浅色的部位,既可以被染色,也可以强化以形成色彩对比。

皮革加工的其他工艺

皮革加工完全是另一种加工体系,涉及材料的专业处理。如果有需要,可以进行更全面的研究。这里只简单介绍几种皮革装饰工艺。

对于首饰设计师来说,手工配件、别针、装饰铆钉、小洞眼或其他金属部件都有广泛的用途,这些金属部件可能与皮革元素结合在一起构成首饰。皮革可以用美工刀、剪刀切割,也可以用特制的工具冲压出重复的图案。皮革的边缘应密封和抛光,以防止磨损,并有一系列专业的化学解决方案和蜡等材料为这些过程提供技术和材料的支持。

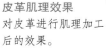

皮革肌理效果
对皮革进行肌理加工后的效果。

将一种金属材料镶嵌到另一种金属表面时,通常需要先在基材表面开槽再填充,传统工艺通常是镶嵌金属线。从基材表面挖取材料有许多不同的方法,而且几乎所有材料都可以镶嵌到另一种基材表面。

材料间的镶嵌

不同的金属和材料可用于创建嵌入式的装饰区域,如木头、角、贝壳、骨头、象牙和宝石都可以用于镶嵌,其中一种材料可以固定在另一种材料的表面。镶嵌工艺可以实现所有组合材料的设计,这一工艺的延伸包括木材间的镶嵌、微砌马赛克和百宝嵌工艺,其中的电线被推入钻孔,以创建由点组成的图案。

译者注:marquetry工艺:一种利用不同木材色彩差异进行木材拼花镶嵌的工艺,常用于家具。micro-mosaics工艺:也叫微砌马赛克,是将微小的彩色玻璃质颗粒用马赛克的方法拼镶成绘画装饰的技术,这些玻璃质颗粒通常通过珐琅釉料烧制获得。pique工艺:是在珍珠贝母、龟甲、象牙和牛角等有机材料的表面镂空或

开槽,再嵌入各类贵金属、贝类等装饰物的一种镶嵌技法,类似中国的螺钿、百宝嵌等工艺。

开槽镶嵌

传统的开槽方法是通过凿子、刻刀或刨丝器在基材表面雕刻凹槽,现在也可以通过蚀刻产生凹槽。当将较长的金属丝嵌入槽体时,可以用锤子将其一端敲入槽体的一端,并焊接牢固。然后,可以沿着开槽的路径将剩余的金属丝进行填充,并在锉平和打磨之前进行焊接。镂空造型的任何材料都需要有与之匹配的凹槽雕刻在基材上;金属件可直接焊接固定,其他材料可采用环氧树脂胶黏剂固定。在这两种情况下,基材的雕刻必须非常精确,因为一旦打磨抛光干净,表面上的任何缝隙都会很明显。

镂空镶嵌

采用同一厚度的两种不同颜色的薄板,厚度以1毫米左右为宜。在一片金属上镂空出一个图形,再将这个图案转移到另一片金属表面,然后镂空出一个比另一个图形略小一圈的

戒指《网格集合》
萨利马 · 塔克尔(Salima Thakker)
在戒指圈的内外都可以看到镶嵌的金属。

在银材上镂空嵌入贝壳的操作示范

在本操作中，需要将嵌入体紧密地嵌入由金属基材镂空雕刻而成的孔洞中。下面演示将贝壳片嵌入银质金属片中。

1. 在5毫米厚的银片上进行设计，并用细锯条将金属片的图案进行镂空。将孔洞按正确的形状锉平顺，然后将穿孔板焊接到相同大小和厚度的基板上。

2. 将设计图稿绘制在贝壳上，并在轮廓周围穿孔，确保形状比金属凹槽稍微大一点，这样就可以仔细地锉平以适应形状。在锯条上用水，以减少灰尘的产生，并用干湿两用砂纸打磨至精确尺寸。

3. 在使用AB胶黏合剂将贝壳固定到位之前，请确保贝壳与凹槽匹配良好并保持水平，然后等黏合剂变干。

4. 贝壳可以用干湿两用砂纸和水砂纸打磨，并抛光。涂一层清漆有助于保护外壳表面不被磨损。

图案，为修整留出余地。然后把新镂空的孔洞锉磨平顺，直到两者的形状完全适合。从背面焊接之前，需要确保两种金属紧密接触。

焊料镶嵌

金属表面的凹陷部分，如压印造成的内凹，可以用银焊料进行填充，然后锉平，这样边缘就会很清晰。这种方法只适用于基底材料是银以外的金属，因为该方法依赖于这种金属和银焊料之间的色差。考虑到凹槽的深度和涉及的锉削，需要在至少0.8毫米厚的薄板上操作。

辊轧法

在金属基材上用"出汗"焊接法将不同颜色的金属固定在表面，并在轧片机上辊轧变薄，直到表面平整，就可以产生镶嵌效果。这需要从比最终工件要求的厚度更厚的板材开始，以抵消辊轧、打磨造成的厚度减少。几种色彩的金属可用于同一件作品，并可以通过锈蚀着色等操作，进一步加强表面装饰效果。

镶嵌项链
谢尔比·费里斯·菲茨帕特里克（Shelby Ferris Fitzpatrick）
这件精致的作品是把18K金镶嵌在缎面光泽的银吊坠上制成的。

木纹金属工艺（Mokume gane）是一种日本的金工工艺，通过将不同色彩的金属片分层叠放，创造出具有木纹效果的金属。木纹金属的片材或棒材可作为首饰制作或局部装饰的起始材料。

木纹金属

铜、首饰铜、银、18K或更高纯度的金可以用于这项工艺。一块木纹金属可能含有两种以上的金属，这样就会产生至少两种色彩的纹理。

所使用的金属片必须具有相同的尺寸和厚度，经过清洗和严谨的打磨，使其没有可能造成气穴的凹坑或较深的划痕，即将使用的每一种金属都应按照上述要求制备成金属板。对板材进行退火处理，并用皮锤在方铁上敲打，以确保板材平整。当不同金属片叠放在一起时，必须保持良好的接触。在每片金属的一边都要锉一个倒边，然后用浮石粉和刷子涂抹液体洗涤剂去除其表面的油污。

坯料的制作

捏住金属片的倒角部分，用硼砂溶液对表面进行助焊处理，然后把金属片叠放起来，这样锉过的倒角就都在一边了。用捆丝固定好叠放的金属，并将其放置在焊台上，四周环绕一圈耐火砖，以使热量保持在局部。

迅速加热工件，当其开始变红时，在倒角边缘放置一根焊料棒，焊料会随着加热的继续流过各层，并最终在四周可见。当焊料熔化时，可用大钳子压在叠放的金属上，以便在焊料层发生翘曲时将它们压在一起。焊接完成后，稍微进行风冷就可以将其移至方铁上，这比单独的风冷能够更快地散发热量。注意，不要酸洗焊接完成的坯料。

增加层数

将坯料在轧片机上辊轧几次，使其变薄。每次都从同一端开始，直到坯料的长度是原来

木纹金属制戒指
罗伊斯顿·厄普森（Royston Upson）
一系列大胆的金属搭配构成了该木纹金属戒指系列。

木纹金属坯料的制作示范

这个过程开始于焊接3个1毫米厚不同颜色的金属板。本例中使用了银、铜和首饰铜（边长为2.5厘米）。

工艺
示范
90

1. 在两片金属的侧边上锉一个角，使它们成为斜角，然后彻底清洁金属表面。

2. 轻轻地在金属片表面涂抹硼砂，然后把它们捆成一摞。

3. 将助焊剂涂在一条高温焊料上，并将焊料送进金属侧缝中，确保焊料在每一层之间浸透。进行适当风冷，然后用刷子或干湿两用砂纸涂抹浮石粉进行打磨以除去氧化物，但千万不要对坯料进行酸洗。

4. 把坯料辊轧成2倍长，然后切成两半。辊轧时需要保持辊轧方向一致、端面一致，以防止断裂。接下来用皮锤将两半敲平，并将上片的内边缘锉磨出斜角，再堆叠、捆扎和焊接。重复轧制、切割和焊接的过程，直到获得所需的层数。

的2倍。

将坯料切成两段，压平后再涂抹助焊剂进行捆绑，然后在两层之间进行补焊。

重复辊轧、切割和焊接的过程，可以创建出所需的、尽可能多的层数。

金属的层数决定了木纹金属最终的肌理效果，层数少的色带会很宽，层数多的则会产生细致的条纹。这里展示的样品有24层，但在不同层次的可见性受到影响之前，最多可以产生多达80层的效果。

圆盘吊坠
保罗·韦尔斯（Paul Wells）
表面热着色处理后的、以铜为主材的木纹金属圆片被铆接在银制吊坠底座上。在木纹金属中使用了银、铜和首饰铜。

手镯

罗伊斯顿·厄普森（Royston Upson）

木纹金属的板材经过锈蚀着色后形成了这些开口手镯的独特色彩。

创造效果

　　木纹金属的图案是通过去除部分金属以显示出不同色彩图层而形成的，可以通过在板材表面钻孔和打磨来实现，也可以通过窝作或中心冲头使金属表面变得起伏后再锉去凸起的区域来实现。之后要对板材进行打磨，直到凹陷区域变平。在此过程中，当加工导致金属硬化时，可以对其进行退火，但在打磨完成之前不要对其酸洗。

　　钻磨一些凹窝并研磨后就会形成同心圆的效果，用锤子和冲头锤出小凹坑也是如此。吊机的各种钻头可以用来扩大和连接钻磨的区域，以创建木纹效果。简单的几何图形可以在金属坯料的表面设计和实现；整片金属可以整体处理，也可以只处理某一局部区域。

　　凹陷越深，就会显露出越多的层次。但是要注意不要使凹陷太深，尤其是在钻孔的时候，如果孔钻得太深，后续锻打、磨平这些钻孔，就会让金属片变得太薄。

用锈蚀着色来增强效果

　　最后一轮打磨后留在板材上的色彩可以最终呈现在作品表面；也可以对板材进行酸

木纹金属展现图层的示范

　　纹路是在木纹金属表面通过雕刻或破坏叠层坯料的表面来创建的，这样不同颜色的金属层就可以暴露出来。

1. 用虎钳夹紧工件，并在钻头上设置好深度，保证钻头不在坯料上钻得过深。此过程中可使用大量润滑剂，并随意钻一些孔。

2. 为获得更逼真的木纹效果，可以用吊机的球形菠萝头机针的侧边进行钻磨。在这个阶段，金属表层的大部分应该被去除掉了。

3. 另一种方法是在坯料被软木支撑的情况下，用锤击的方式用窝作锤打坯料。这将造成金属板材的起伏和变形。

4. 粗锉凸起部分以去除坯料，这种方法很容易在金属表面产生同心圆的效果。

木纹金属的完成效果示范

坏料被雕刻好后,必须经过辊轧才能制成平片。后续一系列的锈蚀着色工艺也可以增强不同金属的色彩。

1. 先给坏料退火,但需要确保退火温度不超过焊料的熔点,否则焊料会溢出表面,使图案模糊不清。然后把坏料放在轧片机上辊轧,直到表面完全光滑。

2. 木纹金属工艺的成品可以用多种方法进行表面处理,以创建不同的色彩组合。这个样品显示了金属在酸洗前的表面效果。

3. 在对该片金属进行酸洗除去氧化物后,可以清楚地看到银、铜和首饰铜的不同色彩。

4. 这种颜色是通过用焊炬将金属块轻轻加热,直到颜色显现出来而形成的。在这个过程中基础金属比银受到的影响更大。

5. 该木纹金属片中的基础金属浸泡在氧化溶液中后,在打磨和冲洗之前,色彩已经发展成黑色。

洗,使其显示出金属的真实色彩,这样可以呈现哑光效果或缎面光泽。最终表面光泽度的选择取决于将被用于什么作品。

对于不同的金属,热氧化着色产生的氧化皮会以不同的速度扩散,可以用来强化不同金属色彩之间的对比,但加热过度可能会导致色彩暗沉,甚至是色调不明显。如果第一次效果不理想,可以将其酸洗后再试一次。

木纹金属薄片可浸在稀释的化学溶液中形成锈蚀效果,如黑色做旧溶液,它们只对特定金属发生反应,而不会影响其他贵金属。使溶液变稀,这样色彩变化会更缓慢,以便在变得太黑之前可以定期检查进展。

木纹金属也可以进行蚀刻操作。如果在片材中使用了基础金属和贵金属的组合,则可以使用氯化铁将暴露在外的基础金属从片材中去除,从而形成突起的浮雕效果。

木纹金属片的应用

木纹金属薄片可以进行弯曲或锻造成型,但由于有开裂的风险,所以只能用木制或尼龙槌在成型桩上以轻微的力量进行操作。

由于焊料存在于整个木纹金属内,后续任何对焊料的加热(包括退火)都有可能导致焊料熔化移动,从而破坏表面效果或削弱板材结构。因此,最好使用冷连接工艺,如铆接、螺栓或包镶,将木纹金属元素纳入首饰创作中。

制作完成后的碎料也可以应用于其他形式的创作,如局部剪切后的碎料可以成为镶嵌或马赛克拼贴的材料。

不同的材料可以组合在一起制成层压板，侧面形成彩色的条带。当材料层被黏合，就可以进行切割、雕刻和钻孔以露出条纹效果的边缘。

叠层效果

叠层是一种将不同金属或材料多层结合起来的工艺。这些层将被永久地黏合在一起，这样它们就可以作为一个整体被切割或雕刻。所使用的黏结类型取决于所使用的材料以及所得到的层压板未来的加工方式。金属可以进行焊接（参见本书第225页"木纹金属工艺"），但其他材料需要用合适的黏合剂黏合，或者钻孔和铆接。

这项技术的应用材料非常广泛，为有趣的色彩或材料组合提供了无限的可能性。任何薄而坚硬的薄板材料都可以使用，如贝壳、石材、硬木贴面、丙烯酸树脂等。如果最终的成品需要打磨，建议使用更硬的材料来保护内部较软的层次。

制作层压片材

将被用于叠层的板材必须平整，有些材料可能需要砂纸打磨处理，以创建均匀、光滑的表面，然后才能确保牢固地粘贴。环氧树脂胶黏剂适用于大多数材料的连接，并能形成较强的黏结力。在每层材料的一面涂上胶水，把它们叠在一起，用虎钳夹住或在重物的压力下挤出所有空气。

胶水完全干燥后，就可以对叠层材料进行切割、剪裁，切成一定角度的边缘会使色彩的条纹看起来更宽，这可以通过雕刻、研磨或锉

叠层戒指
弗里达・芒罗（Frieda Munro）
一层又一层的塑料和金属被叠合在一起，形成了这组有趣的戒指。

混合材料的叠层示范

示范中,硬木切片与透明的灰色亚克力树脂片交替叠层组合,形成了具有对比的条纹样式。

工艺示范 93

1. 切割两种不同材料的薄片,确保它们清洁、干燥、无尘。

2. 混合双组分的环氧树脂黏合剂,涂在每片材料的一面,并将材料叠起来,使材料交替结合,然后擦去多余的黏合剂。

3. 用胶带把工件包起来,并在工件的两边各放一块木板,这样当工件被夹在虎钳中时,工件的表面就不会被磨损。当黏合剂开始溢出时,可将虎钳再拧紧一点,以确保各层之间接触良好。

4. 待黏合剂完全凝固后,从虎钳上取下材料,再对其进行切割和雕刻,以暴露不同的色彩层,形成独特的效果。抛光前,先用锉刀把表面磨平,再用干湿两用砂纸将表面打磨抛光。

分层戒指
平田秋子(Akiko Furuta)
焊接形成的叠层金属制成了这些镶嵌有宝石的戒指。

削来实现。需注意,较软的材料比硬质的更容易雕刻,而且在打磨的过程中这类材料也会磨损得更快。

亚克力板的叠层操作

单靠热量和压力就可以使多层亚克力板黏合在一起。亚克力片必须确保表面绝对清洁,工艺才能成功。将亚克力以交替的色彩进行堆叠,并将其放置在预热到180摄氏度的电窑或烤箱中的支烧网上。亚克力板叠层需要保持温度,层数越多需要的时间越长,因此要定期检查,以确保亚克力不会过热。加热完毕后,从窑内取出叠放的亚克力,并在其顶部放置一个重物,使其保持原位,直到亚克力完全冷却为止。这些亚克力层之间最终应该是完全黏合的,因此可以像整块材料一样被切割和雕刻。

可以在亚克力层之间夹杂薄薄的肌理层,金箔与透明或半透明的亚克力一起使用会有非常奇特的效果。

珐琅工艺是将彩色玻璃质釉料熔化并附着到铜、银或金的表面，用这种方法实现的色彩和造型是千变万化的，而该工艺涉及的技术和材料是实现这些缤纷效果的基础。

珐琅

铜、纯银、不列颠尼亚标准银（95.8%）、标准银（92.5%）和18K金都适合珐琅工艺。

用于烧制珐琅的金属板材厚度应该为1毫米左右，如果需要通过蚀刻或雕刻在表面形成凹陷，则应该更厚。

金属应该进行退火和酸洗处理，再用浮石粉彻底擦洗。

用玻璃刷在金属表面进行刷擦——该操作需要在流动水下进行，直到水可以在表面形成连续的薄层，并且不从边缘或局部流淌下来。然后用蒸馏水冲洗干净，晾干，注意不要再接触准备好的金属表面。

预制件也应以同样的方式处理，以防止污染珐琅，从而保证获得满意的效果。

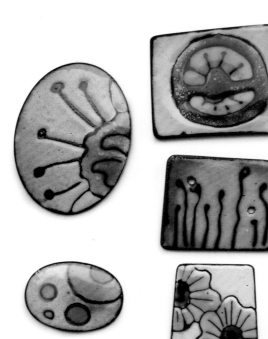

珐琅剔釉工艺测试件
阿什利·海明威（Ashley Heminway）
在烧制之前，先把表层的珐琅釉料刮掉，露出下层的色彩。这里进行了一系列的探索。

制备釉料的示范

制备釉料是珐琅工艺的重要组成部分。工作空间必须清洁、无尘，使用前必须仔细清洗釉料。

工艺
示范
94

1. 将一些釉料粉末放入研钵中，加入自来水。用研磨棒轻轻研磨以去除所有结块。过程中，水会逐渐变得浑浊，应不断搅动釉料，再慢慢使底部的釉料颗粒沉淀下来，并用研磨棒锤击它。等几秒钟后把多余的水倒掉。

2. 将蒸馏水加到釉料粉末中，晃动并轻敲，倒出多余的水，注意不要倒出任何珐琅釉。用蒸馏水重复这个过程，直到晃动时蒸馏水保持清澈为止。

3. 将清洗好的珐琅釉料转移到小塑料容器中，用足量蒸馏水覆盖表面，并在容器上标注出釉料的名称和时间。接下来，整理工作空间，确保需要的设备都能方便获取，并保证足够的工作空间。

戒指《角》
玛格丽特·桑德斯特伦姆（Margareth Sandström）
珐琅为银戒指局部增添了色彩。

珐琅釉的制备

珐琅工艺需要精准的操作和准备。首先，保持清洁的工作空间非常重要，任何进入珐琅的灰尘或氧化物都可能被烧制成不可挽回的瑕疵，或对作品造成损坏。为了尽量减少发生这种情况的可能，不要在窑炉旁边制备珐琅釉料，并始终保持釉料表面被覆盖，无论它们是湿的还是干的。溅出的珐琅釉料粉末应及时用湿布清理，因为粉尘对健康有害，故珐琅釉料应尽可能使用湿涂法，而不是干筛法。

在使用粉末状珐琅釉料前需要仔细清洗以去除所有杂质。清洗完毕的釉料至多可在蒸馏水中保存1个月，再次使用时还需要进行清洗。

湿涂釉料法

把一些珐琅釉料从储藏容器转移到浅盘子里。然后用珐琅专用鹅毛笔或画笔在准备好的金属表面整齐地涂上釉料，从一边开始，直到覆盖整个表面。每层涂敷釉料的厚度以两三粒釉料颗粒的厚度为宜。

用画笔轻拍金属边缘，使颗粒沉淀下来，然后用纸巾小心地将水吸出。任何边缘被破坏的珐琅釉料都应该在继续下一步操作之前进行修复。将其放在铁丝架上，再放在窑炉顶晾干（注意：珐琅在烧制之前必须完全干燥）。移动未烧制的珐琅件时要格外小心，因为颠簸或触碰会把珐琅质颗粒弄掉。

反衬珐琅

珐琅层在金属片表面由于冷却和收缩的作用会变形，因此可以通过在金属片的反面烧制一层反衬瓷釉，进而在金属两面施加相等的力。反衬珐琅主要用于平板类作品的背面，因为弯曲或拱形金属结构意味着它们有足够的整体强度来承受这些力，所以通常不需要反衬珐琅，除非它们体积相当大。

反衬珐琅可以由其他珐琅烧制剩余的釉料烧制而成，通常隐藏在一件作品的内部结构中。作品的反面是在作品正面烧制之前先行烧制的。

珐琅的烧制

烧制时，电窑应该预热到870摄氏度，该温度比许多珐琅釉料的熔点都要高，在较高的温度下快速烧制珐琅釉料要比在较低温度下缓慢加热珐琅釉料的效果更好。

戴上厚厚的皮手套，用抹刀在铁丝架下把工件移到窑炉中心，然后关上门。珐琅的烧制时间应该为1～2分钟，烧制时间取决于许多

反衬珐琅烧制的示范

为了防止金属在烧制后发生翘曲，可以在工件的底面烧制一层反衬珐琅。反衬珐琅通常由以前剩余的珐琅釉料烧制而成。

1. 将银片进行退火和酸洗，然后用玻璃刷在流动的水中擦洗。当金属完全脱脂时，水应完全覆盖金属表面，而且不会从边缘流淌。

2. 按住已经干燥的银片边缘。用画笔沿着边缘涂上一层反衬珐琅釉料，直到整个表面全被覆盖。然后，小心地用画笔轻敲金属边缘，使珐琅颗粒均匀沉淀。这就是湿涂珐琅的过程。

3. 用纸巾把水从釉料中吸出来。这时要用纸巾在釉料的边缘吸水，注意不要移动釉料。然后，把银片放在三脚支烧架上，让它在窑炉顶部晾干。

4. 电窑中烧制时，应先将电窑炉预热到870摄氏度，当釉质表面出现光泽时，将其从窑中取出，在无通风的耐热表面自然冷却。

5. 在清洁表面以准备湿涂釉料和烧制之前，应先进行酸洗以去除氧化物。

金箔仿蛋白石效果袖扣的制作示范

　　金箔或银箔可以被烧制在珐琅表面，当随后的几层釉料继续烧制在箔上时，就会形成鲜明的色彩对比或闪亮的效果。本示范中，乳白色的珐琅是在22K金箔上烧制的。

1. 在袖扣顶部表面烧制一层透明釉料（硼砂助焊剂），酸洗后，用玻璃丝刷清洁珐琅表面，并用蒸馏水冲洗。用湿笔涂敷上一片箔，确保边缘与珐琅有很好的接触，然后晾干。

2. 物体在电窑780摄氏度的温度下烧制约90秒，箔应该与釉料层完全贴合。

3. 当物体冷却后，酸洗并清洁，注意不要损坏箔片的表面。再次烧制一层珐琅，覆盖在箔上，图中使用了乳白色的釉料覆盖在了淡蓝色的珐琅底层上。

因素，如所用金属的厚度、窑门的开启时间、珐琅的熔化范围等。有光泽的表面表明珐琅已经达到熔融状态。一旦出现这种情况，应立即将其从窑中取出。如果表面看起来像橘子皮，那么珐琅就没有真正实现熔融，应该将其放回窑中再次烧制。烧成后，请将工件放置在无通风的地方逐渐冷却。

　　金属表面形成的氧化物应该用酸洗或磨石去除。珐琅表面应始终用玻璃刷在自来水下冲洗，以确保它绝对干净，然后才能添加更多的珐琅层。

烧箔工艺（衬托色泽）

　　金银箔也可以用于珐琅作品的烧制，以突出和强化色彩区域，或者直接作为表面效果暴露在外。这些箔片往往比金叶子还厚，由纯银或纯金制成。

　　铝箔可以切割或撕扯成一定形状，但不能用手指触摸。制作时，先在金属表面烧制一层透明釉料，待其完全冷却后再清洗珐琅的表面。

　　然后用潮湿的画笔敷上铝箔，用少许蒸馏水封住边缘。把它放在热的电窑顶上1小时左右，确保其绝对干燥。进窑烧制至釉质表面开始有光泽，然后冷却。如果铝箔没有粘好，可以将边缘打磨光滑后重新放回窑中。透明的珐琅釉料层现在可以在箔片上烧制了，箔在珐琅层下面会保持光泽，使色彩呈现出光彩夺目的效果。

　　闪光液是在油基介质中加入了磨制细腻的金属颗粒，有多种颜色可以选择。它们可以被烧制在珐琅上，从而产生特殊的视觉效果，如珍珠饰面、纹理或裂纹。冷却后，需要用玻璃刷轻轻打磨表面，使其出现光泽。

在有肌理的表面烧制珐琅

　　蚀刻、雕刻、錾刻、冲压和辊轧的肌理或

图案都可以使用一种被称为"透底珐琅"的技术,在透明釉料下创造出一种微妙的效果。

　　浅色、透明的釉料色彩效果最好。印痕越深,色彩也就越深,因为这些区域的釉质层更厚,中间有细微的阴影。色彩较深的珐琅釉往往会掩盖底层的纹理,但几层微妙的色调会在设计较深的区域赋予更强烈的色彩对比。

内填珐琅工艺

　　在这种珐琅工艺中,金属板上蚀刻出的凹槽被填满,使珐琅区域被金属边界包围。金属板材的厚度至少应该达到1毫米,凹槽区域要蚀刻到约一半的深度。PnP抗蚀剂在精确蚀刻图案或文字时非常有用(参见第200页)。

　　必须彻底清洁金属表面和凹槽后才能涂覆珐琅釉料。烧制薄薄的珐琅层,并通过多层烧制直到其与金属凸起的表面齐平。在最后一次将釉料烧至闪光以恢复珐琅光泽之前,表面应该在工作台面上打磨平滑。

透花珐琅耳钉
阿纳斯塔西娅·扬(Anastasia Young)
这个18K金制作的耳钉装饰着彩色玻璃窗效果的珐琅釉质(参见第236页)。

掐丝珐琅(景泰蓝)工艺

　　掐丝珐琅工艺是用金属线在金属表面制造出小的区域分割,把珐琅包在里面的工艺。这将使色彩之间形成清晰的边界,从而进行精确的设计。首先,需要在纸上画出设计图,再用钳子将细线弯曲成型。扁平的金属线长度必须相对较短,否则会在珐琅质内部产生内应力,从而导致珐琅质开裂。金属线必须弯折或弯曲,以便能侧立起来。

　　掐丝珐琅用的底胎应该由不列颠尼亚标准银或纯银制成的,由于将要经过许多次烧制,这意味着标准银底胎的珐琅层下面很可能会产生火斑污染。在背面烧制一层反衬珐琅,在表面烧制一层助焊剂做底釉(透明釉料)之前,应先对板材进行退火、酸洗和清洁。

　　将金属线浸入黏合剂(如Klyr-fire胶)中,用蒸馏水1:1稀释,并置于烧制好的底釉上。在烧制之前,必须让黏合剂干燥。烧制时,对时间的精确把控很重要,因为金属线必须稍微下沉到底釉中,这样它们才会黏合在一起。烧

蓝色吊坠
乔吉·迪赫罗(Georgie Dighero)
细银丝在这个银吊坠上划分出不同深浅的蓝色珐琅釉。

掐丝珐琅工艺制作示范

纯银或金的细线常被用来制作设计图案的轮廓，并通过与底釉的结合固定在金属表面。然后，将彩色釉料填涂在金属线围成的轮廓中，并环绕在金属线周围，这样就可以在不同的颜色之间形成清晰的轮廓线。

1. 将纯银金属线按设计图弯曲成合适的形状。由于金属线在加热烧制时要保持直立而不能"倒"，曲线或弯曲的角度可以确保金属线的直立。

2. 在银片的背面烧制反衬珐琅，在正面烧制助焊剂做底釉。然后，将烧熔的助焊剂完全磨平，打磨需要在流动的水下使用斜纹板进行，接着擦干金属片以检查进度。打磨完成后，所有区域都应该是哑光的。最后用玻璃刷清洁。

3. 将金属线浸入稀释过的黏合剂中，放置在金属片有烧熔助焊剂的一侧。不要让金属线被胶浸透，只需要少量就足够了。注意在黏合剂尚未干透前不要移动工件，否则可能造成移位。

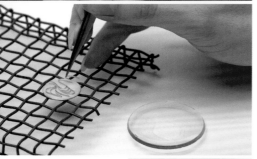

4. 烧制这个工件，将金属线固定到熔化的助焊剂中，它们会轻微地沉入助焊剂的表面。当珐琅质冷却并清洗干净后，不同色彩的珐琅釉就可以被湿填充到各分割的单元中，可能需要重复填涂和烧制。打磨完成后，用焊炬进行最后的烧制，以恢复釉面光泽。

制时间合适的标志是：每根金属线的底部周围应该可以看到一条细细的、闪闪发光的线。在继续下一步操作之前，需要让工件冷却并彻底清洗干净。

接下来，不同色彩的珐琅釉料以薄薄一层的形式被限制包裹在金属丝框定的"细胞"里，然后烧制，直到珐琅质与金属线顶端齐平。打磨釉质，使其与金属丝齐平，并将整个金属片边缘部分的釉料进行打磨倒边，然后加热恢复釉料光泽的表面。

小件的掐丝珐琅可以制作得相对较厚，既可以像宝石一样使用纯银边框小心地包镶（参见第238页），也可以用更精巧的镶嵌工艺（参见第250页）。

透花珐琅

透花珐琅（Plique-à-jour）翻译过来是"昼之明光"，用来描述将透明的珐琅在没有金属底托情况下烧制在镂空的框架或金属丝结构上，光线可以穿透珐琅。这种工艺烧制的浅色釉料比深色的效果更好，除非在非常明亮的灯光下观看。

最简单的透花珐琅形式是湿涂珐琅釉料到金属表面的钻孔中，镂空花板和金属线框形式也适合这种技术，并有更广阔的设计变化。应该尽可能地使用圆截面金属丝做框架，因为它比方形或扁平截面的金属丝能更好地保存珐琅釉。

由于珐琅所在的区域是悬空的，在填涂和烧制过程中，应该用云母片做支撑，防止珐琅釉料脱落。当足够多的珐琅层被烧制到"单元格"内，并达到与金属圈相同的厚度且所有的缝隙都被填满时，就可以清理干净并在没有云母的情况下快速烧制出完美闪亮的表面了（参见第235页，了解透花珐琅作品）。

宝石镶嵌

　　宝石可以为珠宝增添色彩、光芒和吸引力，但为特定的宝石选择合适的镶嵌风格，并将其固定在合适的位置，对珠宝首饰的效果和使用寿命至关重要，因为宝石往往是一个作品的焦点。镶嵌方法取决于宝石的品类，宝石的硬度和形状决定了它的镶嵌工艺，而设计决定了如何将一块或几块石头镶嵌到珠宝作品中以达到最好的视觉效果。日常佩戴的首饰必须耐用、舒适，因此宝石必须耐磨且镶嵌得牢固，不会随着时间的推移而松动。偶尔佩戴的珠宝饰品则不需要那么实用，因此可以被用于镶嵌的宝石范围要大得多，从而为创造性地解决用金属固定宝石的问题提供了更多的可能性。

戒指《天鹅》
（第 240 页）

最常见的包镶边框像是一堵"围墙"，它围绕着一块宝石将其限定起来，当边框被挤压之后，就会把宝石牢牢地固定在合适的位置上。基本的包镶边框对于蛋面宝石和刻面宝石都适用，其可以由金属片材围成，也可以由管材制成。

包镶或管镶

除了本小节介绍的基本边框外，珠宝商也可以使用锥形边框，这部分内容在第240~241页中有介绍。

蛋面宝石的镶嵌

蛋面宝石通常是指圆顶的、无雕琢平面的宝石，有各种形状和大小（参见第306页）。用于镶嵌蛋面宝石的边框必须精确地成型，以适应宝石的形状；无论是圆形、方形、梨形，还是自由的类圆形和椭圆形。较软的或易碎的宝石应该用纯银或纯金制成的嵌框进行镶嵌固定，因为这些纯金属比标准合金要柔软。另

外，还需要使用平端的包边推（打头），它的前端可以被磨砂纸覆盖来防止滑动，用来逐渐压缩金属包边与宝石之间的间隙，使曲线更贴合，并缩小金属包边的卡口，将宝石固定。

刻面宝石的镶嵌

刻面宝石也可以用包镶工艺来镶嵌，但是镶嵌的构造必须考虑到宝石形状的不同。通常刻面宝石会采用金属管壁来形成包边，这时需要选择一个内径比石头直径略小，而外径略大的金属短管。用与宝石直径相同的吊机球形钻头插入管口向下钻，这样宝石填入管口

包镶耳饰
贾妮斯·克尔曼（Janis Kerman）
各种不同形状的宝石被用基本的包镶工艺镶嵌起来，其中有海绵珊瑚、塔希提珍珠和刻面的黑玛瑙。

后，将被金属包裹的部位刚好位于管口表面之下。然后，将管口作为包边被卡在宝石的边缘，从而将其固定。

包镶边框的制作

基本的圆形边框结构类似于一个环带，但边框必须准确地契合将要镶嵌的宝石。0.4毫米厚的纯银或0.3毫米厚的纯金片可用于制作这个包边。宝石的周长可以用数学方法测量，或者用一张纸条围起来后再展开测量。当制作成型并焊接闭合以后，可以在圆形芯棒上整形。应及时通过边框的上方将宝石嵌入，以检查内径的尺寸是否合适，通常宝石应该可以很容易地嵌进边框。如果边框太紧，可以用皮锤在芯棒上敲击，逐渐拉伸；但如果边框太大，则需要将其重新分解并切割。

将宝石包镶的边框焊接到戒指环的过程参见第101页。

镶嵌背面未抛光的蛋面宝石时，需要一个封闭的底托。而为了让更多的光线通过宝石，则需要一个开放的镶嵌底托。通常的制作方法是先将边框焊接在金属底片上，然后围绕边框的内壁并缩小一圈进行镂空，这一圈残存底托可以用来支撑宝石。如果蛋面宝石整体特别薄，可能在包镶时需要使用支架，或者在包镶边框内圈焊接上一圈内框，以增加宝石的高度。该工艺可以运用镂空、锉削或雕刻等方式对包边框进行设计，以增加趣味性，但要注意不要因为这些装饰特征削弱包边的实际功用。

蛋面宝石圆顶的曲线将会影响边框的高度，一个嵌框中只有少量的金属需要扣在宝石表面。可以先从侧面观察石头，看它开始弯曲的位置，并计算出所需嵌框的高度并预留出小于1毫米的富余量。如果嵌框太高，会造成宝石表面被过多地覆盖。

蛋面宝石镶嵌示范

这种工艺主要应用焊接技术，本示范是第101页操作的后续。下面演示如何将一个直径8毫米的蛋面宝石镶嵌到一枚简单的戒指托上。

工艺
示范
98

1. 检查嵌框的内边缘有没有毛刺，然后小心地塞入宝石，使其保持水平，并接触到嵌框的底部。把戒指夹在戒指夹里，这样在镶嵌的时候可以提供更稳定的支撑。

2. 将戒指夹靠在工作台的台塞上以获得支撑。使用平面的包镶推，在嵌框底部的侧壁上施加压力。操作时，从"北""南""东""西"四个方向交替内推，这样宝石的边框会以均匀的程度收缩。

3. 继续在嵌框壁侧边的"东北""西南""西北"和"东南"处交替施加压力。可以通过施加压力来闭合所有间隙，但需要用包镶推从一侧到另一侧保持低角度的交替操作。

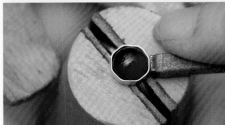

4. 以更大的角度使用包镶推，将嵌框的中间和顶部边缘用力推到宝石表面。从对面继续操作，直到金属与宝石贴合。

5. 用压光笔把嵌框的边缘磨光，这样就不会有锋利的口沿了。可能需要在镶嵌完成后对嵌框进一步打磨和抛光，但注意不要损坏宝石。

圆锥形的边框设置常用于镶嵌刻面宝石，并使用包镶铁和冲头进行修整。圆锥形的边框可以作为一个坚实的形式被进行镂空和雕刻，以便让更多光线透过宝石。

锥形边框镶嵌（底托镶）

锥形嵌框的制作

圆锥形的边框通常是由金属片制成的，需要制作一个模板来构建一个圆锥体，使其有与特定宝石相匹配的尺寸。

以G、E、F、H四个点为边界的形状（见右图）就是制作这个圆锥的模板。将其转移到金属片上，并将其锯下来，然后成型并焊接闭合。这种锥体可以用包镶铁和冲头进行整形，锥体的锥度将决定应该使用17°还是28°的包镶铁和冲头。

锥形嵌框也可以由在包镶铁中拉伸和压缩过的金属管制成，但很难确保其拉伸均匀，且顶部和底部表面完好如初。

锥形的包边可以通过镂空和雕刻创造出孔洞，这也是爪镶的一种方法。包边上的空隙允许更多的光线进入宝石，而素面的包边有利于加强浅色石头的色彩效果。

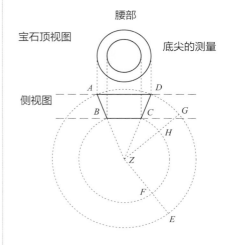

锥形包边模板

宝石顶视图　　　　腰部　　　　底尖的测量

侧视图

1. 在腰部测量宝石的直径。用该数据来画 *AD*。

2. 测量从腰线到底尖的垂直距离，如果打算做尖头锥形，还可以有额外尖角，即 *AB* 和 *DC* 延长交汇的部分。

3. 用这些测量值来画直线，使 *AB* 和 *DC* 在 *Z* 点相交。

4. 画一个圆心为 *Z*、半径为 *DZ* 的圆。

5. 画第二个圆，圆心为 *Z*、半径为 *CZ*。

6. 用分规来测量 *A*、*D* 之间的距离，在外圈标记出 *G* 点，并以 *AD* 的长度乘以 3.14（π）标记出 *E* 点。

7. 画出直线 *GZ*。

8. 画出直线 *EZ*。

9. 在内弧上画出点 *H* 和 *F*。

戒指《天鹅》
埃丽卡·夏普（Erica Sharpe）
锥形（上大下小）边框的两端固定于铂金和彩金的戒指环上，以镶嵌马眼形钻石。

包镶戒指

阿纳斯塔西娅·扬（Anastasia Young）

一颗优化后的红宝石被镶嵌在有圆锥形嵌框的银戒指圈上。

包镶托的安置

单锥状边框可以应用于一系列首饰款式，如耳环、吊坠和戒指。当其被设计成戒指圈的一部分时，整个锥体就可以嵌入戒指圈；而锥状的包镶框也可以独立焊接在戒指圈之上，使它们相对独立地凸起。多个嵌框并列时，其顶部边缘之间应该有足够的间隙，以便镶嵌工具可以很轻松地进行。

将嵌框焊接到位，这也将使其退火，为镶嵌宝石做好准备。在继续下一步操作之前，应该将宝石嵌框的内部进行打磨抛光。这是由于金属具有反光效果，以便在宝石镶嵌后，内部实现最大的光反射效果。

宝石的镶嵌

把戒指放戒指夹中，锉平嵌框的顶部，使之平整。宝石的腰部应该在边框高度一半的位置。使用一个与宝石直径相同的吊机球形铣刀来雕刻宝石的底托，这将从嵌框内壁移除足够的金属，使其容易固定，而且不需要再打薄。

锥形边框可以以类似于普通包镶的方式压在宝石上，从"北""东""南"和"西"等角度交替挤压，直到所有缝隙都已经闭合，再将金属磨平。如果使用的是纯银且边框的厚度不相同，则可能有必要用小锤子敲打包镶推，将金属"延展"到宝石的腰部以上，这样会获得比单纯用手更大的力。

用锥形嵌框镶嵌刻面宝石的示范

下面演示用0.9毫米厚的银片制作一个锥形边框，以便镶嵌直径为5毫米的切面合成红宝石。戒指圈由直径3毫米的圆形金属丝制成。

工艺示范 **99**

1. 从金属片上按照模板锯下用于造型的金属片，然后用半圆嘴的钳子把它做成一个圆锥体。焊接之前，应确保两端的连接缝整齐闭合。然后锉平焊缝。

2. 在包镶铁中调整边框。此外，在戒指圈上切出一个间隙，并用锉刀将末端锉平，使其符合嵌框的曲线和角度。将嵌框焊接到戒指圈中，然后清理打磨干净。

3. 将嵌框的上表面锉平，直到宝石周围的"墙壁"露出一半为止。使用一个直径与宝石完全相同的球形铣刀，对嵌框内壁进行钻磨，直到宝石的腰部可以坐在边框顶部稍下的位置。雕刻刀可以用来对嵌框的内部进行精细地调整。

4. 用蜡棒将宝石放置在嵌框中，并确保宝石在嵌框中处于水平位置，然后使用包镶推将边框推过石头边缘。

5. 用压光笔把金属磨光，使其与宝石齐平，然后清理干净，轻轻打磨。

这种类型的镶嵌是使用细的金属尖头（也称爪子）来固定刻面宝石，并允许最大限度的光线进入宝石周围，从而加强内部反射。爪镶通常需要选择较硬的金属，如黄金合金或铂金。

爪镶

锥形爪镶托

锥形的爪镶宝石托可以通过在嵌框的上边缘和下边缘以固定间隔填充"V"形金属线并调整来形成镶爪，这些镶爪必须均匀分布，否则"爪"的间距将不相等。"爪"的数量应为三个及以上，主要由边框上的锉磨区域来决定。跳环焊接到锉框的底部以关闭底部，从而产生底托镂空的效果。

爪镶托的制作

可以借鉴笼结构中相互焊接金属线的方式进行爪镶底托的制作，因为单独固定金属线来形成镶爪可能会很麻烦，而且在继续加工之前，通过将金属线弯曲成"U"形或将两条金属线交叠形成十字形，可以便捷地实现用一条金属线制作相对的一对镶爪的操作。作为镶爪的金属丝可以直接焊接到柄上，也可以焊接到钻孔中，这将使它们具有更大的强度。爪镶的方式可用于创建开放式结构，允许更多光线射入宝石，这样可以提供比包镶更多的设计可能性。这种设计必须考虑金属的强度及其抗变形能力，因此用来做爪镶的材料通常是白金、钯或铂等硬质金属，特别是当它们用于固定贵重宝石时。当然也可以用银进行爪镶，但所用金属丝的厚度需要比其他金属厚得多。我们也可以购买预制的爪镶底托成品，但它们缺乏手工制作的魅力。

高位镶嵌的戒指
林妮·麦克拉蒂（Linnie McLarty）
刻面紫水晶和石榴石被镶嵌在夸张的尖锥形底托上，就构成了这些银戒指。

戒指《他这么爱我》
索尼娅·塞德尔（Sonja Seidl）
在这枚戒指中，不同大小的爪镶底托为各种型号的
宝石预留了位置。作品名称也耐人寻味。

宝石的镶嵌

　　宝石必须平整地被固定在镶托中：如果
宝石的腰线没有被镶爪卡住，就需要调整镶爪
的角度，直到将其卡牢为止；此外，还需要确
保镶爪的布局整体看起来均匀。然后在镶爪
的内侧标记出宝石最终固定的高度，这一点
非常重要，所有的标记都应在相同的高度，否
则镶嵌完成后的宝石不会水平。用刻刀或锉
刀从镶爪的内侧去除少量金属，确保镶爪可以
卡到位，但要注意在切割或锉磨时保持锉口水
平。通常需要在镶嵌之前用锉刀将镶爪的前
端锉薄，否则金属的厚度会妨碍镶爪的造型。

　　爪镶推作为一种镶嵌时的辅助工具，末端
有一个凹槽，用来将镶爪的尖端推倒，卡住宝
石的腰线。最好是将镶爪打磨到与宝石齐平，
这样就不会出现边缘在活动中剐擦到异物。

爪镶刻面宝石的操作示范

工艺
示范
100

　　本示范采用方形截面金属丝来构造爪镶底
托，它焊接在同样由方形金属丝制成的戒指圈上。
所用宝石为6毫米直径的立方氧化锆（人造金
刚石）。

1. 将两根细的方形金属丝弯曲成
相同的"U"形。剪一小段金属管
（环），将两端锉平。在"U"形金属
线的任意内侧锉上凹槽，使金属环
能够水平固定。接下来，焊接这些
组件，确保它们位于中心位置。

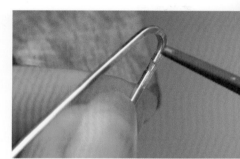

2. 在第一根金属线的底部开一个
缺口，以便第二根金属线能够焊接
到位。完成后，将底座处的线材剪
断以配合戒指圈的造型需要，并在
焊接前将两根线材准确锉平。清理
戒指，确保镶托的内部是抛光的，并
将镶爪剪短。

3. 把戒指夹在戒指夹里，用分规在
同一高度标记每一个镶爪，标记处
应该比石头镶嵌后的高度低一点。
使用一个吊机飞碟形铣刀（参见第
309页）在每一个镶爪内侧雕刻凹
槽，它们必须确保在相同的高度。

4. 锉尖镶爪，使它们更薄，可以更
容易地用于镶嵌。在清理表面之
前，只需要将金属从外边缘和顶部
周围去除。将宝石安放到位之后，
可以用爪镶推把每个镶爪的尖端
压、卡在宝石上，然后打磨金属表
面，最后进行整体打磨抛光。

切面宝石可以镶嵌在金属的凹槽中，并通过打磨宝石腰线周围的金属，使宝石看起来与金属表面齐平。这种镶嵌工艺叫齐顶镶，也被称吉卜赛镶。

齐顶镶

齐顶镶基材

齐顶镶常应用于曲面的设计，因为这种方法在凸起的边上操作更容易。该金属应至少1毫米厚，以支持宝石的镶嵌，并承受镶嵌过程中施加的压力。宝石的底尖不应该从金属造型的底部突出（特别是宝石镶嵌在戒指圈上时），因为它们会在佩戴时刮到手指。穹顶式的厚板是齐顶镶理想的基材，弧形的铸造件也非常合适。作品在镶嵌前应先完成打磨，并用胶带保护工件不滑擦掉落。可以用一块皮革覆盖在工作台的台塞上，如果合适的话，也可以用戒指夹把持或用火漆将戒指固定在一块或一根木棒上进行操作。

某些类型的石材由于其晶体结构容易断裂，不适合齐顶镶，因为在镶嵌过程中有可能会碎裂或断裂。

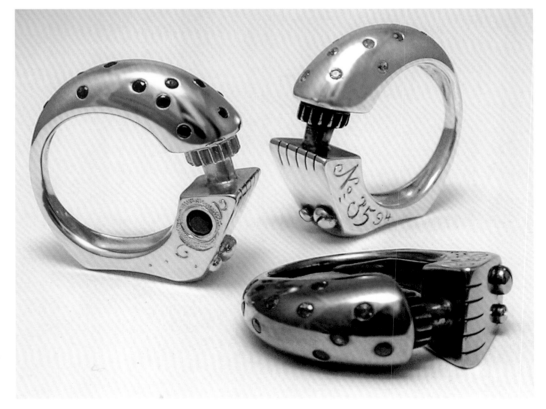

MBR 系列戒指
阿纳斯塔西娅·扬
（Anastasia Young）
该系列戒指是手工钻孔并采用齐顶镶工艺把石榴石、绿色电气石和白色蓝宝石装饰到戒指表面的。

宝石镶嵌

通常用与宝石直径相同的球形铣刀机针钻出一个镶嵌用的孔洞，钻到宝石腰线刚好位于金属边缘下方的位置。宝石必须与金属表面平齐，不要太深，否则镶嵌时就会被过多的金属覆盖。操作时，可以用蜡搓成一个锥形或粘在一根小木棍上，用来黏起并放置宝石，然后使用一个飞碟形铣刀来调整卡住宝石腰线金属底托的角度。齐顶镶工具的顶端有一个角度，可以用来推倒周边的金属，从顶面卡住宝石的腰线。推卡金属时，应按照"北""南""东"和"西"的方向向宝石推进，但需要注意在镶嵌过程中保持宝石水平。最后，可以试着用蜡棒把宝石从孔洞中拔出来，以此检查宝石是否镶嵌牢固。

完成作品

当宝石被镶嵌好后，可以用一个球面的压光笔将宝石周边的金属进一步摩擦，并用雕刻刀小心地清理镶嵌物的内边缘，或者用压光笔的尖端绕着镶嵌物摩擦，使其均匀并抛光。如果划痕很深，应小心地用锉刀去除；如果划痕较轻，可以用砂纸等打磨或去除。该工件可以重新抛光，实现最终的成品效果。

槽镶工艺

齐顶镶也可以用于成行地镶嵌小正方形或矩形宝石，通常这些宝石被镶嵌在一个精确雕刻的凹槽中，因此这种工艺也被称为槽镶。在这种镶嵌手法中，宝石被整齐地沿着边沿排列，形成连续的带状效果。开槽的尺寸必须非常准确，使用的宝石也必须经过校准，使其尺寸一致。只有这样，在将宝石均匀地放置在底座内的卡台上后，才能呈现均匀、整齐的效果。

齐顶镶的制作示范

工艺示范 101

齐顶镶工艺可以用来装饰简洁的"D"形截面戒指圈。宝石的底尖不得凸出戒指圈。这里使用直径2毫米的宝石进行示范。

1. 用划线规在戒指圈周围标出有规律的间隔。沿着戒指圈的中点做记号。在钻直径为1.2毫米的小孔之前，用冲头在每个孔圆心的位置打上标记，然后对戒指圈内壁进行打磨抛光。

2. 使用吊机的球形铣刀机针，它的直径应与所镶嵌的宝石直径完全相同。铣刀向下钻到铣刀最宽的地方，然后检查宝石安放到其内是否合适。

3. 检查宝石是否能恰当地放置在孔内，宝石的腰线应该刚好在洞的边缘以下，顶面应该与戒指圈的表面水平。安放时可以用一块蜡粘起宝石并放置进孔洞里。

4. 使用压光笔或齐顶镶专用工具从"北""南""东""西"四个方向将金属压在石头上。这样应该可以将宝石固定在洞内，而其余的边缘是抛光后的效果。

5. 使用压光笔的尖端来清理镶嵌的内边缘。抛光前要清除金属上的划痕。

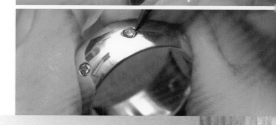

钉镶的"钉"是小的金属珠，它可以固定刻面宝石的位置。当宝石排成一行或使用这种手法成片的镶嵌时，它被称为密钉镶或密镶。一件作品的表面可以用小宝石整体铺满，以达到闪闪发光的效果。

起钉镶及密钉镶

起钉镶（珠镶）工艺

钉镶是使用小金属珠将小颗粒宝石固定在凹槽处的工艺。它最常用于小且闪亮的切面宝石，并将其镶嵌在平面或立体造型上，也适用于更广泛的创作需求。这种类型的镶嵌手法也可以用来镶嵌平底的刻面宝石或蛋面宝石等。

金属珠或金属颗粒，是通过用雕刻刀将金属抬高而形成的。雕刻时从离石材较近的地方开始，刻刀与石材成45°角。刀口的前部会在金属上形成一个凸起，刚好位于宝石的边缘，并将其固定。为了保证镶嵌效果，撬起的金属颗粒仍必须固定在主体金属上。当所有的颗粒在宝石周围按一定的间隔被抬高后，使用专门的吸珠工具按住撬起的颗粒进行旋转，这就迫使撬起的颗粒变成一个球形，刚好与宝石的边缘重叠。使用的吸珠工具大小取决于金属颗粒的数量和宝石的大小。

密钉镶

宝石被成片地镶嵌在一起被称为密钉镶嵌或密镶，它们的位置非常接近，几乎要互相

起钉镶钻黄金戒指
彼得·德·威特（Peter de Wit）
这枚18克拉的黄金戒指采用起钉镶工艺在醒目的位置镶嵌了闪亮的切面钻石。

碰到腰线。这种珠粒可以在宝石之间形成凸起，并使宝石形成串联的效果，造成宝石数量更多的错觉，特别是无色透明的宝石在白色金属上时，效果尤为明显。通常这种成排、成片的镶嵌，使金属珠也成排、成列，增加了作品的整体效果。

密镶工艺可以在平坦或弯曲的表面上进行，也适合开放式或闭合式两种底托。开放式底托用于较大的宝石，并允许光线从后面进入宝石，因为底托的背面是在大开口的样式。该工艺最常用于圆形宝石，其他形状的宝石也可以使用，有时也将不同的镶嵌手法结合在一起使用。使用非圆形宝石的挑战在于准确地钻磨宝石的镶嵌孔，基本轮廓可以用珠宝锯锯割，然后用雕刻刀精确地放大、整形、修角。

这种类型的镶嵌手法可以用小宝石来覆盖物体的表面，或者只是为了增加某一特定区域的闪光效果，使其成为最具吸引力的部分。

幻景镶嵌

幻景镶嵌是起钉镶的一种"变体"。宝石本身是起钉镶嵌的，但宝石被镶嵌在一个圆盘上，围绕宝石的周围有闪亮的金属刻面，以模仿和反射宝石内部光线。这一设计使切面宝石看起来比实际更大，并允许使用较便宜的宝石。小颗粒的、无色透明的切面宝石通常被镶嵌在白金、钯或铂金材料的圆盘上，这种圆盘再被镶嵌成戒指或其他首饰。该工艺需要高超的技术来起钉和雕刻硬质金属，确保下刀准确，其技术难度较大。

钉镶示范

下面演示使用CAD（计算机辅助设计）/CAM（计算机辅助成型）进行金耳环起版制作的过程，钉镶的是直径为1毫米的红宝石。

1. 在即将镶嵌宝石的准确位置进行钻孔，这些孔应该足够深以容纳宝石，并且必须小于宝石的直径。使用一个与石头直径相同的球形铣刀来钻孔，这样宝石的腰线顶部刚好位于孔洞的边缘下方。

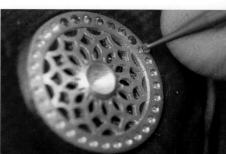

2. 当所有的宝石都坐好并放置在适当的位置后，使用精镶雕刻刀在每个宝石周围撬起四个颗粒。在距离钻孔约1毫米处将雕刀挖入金属中并向下推，再将雕刀向前倾斜，以撬起颗粒。撬起的金属凸起将使宝石固定到位。

3. 用雕刻刀在宝石周围的内外圆上画一条线，这样可以清理颗粒的痕迹，并形成一个反光边界。

4. 然后，使用大小合适的吸珠工具使凸起的颗粒形成珠状，对它们进行整理并进一步固定宝石。操作时把吸珠工具牢牢地放置在金属颗粒上，使其形成光滑的圆顶。

“花式”一词适用于任何非标准的镶嵌方法。奇特的镶嵌常常被用来固定不同形状的异形宝石,并可能涉及巧妙的设计方案,还有可能需要同时用到几种不同的镶嵌技术。

花式镶嵌

组合镶嵌

使用一种以上镶嵌方式来固定一块宝石的方式称为组合镶嵌,如一颗宝石的一半由圆锥形边框包镶,而另一边则由两根镶爪固定,或者是某个部分被钉镶的方式固定。该工艺中,使用的金属应该足够坚固,足以牢固地固定宝石。镶嵌方法由珠宝的形状和宝石放置的位置决定。记住,宝石并不一定要以传统的方式摆放,可以斜着放,也可以倒过来放,或者平着放,唯一的要求是它们被安全地固定住。

吊坠《变质萤石1#》
奥尔内拉·扬努齐(Ornella Iannuzzi)
手工雕刻的萤石镶嵌在银中,创造了这个垂饰,它似乎已经“成长”到了最终形态。

眼镜式镶嵌

眼镜式镶嵌是用来固定片状镶嵌物的方式,并且不需要对边框进行切削、推压,原理类似于眼镜框与眼镜片。它由一个框架组成,框架内有一个凹槽,片状镶嵌物的边缘可以“坐”进去,其中的一个切口可以通过两段连接管,用铆钉或螺纹闭合。间隙的闭合会在镶嵌物的边缘施加一个很小但分布均匀的力,减少了其在镶嵌过程中被压碎或开裂的可能(参见第250页)。

眼镜式镶嵌在镶嵌玻璃、宝石、景泰蓝制品或不能被焊接固定的金属片时非常有用,它的镶嵌物不仅仅局限于圆形。

卡镶

卡镶是使用经过加工硬化的金属张力来保持宝石的位置,通常在戒指圈的切割端之间使用。银的硬度不足以维持张力,所以应该使用白金、铂、钯或钛等制作戒指圈。操作时,需要在金属环的每一端都切有一个适合宝石的凹槽,两端之间的间隙要小于宝石的直径。当戒指圈被推向戒指棒的较粗端时,间隙将足够大,以便插入宝石。当从戒指棒上松开后,石材将永久固定在戒指圈上。对压力不敏感或容易破裂的坚硬宝石最适合这种类型的镶嵌。

其他镶嵌宝石的方法

有很多方法可以从非传统的角度尝试进

行宝石镶嵌,如使用金属和其他材料的结合来探索镶嵌技艺,以便可以永久地固定宝石而不损坏它们。

当使用金属时,冷连接(如铆接或螺纹连接)可用于在封闭空间内固定宝石。激光焊接对于保持金属结构和避免镶嵌时焊接对金属造型导致的"并发症"也非常有用。有些宝石对热不敏感,可以对镶有这类宝石的物体进行焊接,如立方氧化锆、钻石、石榴石、红宝石和蓝宝石等,但必须让宝石冷却得非常慢,因为温度的突然变化可能导致宝石开裂。该工艺不能应用于所有珍贵的石材,因为热处理后的石材色彩会受到加热的影响(在任何情况下,都不应该对着宝石直接加热)。当然,也可以找到特别制造的实验室宝石,它们完全耐热,且颜色保持稳定。宝石也可以直接放置到蜡模型中,这样它们就可以被铸造到合适的位置,记住不要对包含宝石的铸件进行淬火,否则石头会碎裂。此外,要在宝石外层覆盖足够厚的石膏,这样当蜡烧掉时,石头就会保持在原位。耐高温的宝石在被烧制之前可以先镶嵌在银黏土中。

黏合剂可以将宝石固定于特殊位置或以某种形式镶嵌。有些黏合剂晶莹剔透,不会显现出来。宝石镶嵌可以用聚酯树脂来固定,无论是透明的还是染色的都可以。

戒指《10》
阿纳斯塔西娅·扬(Anastasia Young)
这一镀铜的银戒指使用了起钉镶、组合镶嵌和包镶等多种镶嵌手法。

花式镶嵌切面宝石的示范

焊接一些人造宝石是有可能实现的,这样就可以用更不寻常的方式来保存宝石。下面演示用一对三角形立方氧化锆制作耳环。

1. 锻造一个略大于宝石直径的半球。在半球的边缘标记出宝石的三个接触点,用一个三角形锉刀在口沿处锉出三个凹槽,将石头安放进去。

2. 检查宝石是否位于口缘以下的位置。在半球的后背上焊接一根耳环线,线的底部可以弯出一个小圈,使接触点更大、更牢固。接下来制作一对更大的圆环,和半球口沿的直径确保一致,然后在戒指铁上整形。

3. 把宝石放在凹槽上,再把大银圈放在口沿上面。在焊接过程中,可以使用绑丝来固定和支撑工件,然后使用低温焊料焊接,但尽量不要直接用火焰加热石材。当焊接好后,让工件自然冷却到位。酸洗,打磨抛光,并弯曲好耳环线的形状。

眼镜式镶嵌

这个示范演示如何为第236页演示的景泰蓝圆片制作一个银框，并通过眼镜式镶嵌为脆弱的挂件提供保护。

1. 制作两个银丝环，它们只需要比珐琅盘的直径略小一点。将两个银环焊接闭合后，再叠放着焊接在一起，并将焊缝清理干净。

2. 制作一个挂环或挂扣，再剪一小段直径较细的金属管，用来做开合装置。使用低温焊料将挂环和金属管相对焊接在银框两侧。然后，使用直径与景泰蓝片厚度相同的吊机铣刀沿着两根金属线之间的沟槽移动，形成一个更均匀的沟槽。

3. 把银框清理打磨干净。从短管正中间锯开短管和银框，轻轻地锉磨断口的两端使其平滑。接下来，插入景泰蓝圆片并检查其是否合适。当安装妥帖后，可以挤压银框以闭合间隙。如果这枚银框过于宽松，可以把断口处再进行调整。

4. 将一根与管子内径相同的线材一端铆接，然后穿过去。用一个小冲头把金属丝的另一端在钢块的边缘上剪开、锉平并铆接。铆接金属丝时，应将金属丝固定住。

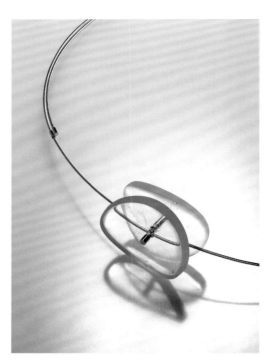

雕花水晶吊坠
杨京·金（Yeonkyung Kim）
这个吊坠将两片雕刻的水晶饰片用不寻常的方式进行镶嵌，以最小的接触面用银丝将其固定在领口上。

珍珠的镶嵌

半钻透的珍珠可以被镶嵌在浅杯状的首饰底托上，浅杯支撑着珍珠的底部，同时还可以隐藏固定方法。隐藏的固定方式通常是一根扭曲的方形金属丝，被粘在珍珠的孔洞里。线的扭曲使珍珠胶与线粘得更牢固，也减小珍珠松动的可能性。

钻透的珍珠通常穿挂在丝线上（参见第254页），但也可以穿挂在一端烧结成球的细银丝上，或者用编织的银丝将其包裹住，形成风格迥异的效果。

通常未钻透的珍珠或未钻孔的圆珠，可以根据需要钻透，以便穿挂，也可以用能最大限度展示天然宝石的方式将其包含在其中，如编织一个金属笼，透过笼看到圆形的珍珠。

串珠

· ·

　　对于大多数人来说，系绳和串珠可能是小时候第一次接触的珠宝首饰，我们会把瓶盖、卡片或珠子串在一起做成项链。然而，它的普遍性和实用效果掩盖了它的重要性，其实串珠是一种重要的珠饰，也是珠宝饰品创作的重要技术。

玻璃珠
（第 252 页）

珠子有许多不同的形状、大小、颜色和纹理,由形色各异的材料制成。购买珠子的品质与价格成正比,要尽可能购买高品质的珠子。

串接材料

珠子

从历史学家和考古学家开始研究人类的起源和进步之时,他们就发现了珠子的重要性。长期以来,人们一直用各种他们能用的材料来装饰自己,如贝壳或骨头。

这里列出的珠子可作简要了解,但它们还有各种各样的材料、形状和大小可供选择。串珠材料不断改进,有相当多的选择。不仅是串珠,挂扣和串珠工具也在不断更新,以方便串珠操作和实现更专业的效果。

玻璃珠有无数的款式和大小。小圆珠的直径通常为1~5毫米,筒珠是细长的玻璃管,更大的玻璃珠从雕琢出平面的水晶珠到灯工珠和模压玻璃珠等,种类繁多。

珍珠这类天然珠子相对稀有,而且有些类型可能很贵,一般淡水珍珠相对容易获得。养殖珍珠、塑料珠和玻璃珠都可以提供丰富的色彩、形状和大小。

宝石珠(半宝石和宝石)是由各种宝石材料制成的,包括真正奢华的珠宝类宝石珠,如红宝石、蓝宝石、绿宝石、蛋白石,甚至是钻石。

骨、角和木珠的范围很广,从五颜六色的木珠到复杂的骨雕类型均有。

有的金属珠以塑料珠的形式出现,表面有金属涂层;也有基础金属表面电镀贵金属的类型,造型上从普通的圆形到复杂的金银花丝珠,再到精致的景泰蓝珐琅金属珠,种类繁多。

从原始的赤陶土珠到来自中国的精美彩绘瓷珠,陶瓷珠形色各异。

贝壳和珊瑚珠,有些是人工养殖的珍珠,也有贝壳粉制作的合成珍珠或马赛克贝壳珠,还有珊瑚或贝母珠。

亚克力、塑料和树脂珠重量较轻,在创作大型、集群的作品时,石头或玻璃珠会因重量过大而不太适合,这时亚克力、塑料、树脂珠就显得非常有用。

丝和线

　　穿绳有天然材料和合成材料两种，最受欢迎的是尼龙和丝线。皮革、蜡棉绳、丝线和合成材料制成的丝带和细绳也可用于穿挂。缝纫用品商店有大量的备选商品，有的可以形成独特的视觉效果和触感。金属线也适用于串接。尼龙包覆的穿珠丝是一种极具柔韧性的多股钢丝，因其强度高、柔韧性好、使用方便等，成为当今流行的选择。Gimp 是一种螺旋金属丝的短管，在丝线连接挂扣或跳环的时候起到保护丝线的作用，并且可以形成更专业的末端效果（每股前段约为 1.5 厘米长度，套上 Gimp 为宜）。

工具

　　基本的珠宝工具也可以用到串珠操作中，如扁嘴钳、圆嘴钳、尖嘴钳、剪刀和胶水。用于串线的专业工具有压线钳、打孔钻针、针、剪刀和打结工具。有关专业工具和线材的详细信息参见第 55 页。

准备工作：设计和布局

　　在开始串线之前，可以先把珠子按预想的方式排列好，预览效果。这可以避免错误，否则在穿线完成之后才能发现某些错误。串珠设计托盘非常实用，它们包含单独的隔间用于储存珠子，还有专门的凹槽可供调整设计。然而，偶尔操作时只需要浅托盘、串珠毛垫，甚至是一张折叠的纸就足够了。

　　注意预计在一件作品中使用不同珠孔的直径，应选择适合所有珠孔的线材。如果是直径均匀的孔，应使用打结专用的线，否则很难连续打结，也很难将珠子固定在结扣之间。珍珠和半宝石珠子上的孔洞（通常是手工钻的）有时直径不规则，如有必要，可以用打孔钻针扩大较小的孔洞，尽量避免强迫穿绳通过过细的孔洞，这可能导致线绳或串珠断裂。

选择丝或线

　　应根据所用珠子的大小和重量，选择适合的绳、线、金属丝或其他材料，以及规格。如果可能，买丝、线的时候尽量带上珠子一起去，可以现场试验。打结时，结不应滑入孔洞中。如果要采用打结的方法固定珠子，线的长度应增加 1 倍，并先穿挂扣附近的珠子。在借助穿引针穿绳的时候，一定要让绳子或双股线轻松地穿过同一颗珠子 2 次，否则可能会使珠子和线受力过大。

卷草图案项链
汉娜·路易丝·兰姆
（Hannah Louise Lamb）
淡蓝色的珍珠与镂空的卷草花纹相结合，形成了这条优雅的项链。

绳结为宝石提供了安全、灵活和保护。穿挂上等的珍珠都是需要打结的,许多次珍贵的宝石珠和玻璃珠也是如此。即使一处打结的线断了,也只有断开处未打结的珠子掉落,而不影响其他。

穿绳和打结

绳结还可以防止石头磨损,保护珍珠精致的珍珠层,还能改善线的外观。然而,并不是一定要在珠子之间打结,如果用的是绳、丝或线,只需要在搭扣或连接处打几个结就可以完成一条串珠。但是,为了提供更高的安全性,可以均匀地在未打结区域间隔地打一些结扣。

使用丝线时,最好用双股线:如果其中的一根线有磨损,另一根线依然能保证这条串珠的安全。双股线也可以在珠子之间打出更牢固的结。打结的线应该是串珠长度的2倍,但要双股使用,则应该是串珠长度的3倍。如果不打算在珠子之间打结,那么只需要一根比串珠略长的穿绳或1.5倍的双股丝(线)即可。要在珠子之间打结,可以在绳子上打一个松散的反手结,或者用双股丝线打结,然后在结的中间用锥子或缝衣针调整,使结靠近珠子。锥子固定到位后,将绳结(不要完全拧紧)尽可能靠近珠头,然后拉开双股线将绳结拉紧。另外,也可以使用打结工具(参见第56页)来实现这项技术。如果要求打出的结扣均匀一致,则需要使用打结工具。

串珠蜡绳通常太粗而不适合打结,因此需要用卷珠来固定两端并连接扣环。大多数穿珠的丝线都很硬,不用针就能穿过珠孔。可以在较粗的线或丝表面涂上1~2英寸长的胶水,这样就可以制作出一根自带硬针的线绳。用剪刀将线绳前端修剪一下,可以让"针"变细了。

可互换的项链(胸针)
贾妮斯·克尔曼(Janis Kerman)电气石珠子串在一个18K的黄金搭扣上,形成了这个吊坠、胸针两用的作品,其中还配有琥珀和粉红色的蓝宝石。

用细绳或丝线打结的示范

工艺
示范
105

把珠子串在绳子或丝线上后打个结,可以使串珠结实且柔顺,这是珍珠和宝石或半宝石珠串的首选方法。注意:如果要制作一条不用打结固定的串珠,请按照步骤1~5和7~9操作。

1. 用针将前三颗珠子串起来,之后串上金属套管、卡扣、跳环。绳子可以先打个结,或者留出长度加倍。之后把珠子推到线的最底部,并预留出10厘米的小尾巴。

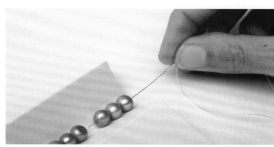

2. 引导针和线穿过第一颗珠子,直到金属结和搭扣、跳环等靠近珠子。把搭扣扣在金属结上,通过拉两根绳子把珠子紧贴其上。

3. 把从第一颗珠子("尾巴"和主绳)穿出来的两根绳子分开,并打一个结,拉紧珠子旁边的结。然后,把针穿过第二颗珠子,将线穿过去。

4. 把珠子紧贴在刚打好的结旁边,然后用同样的方法打另一个结。用针穿过第三颗珠子,把珠子紧贴在前面的结上。

5. 不要用两根绳子打这个结,要让"尾巴"悬空,然后在主绳上打一个松开的反手结。把这个结靠近珠子,将双股线拉开,再拉紧。

小贴士

不停打结的时候,需要从手心里绕过最开始打结的线头。最简单的方法就是打开手去做一个大的结环进行操作。

6. 把一些珠子串在绳子上。继续用上一步描述的方法打结时,沿着绳子把珠子一个个地撸下去,但不包括最后三颗珠子和搭扣的另一半,也就是跳环。

7. 把最后三颗珠子穿在绳子上,并紧紧地推到最新的结上。这时穿上一段金属管和另一半扣环或跳环。用绳子穿过最后一颗珠子,把它拉过去,直到把手和搭扣都到位。

8. 在最后一颗珠子和倒数第二颗珠子间打个结。把针穿过倒数第二颗珠子,并拉着绳子穿过它。

9. 在最后两颗珠子间打个结,然后把针穿过第三颗珠子,将绳子一直拉下去(这可能会很有挑战性,因为不得不穿过另一边已经打好结的珠子)。

提示

使用胶水或透明指甲油来密封搭扣两侧的两个结,或者离跳环/金属连接管最近的两个结。然后,用剪刀小心地修剪多余的线。

用串珠线穿珠的示范

若串珠上孔的边缘比较粗糙,容易割断丝线或棉线,或者串珠的重量较大时,可以用专业的金属串珠线来串珠。

工艺示范 106

1. 为了确保打结的牢固程度,可以将钢丝绳穿过第一个珠子之后再穿过扣环、跨接环或连接管。使用鳄鱼夹或胶带缠在钢丝的后端,以防珠子掉落。

2. 再次将钢丝穿过第一个珠子,如果可能的话,可以多穿过几颗珠子,确保更加牢固。

3. 将压边珠滑动到卡环、跳环或连接管附近。

4. 把连接管放在压边钳的后槽中(这个槽一边是圆的,另一边是下凹的),然后用力挤压,在金属管上留下一个折痕。

5. 用压边钳前面的凹口(这个凹口两边都是圆的)把管子做成圆柱体。用剪刀把多余的钢绞线修剪到珠子附近。

委托加工

许多首饰设计师会将某些工艺外包出去，或是因为相关工艺需要昂贵的设备，或是因为可能要运用需采取特殊防护措施的化学品，抑或是需要高度专业化的技能。服务供应商或外来工提供的技术范围各不相同，有些只提供一种专业服务，而有些公司相互关联，提供从设计到生产的全过程，也有些可以从头到尾按照客户的设计要求来制作珠宝饰品，甚至可以根据需求进行小批量生产。在进行委托加工时，一定要提前明确自己最终需要的效果。如有必要，可以就流程和可能出现的结果类型提前征求意见，但在与合作方接触之前，最好对特定流程有充分的了解，以便更好地沟通。

银和淡蓝色玻璃制作的
戒指《生长》
（第262页）

电镀是在成品表面沉积一层薄薄纯金属的过程。这种技术通常用于覆盖标准银表面的火焰痕，来改变一件首饰的色彩或外观。电镀服务通常与抛光相结合，使首饰具有专业的光泽。

电镀和抛光

电镀前的准备

首先作品必须已经全部完成，包括所有已经固定的宝石（除对化学物质敏感的石头外）。电镀之前金属物体与最终的造型保持一致，因此在交付电镀前，请仔细完成金属加工部分，因为电镀之后就不能对其进行加热或调整，否则金属会受损，并且会出现划痕或瑕疵。

钢铁、黏合剂或天然材料不能进行电镀，但铜、黄铜、首饰铜、银和金都可以进行电镀。

操作时，可以通过遮蔽技术控制电镀的区域，方法与蚀刻时的遮蔽相似，但仍需经过电镀过程，所以它的遮蔽材料是一种特殊的液体，专用于抵抗电镀过程中使用的化学品。

电镀的类型

并不是所有的电镀设备都能提供全套的金属电镀服务，常见的电镀设备可以镀金、银和白铑，而能兼顾电镀黑金、铑和钌的相对较少，但也有一些电镀设备专门用于实现特殊的饰面设计，如古董色调的黄金。

《身体遮罩2#》（内衣）
李日君（Il Jung Lee）
这个大的造型是在镀金之前用铜板锻造出来的，其内部填充了天鹅绒。

硬质镀层应该用于磨损量大的工件。硬质比软质镀层更耐用，但可能没有更广泛的色彩选择。由于只沉积了非常薄的一层金属，因此所有的金属镀层最终都不可避免地会被磨损。

闪镀膜（薄镀层）虽然只有1微米厚，但对于低成本地改变大工件的色彩，或者制造一件不易被磨损的物品（如陈设样品），还是很有用的。同时，闪镀膜也适用于没有摩擦危险的凹坑。5微米为标准电镀层的厚度，但应适当增加所能接受的磨损量，尤其是硬质镀层，厚度最多可达20微米。

电镀工艺

先将工件在几种不同的化学溶液中清洗和脱脂，然后用铜线将工件连接在阴极上，悬挂在镀液中。镀液中含有待沉积的金属盐溶液——从阳极经过溶液的电流使金属溶解并沉积在阴极。在电镀过程中，需要适当搅拌或旋转工件，以便使金属沉积均匀。

用于电镀贵重金属的溶液含有钾或氰化钠，这些溶液毒性很高，只能由受过培训的专业人员处理。

专业抛光

通常电镀服务的一部分是先让有经验的抛光师对工件进行抛光，他们可以使抛光工件充分发挥其潜力。如果不希望作品被打磨，一定要提前告知，如作品特别脆弱或者曾使用了特殊的表面处理手法，抛光可能会将其损坏。许多加工机构还提供喷砂服务，使金属表面呈现哑光、磨砂的效果。

电镀手镯
平田秋子（Akiko Furuta）
当加工完成以后，这个铸造的手镯表面被镀上了黑金。

委托加工时的注意事项

- 当拿着作品去电镀时，要确保自己已经明确了预期效果。大多数电镀公司都有一套不同的镀层和表面处理的样品，如果需要弄清楚哪种表面处理最适合你的作品，请根据样品展示进行选择。如有需要，还可以咨询专业人士的意见。
- 需提前打电话了解电镀设备何时能准备好，以及需要的特定类型的电镀准备是否已经完成。对于一个电镀工人来说，除非亲眼看到，否则很难估算出一个特定电镀过程的成本。
- 建议多参考一些不同的样本，确定哪些样本可以做出自己喜欢的装饰或色彩；咨询其他珠宝设计师的建议，参考他们的经验分享。
- 如果对结果不满意，可以提出，但一定要有礼貌。
- 尽量选择一家完善的服务商，因为要把有价值的工件托付给他们。如果这项工作不被认真对待，则可能会浪费自己的时间和金钱。

失蜡浇铸工艺可以将蜡模型转化为固体金属形式,现代生产技术意味着可以用选择的贵金属高质量地复制原来的蜡模。用零件和物体直接做出的模具可以生产出许多相同的零件。

铸造

失蜡铸造

当造型被珠宝设计师们雕刻在蜡上之后,就可以把它送到铸造车间,在那里它将被转换成一个金属复制品。蜡模上需要有一个浇口,这是一根蜡杆,通过它与蜡树和其他蜡模连接为一个整体。这棵蜡树会被安装在一个胶底上,放在烧瓶里,钢铃里将装满一种叫作"铸粉"的特殊石膏。当铸粉凝固后,钢铃就会被倒放在电窑里加热,这时蜡就会熔化,留下一个空腔,这就是该工艺得名的缘由。当铸粉未冷却时,

熔化的金属通过真空铸造机被吸入铸粉模具内,填补了空腔,并创造了蜡模的副本。由于现代铸造技术的发展,所得到的金属具有良好的表面光泽,表面沙眼率小,收缩率也相对较小。

虽然大多数珠宝铸造是用金合金、银和铂来完成的,但也有可能找到其他金属,如黄铜、青铜、不锈钢、铝、钯和抗变色的银合金。有多种不同的黄金合金可以被铸造,请明确所要选择的金属种类,因为有些金属比其他金属更难加工。

哥特式窗户形戒指
阿纳斯塔西娅·扬(Anastasia Young)
该戒指的多个蜡模是由硫化橡胶模具
(参见第158页)生产的,然后再铸造成
银质成品。

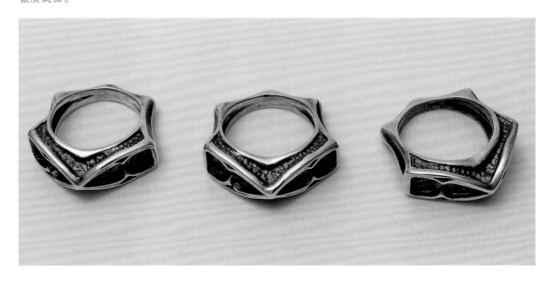

戒指《电话号码》
梅特·克拉斯科夫（Mette Klarskov）
该氧化效果的系列戒指是用计算机
设计并喷蜡制成的，蜡模随后被铸成
钢质成品。

蜡模的复制

失蜡浇铸的过程会导致原始蜡模被破坏，因此如果需要一个以上蜡模副本时，就必须制作一个模具。硫化模非常耐用，是珠宝首饰铸造中最常用的模具，可以将金属母版翻制成硫化膜，从而制作出许多失蜡铸造的蜡模。模具制作的成本取决于复制件的大小和复杂程度，即使翻制出一件蜡模也要收费。

模具作为一种多倍复制的工具，虽然通过胶模复制的蜡模细节可能会略有减少，但在生产铸造CAD件时还应予考虑，因为喷蜡的成本比注蜡复制品要高得多。冷固化的硅胶也可以用来为金属铸件制作模具，特别是无法承受硫化过程的一些自然材料或脆性材料。

CAD/CAM喷蜡成型

使用蜡打印输出等技术创建的模型可以直接用于金属铸造。一些浇铸厂会提供与CAD/CAM相关的服务，包括打印蜡模和铸造蜡模。有关这些过程的详细信息参见第270页。

清理铸件

铸件完成后通常要经过酸洗、清洁和粗打磨才能交付。浇口的残余部分仍然会附着在上面，所以要用锯子把它锯掉，再把这个区域锉成与造型一致的效果。该过程需要多大的工作量取决于物体表面的效果，物体表面布满纹理要比在物体表面抛光处理省力很多，因此这些在设计阶段提前考量和准备。浇口可以作为废料返还给浇铸厂。

注意，当委托浇铸时，铸件的成本取决于以下几个因素：

- 物体的大小。这决定了一棵蜡树上能装多少个蜡模，因此也就决定了一个烧瓶里能装多少铸件。单个物体的大小在整个烧瓶容积中的占比，决定了最终的成本。
- 使用的金属合金。浇铸厂通常不会用废金属回收铸造，除非是他们自己的浇口边角料等。这样可以减小污染的风险。
- 当前金属价格。
从提供蜡模到获得金属铸件的时间通常为4～7天。如果需要制作胶模，服务时间可能会更长。

电铸是一种类似电镀的工艺，但通过该技术可以在涂有导电涂料的非金属物体表面沉积一层较厚的精炼金属。这项工艺非常实用，可以形成大型的空心造型，很难被其他工艺替代。

电铸

电铸过程

电铸的工作原理与电镀相同，但使用的金属是可溶性阳极，阳极将其沉积在阴极上。它与形成阴极的工件一起悬浮在电解溶液中。化学镀液的温度及其通过气泡的搅动对金属均匀沉积到阴极上起着至关重要的作用。电铸只能用纯铜、纯银或纯金来完成，这意味着所得到的形状是由相对较软的金属制成的，这限制了其应用范围。与电镀一样，电铸过程中使用的化学物质毒性极强，如含有剧毒的氰化物。

这种工艺与电镀的主要区别在于，非金属物体只要涂上导电金属涂料，就可以被覆盖上一层金属，由此产生的金属外壳可以以多种方式继续操作，这取决于该作品的设计构想。

电铸工艺还可以利用硅树脂模具内部创建出金属的造型，形成一个精确的复制品，且不会丢失表面细节。如果服务供应商能提供制作该模具的服务会更好，因为他们知道成功制作模具的确切要求。

电铸前的准备

几乎任何物体都可以电铸。许多首饰设计师选择用蜡或黏土做造型，这些材料可以通

银和淡蓝色玻璃的戒指《生长》
塞雷娜·帕克（Serena Park）
这是将玻璃珠插在蜡模上直接整体电镀制成的纯银作品。玻璃的部分没有涂导电涂料，因此仍然显露在外。

电铸成型的吊坠
莉娜·彼得森（Lina Peterson）
电铸的线性结构与玻璃串珠结合
形成了这条项链。

过电铸转换成金属材质，可以增强首饰的强度。突出的导线为金属沉积到阴极提供了有效的途径。天然物体或由天然材料制成的物体可以被电铸，但需要涂几层气雾清漆，以便完全密封，避免电铸过程中化学物质溶解天然材料以及化学溶液污染。宝石、玻璃或其他惰性材料可以一并置入模型中，以便它们通过金属沉积完成镶嵌。物体或造型在电铸之前必须涂上一层铜或银漆，以便传导电流，电铸公司通常会代为完成这步操作，因为最均匀的覆盖效果是通过喷雾实现的。委托方可以指定希望沉积的金属层厚度，公司也可以提供建议。因为每种表面效果可能对电铸厚度都有特定要求，如果表面需要高度抛光，那么电铸层需要更厚，以便进行打磨。然而，需要注意的是：金属越厚，在工件表面留下的细节就会越少。

中空造型的加工

在蜡模型上形成的电铸物体可以在电铸后将蜡小心地熔化，形成中空造型。如果铸层足够厚，可以无任何风险地进行钻孔、抛光或焊接。在加热电铸件时，偶尔会有释放氰化物气体的危险，请与代工的公司商议如何处理产生的氰化物，以便他们在存在潜在风险时发出警告。

电铸件可以与其他组件相互连接，但注意在工件电铸之前要结合连接方法进行考虑，这样设计的强度和完整性就不会受到影响了。

委托电铸时的注意事项：

- 与电铸公司交流、讨论构思，他们会告知与需求相关的具体限制。

- 铜和纯银非常柔软，不适合制作薄的工件，但模型内部可用金属丝加固。

- 由于设备非常相似，大多数电铸企业也提供电镀和抛光服务。

- 如果要在截止日期前完成工作，需要安排充裕的时间给电铸公司。因为电铸服务供应商并不多，而且通常非常繁忙。

- 成本取决于使用的金属类型、数量以及完成这项工作所需的时间。电铸是一种昂贵的珠宝制作工艺，模具都是一次性的。

宝石镶嵌非常需要耐心和技巧。专业的镶嵌技师在金属镶嵌和宝石镶嵌方面经验丰富，当用珍贵的宝石制作一件作品时，不要吝惜佣金，因为宝石的完美镶嵌才是最重要的。

宝石镶嵌

何时需要专业人士

宝石的镶嵌是一项艰巨的任务，尤其对没有经验的人而言。虽然练习是最好的学习方法，但有时可能不想冒出错的风险。在处理贵重宝石和贵重金属（如铂）时，出错的代价会很高，因此通常值得聘请专业人士来进行宝石的镶嵌操作。某些类型的宝石镶嵌，如密钉镶或幻景镶，需要多年的经验才能掌握，只有由经验丰富的专业人士来做，才能达到满意的效果。技师可能会拒绝镶嵌某些类型的宝石，如那些易碎或脆弱的类型。

镶嵌前的准备

在送镶之前，作品除了宝石底托之外应该都已完成。被镶嵌密封的内部或其他区域将因为宝石的镶嵌而无法触及，所以在镶嵌之前应该完成其最终的表面效果。另外，需要明确指出宝石镶嵌的位置——位置可能很明显，也可能不明显，不一定取决于镶嵌的类型。进行齐顶镶或珠镶时可以先钻孔定位，但这些孔必须小于将使用的宝石直径。要密钉镶的区域应该预留出来，因为需由镶嵌技师来确定石头的确切位置。此外，要为技师提供密钉镶所需的校准后的宝石，因为大小均一的宝石比大小不同的宝石更容易镶嵌。

当宝石固定好后就可以电镀工件了（参见第258页）。

耳环、手镯和戒指套装
贾妮斯·克尔曼（Janis Kerman）
许多珠宝设计师会考虑将密钉镶外包给专业的镶嵌技师来完成。

委托镶嵌的注意事项：

- 某些类型的宝石比其他类型的宝石更适合某些特定的镶嵌工艺，比如硬质宝石比软质宝石更通用，但要检查宝石的脆性。有些镶嵌工艺需要对局部点施加更大的压力，这可能会导致脆性宝石断裂。
- 镶嵌技师通常会按宝石个数计费，但这取决于镶嵌的工艺类型。

雕刻是一项需要多年练习才能掌握的技术，所以对于难度较高的设计图案和铭文，最好由专业人士来完成。他们会有程式化设计和字母组合，但你可能更希望提供自己的设计方案。

雕刻

雕刻作品种类

通常来说，雕刻往往被用于珠宝和其他小型金属制品上的铭文、印章、签名和纹章，但现在也被用于其他装饰上。维多利亚时代的珠宝通常要用到雕刻，但由于雕刻在某种程度上已经被电脑技术和规模化生产所取代，所以它现在很少被使用。

好的手工雕刻可以增强当代珠宝首饰的时代感，为丰富装饰效果、实现个性表达或体现传统复古效果提供了独特的方法。雕刻刀痕的光反射可以增强设计的表现效果，但这取决于金属雕凿的方向、角度及工具。可以在各种表面手工雕刻铭文，包括戒指圈的内壁。

用于激光切割的技术也可以用于激光雕刻金属，其效果类似于精细的光蚀刻或喷砂，而不是钢质雕刻刀所特有的明亮刀痕。

自动车削是一种利用计算机控制的铣床在金属上雕刻出精致图案的机械雕刻形式。这项服务通常只有专业公司才能提供。

银质玻璃杯垫
露丝・安东尼（Ruth Anthony）
这件作品是手工雕刻的，图案为维多利亚风格的鸽子和卷草。

委托雕刻的注意事项：

• 雕刻师可能在工作坊里与其他专业的工匠一起合作，也可能作为独立提供雕刻服务。成为一名熟练的雕刻师需要很多年的时间，雕刻师通常会专注于一个领域，如刻字、印章雕刻、版画雕刻或图案雕刻。

• 机器雕刻可以比手工雕刻更便宜地批量复制作品，而代工车间往往可以将两者结合。

• 如果雕刻师属于工作坊，那么工作坊通常还会抽取部门佣金；如果是个体经营者或自由雕刻师，委托方只需要为他们个人支付佣金即可。

• 所需雕刻图案的复杂性将决定工件的工费以及所需的时间。

激光点焊和TIG（非熔化极惰性气体保护电弧焊）是一种将小面积金属熔合在一起的简单方法。这两种焊接方法还能够将非金属材料与金属材料结合在一起，这是其他任何方法都不能实现的。

激光点焊和TIG碰焊

冷连接的应用

不能用常规焊接方法连接金属部件时，可以通过激光或脉冲焊接小区域来永久地将它们连接起来。激光束或TIG焊接中使用的电流非常强，可以使局部温度瞬间升高，导致金属熔化和融合，并以脉冲的形式与惰性气体（如氩气）一起燃烧。气体的作用与焊接中使用的助焊剂类似，目的是防止氧化和焊缝变成多孔。

脉冲确实会导致一些金属移位，虽然痕迹很小，但可能会很难看。可以在焊接点使用一根与被连接的金属相同的金属丝，以便在焊接时送入连接处。重叠焊接点将会使连接更牢固，接触面积更大。

这两种焊接工艺可以有效应对棘手的焊接操作，如涉及铰链制造的焊接。铰链的转向节可以在整个铰链处于原位的情况下固定到位，然后将两部分拆开单独焊接，从而确保分别焊接的部分不会发生移位。在焊接过程中，工件可以用绑丝或模型黏土临时固定。

大多数金属都可以用这两种方法进行连接，但是不同金属的焊接效果会有差异，部分金属焊接性能会更好。

焊接贵金属的局限性

金属点焊的焊点可能是脆性的，因而不要期望这种焊点在压力下承担结构性的压力，因为它承受不了太大的力。珠宝首饰制作中使用的点焊规模往往较小，而且金属的反应方式也不相同：铝和钢比其他金属点焊效果要好得多，而银的点焊效果较差，因为它反射性很强——如果焊接前金属被黏土或墨水弄脏，可以有效降低其反射性，有助于点焊。

双面领饰
弗里达·芒罗（Frieda Munro）
这种领饰的晶体状金属结构是用薄板制成的。在焊接前，用PUK焊把小平面固定在适当的位置。

> **委托点焊时的注意事项：**
> • 除了提供焊接服务的公司，还可以参加一些机构的培训，学习如何使用激光焊接设备。一旦接受了培训，后续就可以只租用设备了。
> • 使用焊接设备时一定要保护好眼睛，并在使用前查看制造商的安全建议。
> • 未经适当培训，绝不能使用点焊设备，因为有些零件如果使用不当可能会非常危险。

在理想状态下小批量生产时可以使用自动切割工艺,这些工艺可使用计算机驱动的水射流或激光沿着矢量的图像文件切割出非常精确的设计。激光切割不能用于金属,但水切割可以广泛用于切割各种材料。

激光切割和水切割

准备二维铣削的设计

向公司提供一个矢量图形、图像计算机文件,这些图形或图像应是使用 Adobe Illustrator 或 AutoCAD 等软件创建的。在线设计程序也可以使用,这意味着可以生成矢量图纸而无须购买专业软件。提前与服务供应商咨询和落实所能接受的文件类型是非常有必要的。某些类型的文件可以很容易地转换为可用的数据,但其他类型的文件则不能。大多数公司也接受手绘原图,并将其转换为数据文件,但费用昂贵。

剪纸效果的手镯
詹纳卡·戴维斯(Jennaca Davies)
这款手镯复杂的剪纸效果都是通过激光切割实现的,这是其他方法无法做到的。

小批量制作

虽然所使用的流程意味着可以生产单独的部件、原型或小批量运行,但是当生产数量合理的相同组件或部件时,使用这些技术通常是最经济有效的。然而,使用这两种切割方法都可以创建复杂的镂空效果,从而大大减少所需的手工劳动。

激光与水刀切割

在激光切割中,计算机利用矢量信息来引导激光束。激光不能用来切割金属,但可以在金属表面形成印记。木材、塑料、皮革、织物、外壳、毛毡和橡胶都可以进行激光切割。需要注意的是,强烈的光束会对天然材料造成轻微的灼伤,在浅色材料上更明显。

水切割将水和研磨介质混合喷射到工件上,在压力下对材料进行腐蚀,从而实现切割金属和大多数其他材料。光泽度比激光切割要高,并且可以根据工件的要求进行调整。这种机器是由计算机驱动的,使用矢量数据的方式与激光切割相同。

有些公司会按时间收费,有些会按计件收费,有些则按材料类型收费,因此在同意进行委托加工之前要先获得报价。

一种光敏薄膜被用来制作光蚀刻的抗蚀剂，可以让设计、图形、图像和文字可以被蚀刻到金属薄片上。金属的两面可以同时蚀刻，能有效地"镂空"出图案。

光蚀刻

准备进行光蚀刻的设计图

光蚀刻工艺在珠宝首饰的许多应用中都很有用，包括在金属的低浮雕设计中精确复制文字或图像以及镂空效果等。光蚀刻是一项相对昂贵的工艺，在采用之前应该考虑其是否为最适合的方法，但在制作大量图案和复杂的镂空形式时，这是理想的方法。

光蚀刻通常是在标准尺寸的金属薄片上进行的，这样可以方便公司制作工具和蚀刻金属。从成本和经济的角度看，最好在整个区域都布满需要蚀刻的花纹，因为空白的区域也需要付费。可以尽可能有效地填满金属表面，这样就可以在金属板上得到尽可能多的图案。

设计稿必须是黑白的，并在发送之前确认公司将接受哪些类型的文件。手绘图像应该以实际大小的两倍绘制，然后缩小，这样可以提供更高的精度。线条的最细程度取决于线条被蚀刻的深度以及设计之间的最小间隙，这两个因素都可能取决于被蚀刻金属的厚度。

当公司获得了设计图，他们就会用其制作一个透明正片或照相底片式的负片。感光膜附着在金属上，而透明膜放置在膜上，并在一定时间内曝光。未显影的薄膜在金属表面溶解，留下抗蚀剂作为最终图案的突起部分。然后，就可以对该片金属进行蚀刻了。

光蚀刻银项链
英尼·普南恩（Inni Pärnänen）
这条银项链的零件在成型和焊接之前，先采用光蚀刻法进行了镂空。

双头戒指
谢尔比·费里斯·菲茨帕特
里克(Shelby Ferris Fitzpatrick)
光蚀刻工艺被用来给这些银
戒指增加肌理效果。

双面光蚀刻

使用透明底片精确地将图像放置在金属
薄片的正反两面,同时在完全相同的位置从两
侧蚀刻金属,这种方法可以有效地实现镂空效
果,有时被称为"光化学铣削"。

使用这种方法可以形成多种效果,一种
效果是只有一个镂空的轮廓,外部金属被全部
蚀刻掉。而有些只是在一面形成精细的图像,
这些图像将被蚀刻到板材深度的一半。建议
在镂空的设计上预留出一些连接的"桥梁",
以便镂空的金属片能与主金属板暂时保持关
联,这样在蚀刻过程中它们就不会在蚀刻槽中
丢失。

进行双面蚀刻时,可以提供两种设计,一
种是只有形状的轮廓,另一种是带有轮廓和图
案的稿子。

清理光蚀刻件

相比进行图像蚀刻的金属片来说,镂空
的光蚀刻片需要更多的打磨修整,以便形成完

好的边缘。此时,连接金属片与金属片的"桥
梁"可以被剪断,以释放出镂空的造型。金属
片蚀刻的边缘将会相对粗糙,在抛光或组装之
前需要锉削和打磨。打磨、抛光和成型工艺
都会破坏精细的蚀刻设计。光蚀刻通常是在
金属的平板上进行的,当金属被蚀刻出图案之
后,为了制作一个作品,可能需要对金属片进
行锻打、弯折成型。对待此类金属要像对待任
何有纹理的表面一样,只使用塑料或橡胶锤和
成型桩、杆,并尽可能用胶带保护表面。请记
住,被刻蚀过的部分比没有刻蚀过的部分更容
易弯曲。

> **委托光蚀刻加工的注意事项:**
> - 费用包括模具成本、金属成本(通常以标准尺寸提供,如A4
>   或A3纸大小及蚀刻深度),如果设计图不是数字格式的还
>   需要格式转换的成本。
> - 在最终定稿前与公司交流一下你的设计很有必要,这样可
>   以确保没有错误,并成功实现你所需要的效果。

计算机辅助设计和建模可以通过创建一个虚拟的三维模型来系统地设计首饰作品，然后进行喷蜡打印，并允许它通过失蜡铸造制作成金属器物。

CAD/CAM

虚拟三维模型创建完成后，可以用来创建作品的逼真图像，接下来3D打印机可以将设计打印成蜡模，并将其铸造成金属。

计算机辅助设计（CAD）

CAD/CAM涵盖了一系列技术，这些技术使用计算机产生的或输入计算机的数据来辅助或影响设计，并驱动执行该设计数据。每一种工艺都有其优势和局限性，但随着技术的进步，看到它们如何应用于珠宝制作是令人兴奋的。CAD/CAM作为一种生产大量高品质铸件模型经济有效的方法，在商业珠宝制造业中得到了广泛的应用。研究机构正在探索如何以更创新的方式使用这项技术，并为设计师和珠宝商提供个性化的服务。软件和硬件的进步使更多的人可以使用这些技术。有些软件可以在网上使用，任何人，只要有电脑、有意愿，都可以设计出富有想象力的作品。

虽然CAD/CAM通常被理解成为蜡模建立三维模型的过程，但是其他技术，如自动车削、激光切割、水刀切割、激光雕刻和光蚀刻，也都涉及计算机的应用。

建立三维模型

三维建模的原理是，基于线性图形来构建复杂的形式，称为"向量"。形状可以被拉伸、扭曲、旋转、添加、删减、复制，并且可以轻松地改变它们的比例，因此在探索形式的过程中可以提供无限的可能性，最终计算机会存储设计中所有点之间空间关系的详细信息。

三维建模实际是图中所包含的空间信息，使计算机能够跟踪线条并将其应用于技术过程。最简单的设计是二维的，可以用来创建图案的激光切割和雕刻标记、水切割和光蚀刻。Adobe Illustrator通常用于这类设计，也可以用于创建3D设计。

Rhinoceros是珠宝设计师经常使用的软件应用程序，它允许将造型构建和操作为一组网格状线条，来勾勒和描述物件。

图像渲染

当首饰造型被构建成3D形式，设计效果就可以"呈现"得更直观了，这相当于为作品制作一个演示图像。当使用Rhinoceros时，文件被发送到Flamingo，这是一个附属程序，可以选择材料、饰面和宝石的色彩等参数，并应用到模型上，实际上是在网格表面创建层皮

内滚珠戒指
肖恩·奥·康奈尔（Sean O'Connell）
用18K黄金快速成型、铸造了这枚带有活动滚珠的戒指，红宝石珠在其内部移动使戒指看起来像一个轴承。

项链《遗迹》
梅特·克拉斯科夫（Mette Klarskov）
这条项链上的吊坠采用了计算机设
计和喷蜡造型，用金铸成并配有一串
淡水珍珠。

肤，还可以应用不同的灯光效果，显示出作品制作完成后的样子。渲染可能需要相当长的时间，这取决于所需的图像质量。计算机可以渲染生成与照片几乎无法区分的图像，但这些图像可能需要数天才能生成。

计算机辅助成型（CAM）

这个基于矢量的虚拟模型可以通过3D喷蜡机转换成实物，在一个被称为"快速成型"的过程中，喷蜡机将蜡层沉积成设计的造型。通常喷蜡机会用到两种类型的蜡：一种硬而脆的蜡用来制作作品；另一种蜡用来支撑作品的各个区域，这种蜡是水溶性的，一旦打印完成，它就会溶解，在硬蜡中留下一个空腔，然后就可以用失蜡铸造法把蜡模铸造出来。这些蜡模非常脆弱，需要非常小心地处理，因为它们的生产成本很高。

同样类型的矢量数据可以通过雕刻机在材料上雕刻成浮雕图案，但由于雕刻机无法雕刻截面为"底大口小"的设计，因而图案设计也在一定程度上受到了限制。

使用CAD/CAM创建珠宝

越来越多的公司提供完整的CAD/CAM首饰制作服务，从将手绘图像转换成三维模型，到呈现图像，再到喷蜡、铸造，甚至是打磨和石材镶嵌，你所要做的就是设计作品。在设计时就考虑制作的过程非常有必要，如果一个简单的作品可以用蜡雕或其他制作方法以较低的成本制作出来，那么花钱为它建模就没有意义了。在决定设计最适合自己的作品时，要考虑不同工艺之间在设计和制造时间上的差异。例如，一些CAD设计的是非常复杂的对象，以至于不可能制作硫化橡胶模具来批量创建蜡模，因此每个作品都需要通过喷蜡的形式形成蜡模，这可能很昂贵，但是CAD对于创建精确的几何形状或者定位那些需要精准镶嵌的宝石的形状特别有用。

许多大学现在提供CAD/CAM软件包和短期技术培训，也有的学校将其作为珠宝设计专业本科教学的一部分。

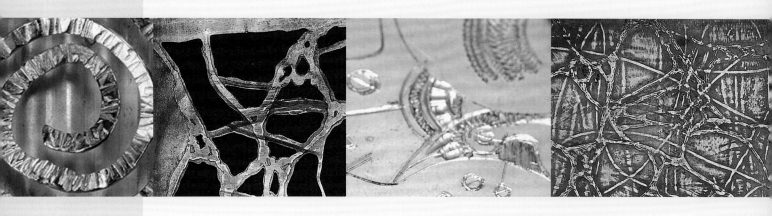

第三章

设 计

所有珠宝首饰的设计都源于灵感，无论是技术、材料、图像，还是物体的视觉效果。你可以广泛地收集信息，激发自己的探索兴趣。

灵感

自然物体
研究自己感兴趣的点：是纹理还是结构形式？

去哪里看

博物馆、画廊和展览是寻找灵感的好地方，这里充满了有趣的元素，你可以仔细观摩实物，而不仅仅是看平面图像。书籍、杂志和互联网都是很好的研究工具，但没有什么可以替代身临其境的感受。观察历史文物和当代作品，注意分析它们是如何制作的，以及为什么它们看起来是这样的效果。珠宝以外的设计学科，如建筑、纺织、陶艺、玻璃艺术和家具设计，也可以启发灵感。

大自然也提供了无限的资源，有一系列宏伟的结构和形式可供参考。如果对大自然感兴趣，可以花一天时间在植物园里观察，并带上速写本和相机。

灵感也可能在最意想不到的时候被激发，比如一首诗、一次谈话、一顿饭或一次旅行……灵感是无限的，可以用来指导珠宝设计。

灵感的整理和挖掘

珠宝首饰是一种三维的媒介，所以研究三维形式的好处在于它们能帮助你理解表达形式、形状和线条是如何在空间中相互交叉的。

你可以在各种各样的地方找到要研究对象。如果不可能收集或购买到这个对象，可以试着将其画下或拍下，这样就能记住它有趣

从哪里寻找灵感

尽可能广泛地寻找灵感，比如参观当地的博物馆、画廊和展览，也可以借鉴其他珠宝设计师的作品。

计划和准备
在参观博物馆之前，预估自己想看什么。先要一张博物馆布局图，然后参观感兴趣的区域。随身携带笔记本和铅笔，记下瞬间产生的灵感。

博物馆

参观博物馆，研究珠宝、铜器、农业、工业工具以及任何有吸引力的事物。记住，当地的小型博物馆也可能十分有趣，会让你对这个地区有深切的感知。

画廊

参观当地画廊的展览品，并要求加入画廊的通知邮寄名单——这些资源都是可以利用的。确认哪些展览是自己喜欢的，哪些是自己不喜欢的。

展览和工作室

阅读当地报纸或杂志的目录，了解其他展览的信息。例如，你所在的小镇可能会举办一个当地艺术家向公众开放其工作室的艺术节。抓住机会看看其他艺术家的

的样子。试着建立一个有趣形式和肌理的元素集合，这些元素可以用于静物画、摄影或拼贴——可以将元素切割、打碎，在碎片中发现可使用的对象或者简单地将其展示出来。

明信片
收集展览中看到并喜欢的明信片，这有助于了解当前珠宝流行的趋势和做法。

作品，和他们交流创作心得。一些展览和博览会可能会有艺术家作品的展示，抓住机会观察他们使用的工艺和工具。

杂志

大多数与时尚有关的杂志都会刊登珠宝广告，甚至是珠宝的专题报道。即使是在与时尚无关的杂志上，你也会发现模特戴着珠宝的照片或者展示珠宝的画廊列表。另外，还有一些专业的珠宝杂志——可以到当地图书馆或书店寻找。

书

关于珠宝的书籍提供了奇妙的思路，可以了解世界各地珠宝艺术家的创作方式。你可以在当地图书馆里研究这些灵感的来源，或者在网上查找与珠宝相关的图书。

互联网

在搜索引擎中搜索图片，你就可以从大量资源中找到与任何主题相关的、激发灵感的照片、绘图和作品。与任何艺术创作一样，不要直接复制其他艺术家的作品，但可以借鉴它带给你的灵感。

照片

照片可以提供有用的参考。雕塑纹理的图像暗示了一件作品的表面质量。复制和完善金属的纹理,在最后一块建成之前,可以形成另一个新的研究领域。

记录自己的研究

把速写本作为视觉日记,记录下自己发现的东西,包括草图、拼贴画、照片和其他感兴趣的内容。当考虑一个项目的时候,积累的研究会提供一个特定的方向,有时可能是几个方向——有些可能是"死胡同",但是可以提供灵感和素材。将自己认为可能与某个特定项目相关的关键图片拼贴起来,可以为首饰创作提供样式或功能大量有用的信息,如色调、肌理、形状和美学等信息。

思绪板(下图)

通过裁剪和图像排版,为项目创建一个思绪板——考虑图像交互的方式、色调和结构形式。这个思绪板对比了现代主义和哥特式建筑的结构和效果。

　　绘图是一个重要的设计工具，因为它为探索和记录想法提供了表达的媒介。珠宝设计师可能会在设计过程中形成几种类型的图稿，包括速写草图和详细的技术图。

设计图

速写

　　速写本是纸上探索过程的记录，没有好坏之分——有些速写本充满了详细的色彩研究，而另一些则可能只是粗略的线条图。和其他技能一样，绘画需要投入和练习才能达到预期的效果，但不要被绘画技巧所限制，唯一的要求就是理解自己所画的信息。可以准备一本以上的速写本：小的用来做笔记，大的用来记录详细的探索想法。大幅的页面可以将想法的产生过程放在一起——这有助于思路顺利地形成并互相补充。

探索性设计

　　找到适合自己的绘画风格是很重要的——即使在一页纸上写下几行思路，绘画就是记录思路过程的一种方式，它不必是一件杰作，但应该能够清晰地传达思想。绘画风格可以传达情感、动作和氛围，利用自己独特的视觉语言有助于证明自己的设计决策。

　　从多个角度绘制物体有助于全面了解它，可以使用自己的图纸来强调重要的部分，如形式的构成或装饰的细节。自己绘制一个物体，需要明确它的所有细节。你还可以提取对象的局部并将其抽象为新的造型和形式，并探索对该对象的情感反应。将一种元素或局部放大、拉伸、收缩、翻转，添加新内容到这些元素或交换其中的一部分，也有助于拓宽思路。

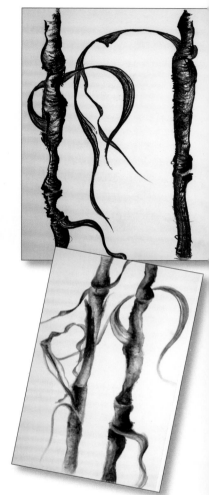

尝试不同的媒介
同样的研究对象可以用不同的媒介来进行探索——钢笔、铅笔、颜料和木炭都会给一幅画带来不同的美感，也可尝试速写草图和详细图纸。

对局部的研究分析
对动物的研究可以提供很好的素材，并可从中抽象出形式和结构。

个人视觉语言
用速写本创造个人的视觉语言。

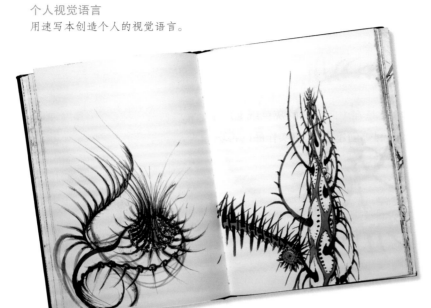

像 PhotoShop 这样的软件可以处理图像或创建拼贴画。图纸可以按比例拉伸或改变，但记住保留作品的副本，这样才能看到进展。

图纸设计

设计过程最好在纸上进行，重要的是把想法记录在纸上，这样就能理解一件作品的造型是如何设计出来的。设计时，要在图纸上展现作品不同的视角，并考虑如何制作作品，包括使用的技术和制作过程。技术水平将影响设计过程，掌握的技术越多，对于特定问题的解决方案可能就越多。

技术路线图

将所有的技术信息保存在一本书或一个文件夹中，可以作为将来的参考，特别是如果想在几年后重新制作某件作品，而原先的作

设计图纸（下图）
当一个物体的形状直接影响其功能时，技术图纸被视作设计过程的一部分。

饰品的佩戴示意（右下图）
可以用绘画来表示一件首饰应如何佩戴或者它与身体产生怎样的整体美感。

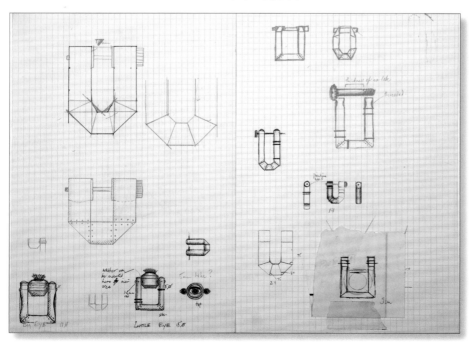

品又不在自己手中时。记录所有的信息，包括金属的厚度、切割的模板、化学配方以及其他信息，如供应商的名称。如果在制作一件作品的过程中使用了特定的或新的技术，可以记录下其详细操作以及它是否奏效。此外，还应包括失败的记录，因为这是学习过程中重要的一部分；如果出了问题，需要知道原因，这会帮助自己理解珠宝制作的过程。即使没有达到预期，仍然会学到很多关于技术或材料的知识。

精确的技术路线图应记录和作品相关的所有信息，包括工件的尺寸、模型、试验品、模板以及生产过程中和完成后工作的摄影记录，这有助于提示作品的制作流程和所处的生产阶段。一件作品最终技术路线图的形成可能要经过几个阶段——计划制作的作品、由技术原因引起的设计修改以及最终完成的作品。

效果图

在委托制作时展示出效果图是最有用的，这样客户在制作之前就能看到作品的最终效果。

传统意义上，珠宝的效果图是手绘的，是在中间色调的灰色纸上用水粉颜料等创建出的、真实作品的再现。精确地描绘金属和宝石需要一定的技巧，而绘画通常是依据珠宝的实际尺寸和详尽的细节按比例绘制的。

CAD效果图因可以很容易地适应设计的变化，为客户提供更多的选择而被视作理想的效果图表现途径。金属或宝石色彩的变化可以很容易地描绘该作品的外观。

所选择的展示风格应取决于特定的客户，但无论哪种风格，清晰的沟通都是关键。例如，你可能更喜欢使用类似时尚插图或图形的样式来展示绘图。

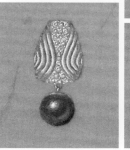

设计效果图
"渲染"是珠宝设计真实尺寸和效果的展现，可以精确地表现制作完成后的珠宝外观。

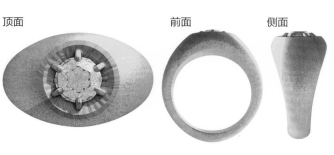

顶面　前面　侧面　透视图　前面　顶面

三维设计软件
三维设计软件可以很容易地实现作品各个角度的可视化。金属和宝石的颜色可以随时改变，以显示在不同材料下的设计效果。

为项目编写一组特定的流程或者"概要"可以突出一个项目的关键环节,快速识别可能需要进一步思考或开发的领域。流程概要提供了一个结构化的框架,有助于明确设计意图和重点。

设计检查表

你在做什么首饰

- 商业首饰还是艺术首饰? 小批量生产还是孤品定制?
- 这件饰品是否有明确的佩戴规定,还是可以随意搭配?
- 是戒指、耳环、吊坠、胸针、手镯、袖扣、胸针、领带夹、头饰、颈链,还是身体其他部位的装饰?

你的灵感是什么

- 是音乐、电影或文学作品中的虚构人物,还是名人(假设你在为其中的某人设计一件作品)?
- 你的设计理念应如何表达? 通过什么对象表达?
- 是否使用特殊的技术或材料,它可能决定佩戴的方式或功能。

如何利用你的研究来指导设计

- 你的研究是涉及珠宝制作的技术,还是艺术效果或者造型?
- 你是否从一开始就主导了整个设计?

你打算怎么制作这件作品

- 哪些技术最适合你的设计?
- 这些技术如何影响组件的功能和制造,如是否需要使用冷连接等工艺?

你为什么要制作它

- 这件作品是为了展览,还是为了表达自己的情感?

你使用什么材料

- 是使用贵金属、基础金属、宝石、天然或合成材料,还是混合材料来制作这件作品?

你的预算是多少

- 如果操作中部分工艺需要委托加工,你就不能在前期材料上花费太多,否则可能会超出预算。
- 你的预算也可以由正在制作的作品类型和计划出售的价格来决定。

你能给这个项目多少时间

- 这决定了项目的复杂程度——仔细规划,并决定你应该花多少时间设计和制作作品上。

首饰设计的关键词
对称的
不对称的
几何形
有机造型
现代主义
抽象的
雕塑式
象征性
叙事性
符号化/象征
有纪念意义的
伤感的
复古的
有趣的
政治性
时尚
外形
规模
形式
功能
色彩
肌理
后期处理

成功的设计可以让珠宝设计师名声大噪，同样这也是一种表达手段。将设计从二维图纸到三维对象的转换可能是一个挑战，因此，在设计的技术和效果展示方面，制作作品的模型都是整个过程的关键部分。

设计实现

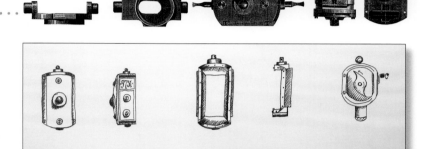

设计效果的调整

设计效果的调整不仅仅是改变外观，还包括作品的功能、结构，以及结构是如何被造型或设计效果所影响的。

你收集的研究材料和绘制的图纸将直接影响珠宝的设计。一个想法或过程可能会导致另一个想法或过程的产生——通过自己的研究可以寻找设计思路，但要控制它的方向。并不是所有在这个过程中收集或产生的信息都与自己正在从事的项目相关，但它可能在未来有用。

重复绘制对象，每次只进行稍微调整以适应新的造型或者细化某些特定的区域。这种方法可以重复很多次，但不同的想法可能产生不同的结果——尝试按阶段简化设计或者添加新的元素或结构。考虑一下该设计如何应用于不同的珠宝形式，例如，在设计戒指时可以考虑该形式或图案如何用于耳环。根据你的研究成果，推动自己在原有想法的基础上产生变化，只要把最初的目标记在心里，改变方向也是可以的。

最终你可能不会采用早期的设计效果，只把它看作是一个复杂数学方程的推演过程，应该能够通过图纸和模型看出是如何一步步得出特定答案的。

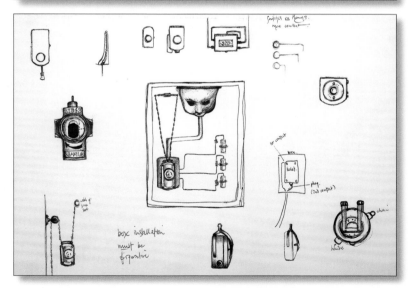

设计的调整与修订
设计的调整过程应该将想法表达在纸上，呈现出清晰的设计过程。

效果测试

当尝试一项新技术时，应该提前练习和测试。

效果测试

在开始制作最终作品之前，通常需要制作大量的样品。一系列技术被应用到样品金属上，创造出了一系列测试件。

一旦确定了这个作品的样式，就需要考虑它的构造——从几个不同的角度画出这个物体，如果必要可以使用模型，以查看是否有不太正确或需要进一步开发和改进的地方。

模型的制作

当在纸上完成了设计，就应着手制作三维模型。制作模型的原因有很多：探索形式、功能和重量，研究机械和运动部件等技术问题，对颜色、纹理技术或某一特定材料的适用性进行试验。

模型制作还可以测试想法，看看它从二维图转换成三维图时是什么样子的——有时为了从多个角度表现设计，在进一步调整之前，需要制作一个模型，可能需要对比几个模型，才能产生解决方案。

为了降低成本，模型通常是用基础金属制作的，有时也可以用纸张、卡片、模型黏土或金属线制作。对于复杂的工件，尤其是用昂贵的材料（如黄金）生产的工件，明智的做法是先制作基础金属模型，以便在最终加工前发现所有困难或问题。

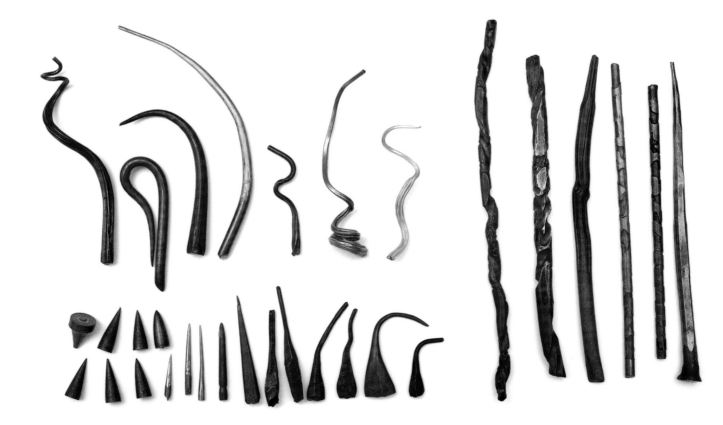

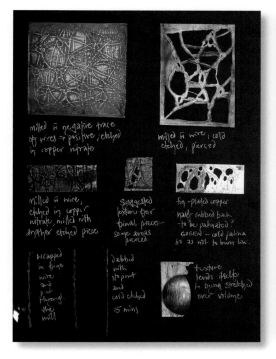

milled in negative trace
of wires → positive, etched
in copper nitrate

milled in wire, cold
etched, pierced

milled in wire,
etched in copper
nitrate, milled with
another etched piece

suggested
texture for
final piece,
some areas
pierced

tin-plated copper
hand-rubbed back
to being patinated?
GREEN - cold patina
so as not to burn tin.

wrapped
in fine
wire
and put
through
the mill

dabbed
with
stopout
and
cold etched
15 mins

texture
lends itself
to being stretched
over volume

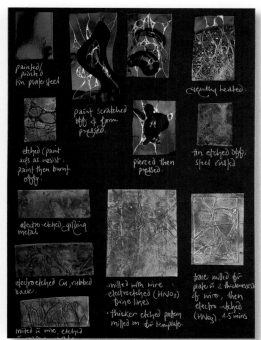

painted/
printed
tin plate steel

paint scratched
off & form
pressed.

etched (paint
acts as resist.
paint then burnt
off.)

pierced then
pressed.

tin etched off,
steel rusted

gently heated

electro-etched gilding
metal

electro-etched Cu, rubbed
back.

milled with wire
electro-etched (HNO3)
fine lines

thicker etched pattern
milled on for template.

trace milled for
plate in 2 thicknesses
of wire, then
electro-etched
(HNO3) 4-5 mins

milled in wire, etched

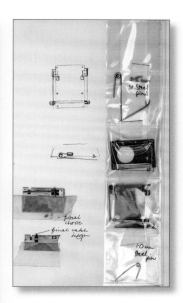

St. Steel
pins

#3 - final
choice
final catch
design

#2

10 mm
steel
pins

在制作样品和技术模
型时，要清楚地记录和
说明效果形成的过程，
这样就可以很容易地
重复这个过程。

制作前的最终梳理

所使用的技术路线、模型和探索的作品
结构应该明确一个应用工艺技术的步骤和顺
序。例如，在所有焊接完成之前，许多操作都
不能在工件上进行，包括宝石镶嵌和锈蚀着色
工艺，而一些肌理技术在平板金属上更容易
实现。

一件首饰制作总是包含不止一种工艺，工
艺的结合是重要的设计考虑因素，因为它将对
作品的外观和功能产生影响。在正式开始作
品的制作之前，仔细计划使用工艺的顺序。

输入首饰尺寸，一些金银供应商的网站就
会自动计算出一块特定尺寸的金属成本。

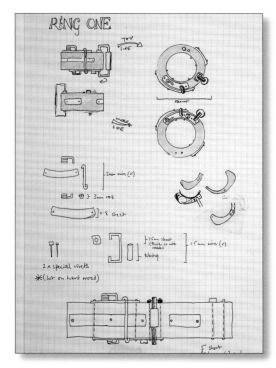

RING ONE

技术制图
一份好的技术图纸应
该包含制作工件所需
的所有信息，包括部件
尺寸和制作顺序。

商业经营

摄影和推广

如果想让更多的人看到你的首饰作品，无论是在名片、宣传册上，还是在网站上，照片都是至关重要的。许多首饰设计家的作品都会找专业摄影师进行拍摄，本节将主要介绍如何使用基本摄影设备达到想要的效果。灯光、背景和道具的使用都有助于展现珠宝饰品的不同方面，而且在决定最终效果之前，数码摄影使得探索可能性变得容易且成本低廉。通过图像传达的信息可以对作品进行有力的陈述，但最为重要的是，无论在哪里使用图像，都要把想展现的内容以可视化的方式表达出来。

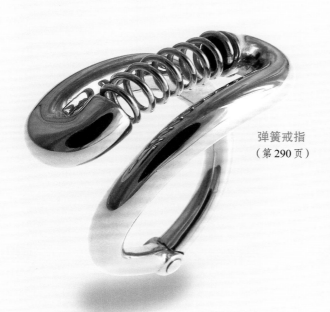

弹簧戒指
（第 290 页）

有了一些关键的摄影设备就可以清晰地拍摄作品或者其他相关主题内容。大多数设备都可以以合理的价格采购,但在初期阶段,你只需要购买最基本的设备即可。

摄影基础

摄影器材

最重要的设备是相机——现在市面上有适合每一个预算价位的数码相机,但如果要大量地摄影,应尽可能地采购高端的专业设备,以确保图像质量令人满意。确保相机具有微距或超微距功能,允许相机近距离聚焦微小物体,并使用最高的图像质量设置。购买计算机和图像编辑软件(如 PhotoShop)很有必要,但这并不在每个人的预算之内。数码照片可以很容易地在网上或当地摄影商店洗印。

小型三脚架可以拍摄特写镜头,特别是当相机抖动不能解决时。

你可以较容易地采购到便宜的小灯箱或柔光棚,它们有钢框架和可拆卸前盖的折叠织物结构,很容易通过一个狭缝将相机镜头插入内部,特别适用于拍摄抛光件,因为内部是完全白色的,消除了所有不必要的光反射。柔光棚使光源扩散,能淡化阴影,使图像看起来更专业。

照明设备

光线对于好的图像至关重要,特别是对于珠宝这样的小物件。光线越多,图像就会越清晰,景深也会越大,这意味着更多的图像会成为焦点。普通的高功率灯泡可以作为光源,但是图像的整体色彩偏黄。白炽灯、卤素灯或白色 LED 灯会有更好的效果,但它们价格略高;另外,充足的阳光也足以拍出好照片。

灯箱可以用来从下面照亮物体,这对透明材料尤其有效,因为它可以使物体折射光线,赋予它们更多的生命力。

基本的摄影器材
基本摄影器材应包括数码相机、备用电池、存储卡、摄影棚和三脚架。

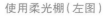

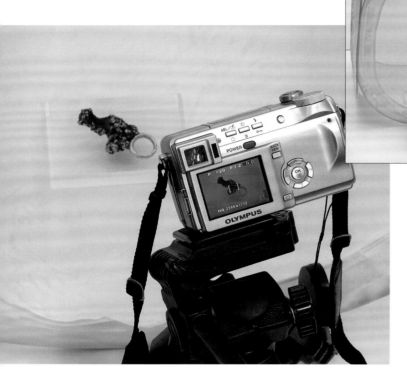

使用柔光棚（左图）
柔光棚可以提供均匀扩散的光线，淡化反射，达到更专业的效果。

用简易摄影台拍摄（下图）
类似的效果可以通过使用白卡纸在相机镜头周围建立一个简易摄影台来实现。一块布料或描图纸可以用于漫射光源。扩散量取决于光源的强度和功率。

尝试变换背景
如何在没有专门的摄影棚和只有一个光源的情况下使简易衬布上的珠宝更加清晰。

这是首饰使用灯光设备照明，且使用白色背景时的拍摄效果。整体效果较好，但无法从背景中将珠宝的边缘突显出来。

当用漫射光源拍摄时，黑色背景可以呈现出清晰明确的边缘，与银首饰形成恰当的对比，但其他色彩也会反射到主体中，要注意。

如果拍摄没有简易摄影台或柔光棚，只使用一个光源，结果会形成过大的反差，效果不能令人满意。

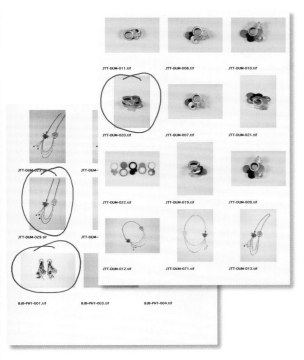

选择最终的图像
使用不同的灯光和构图来拍摄同一件
珠宝的一系列图像；最后通过比较和
筛选,确定最终采用的图像。

使用图像编辑软件可以调整照片的色调、
对比度、饱和度和曝光度,也可以给照片添加
一系列效果,但是如果照片拍摄时光线不足,
就不可能获得真正好的效果。

拍摄满意的效果

首先给自己充足的时间,因为摄影并不
只是按下快门那么简单。要拍摄比需要多得
多的照片,不断尝试改变相机的角度和光线,
并拍摄近景和广角照片。数码相机使拍摄大
量照片变得容易。然后比较和编辑其中最成
功的一两张照片,清楚地标示出自己选择的图
像,把它们储存起来,以便查找。在一个文件
夹中保存每个图像的高质量主副本,在另一个
文件夹中保存分辨率较低的副本。

用PhotoShop优化图像

大多数图像都需要进行调整,如去除灰尘斑
点或调整对比度和光线水平,有许多应用程序可
以使作品形象更加完美。

工艺示范 107

1. 这是直接从相机导出的原始文件。该照片光线需要调整,其中支撑戒指的胶泥还清晰可见。

2. 应用"自动调整"大大改善了图像的色彩和对比度,但还可以进一步手动调整效果。

3. 在这里,"橡皮"工具可以用来清除胶泥以及任何可见的灰尘和划痕,然后模糊戒指下的阴影。

4. 使用软件甚至可以将宝石从红宝石更改为橄榄石,只需选出宝石的轮廓并更改所选区域的色调即可。这张照片被编辑得更逼真了。

在珠宝首饰的制作过程中,从收集令人心动的图像,到记录一件作品的制作阶段,再到拍摄成品首饰图像,摄影可以说是必不可少的工具和手段。摄影用一种不同于展示或佩戴的方式来展示作品,尤其是在传达故事或概念的时候。

拍摄首饰

拍摄完成的作品

你可能希望有一个专业的摄影师来拍摄自己的作品,这样价格可能较高,但一般来说是物有所值的,因为你的作品会呈现出它最好的一面。需要花些时间来计划如何充分利用与摄影师预约的时间。此外,需要选择一位专门拍摄珠宝图片的摄影师,因为他们知道珠宝特有的相关技术——金属有时很难拍摄,尤其是反光很强的情况下。拍摄结束后,你将获得一张高分辨率的图像光盘。请记住,虽然作品

高质量的照明效果
简单的背景需要良好的照明才能更好地展示作品。当使用强烈的光源时,作品更多的部分会被聚焦,而此时普通的白色背景通常非常有效。

● 朴素的背景通常会产生最清晰的图像,因为它不会分散人们对首饰的注意力。但是,浅色的首饰可能会在白色背景上部分融合,黑色背景通常会让一件首饰看起来非常醒目。光线是至关重要的,恰当的光线会确保首饰的浅色区域不会过度曝光。

● 抛光表面的反光性很强,除非是在柔光棚中拍摄,否则会反射出相机、摄影师和周围环境,而柔光棚可以淡化阴影。

● 在拍摄珠宝首饰时,使用漫射光往往能得到最好的效果,纸、卡片和其他道具可以作为反光板在柔光棚内使用。

拍摄模特佩戴的效果
当利用模特展示用于摄影的珠宝时，要考虑到构图，剪裁是至关重要的，模特的肤色和"外貌"应该与拍摄的作品相匹配。

- 宝石在光线下看起来最好，可充分显示出色彩或反射出光线。

- 使用一大块白色或灰色卡纸，形成"L"形弯曲，就可以创建一个逐渐变暗的渐变色背景板。

- 改变灯光的位置会对作品的外观产生戏剧性的影响，你可以尝试用不同位置的光源进行拍摄。

是你的,但照片的版权属于摄影师,照片被发布时,他们的工作必须得到承认。

使用专业模特

有些珠宝只有在佩戴时才有意义,在这种情况下,你应该使用模特,模特的选择会极大地影响照片给人的印象。如果要拍摄模特的脸,需要在头发和化妆上花些时间,拍摄时尽量使用中性的衣服或裸露的皮肤来衬托首饰,因为珠宝始终是照片的焦点。

聘请专业模特可能是一个昂贵的选择,如果你已聘请摄影师或工作室来拍摄作品,那么为了确保最佳效果,聘请模特也是值得的。

记录

在一件作品的制作过程中,给它的各个阶段拍照可积累实用的技术经验,作为项目一部分的模型也应该被记录下来。此外,还有必要记录展览资料,以备日后参考。

帽子
劳拉·班贝尔(Laura Bamber)
模特、道具和姿势的使用都可以为图像添加额外的魅力,并且能为你的珠宝传达思想和识别身份。

• 在拍摄系列首饰集体照时,要考虑首饰之间的间隔是否合适,以及哪些部分是照片的焦点。

• 将作品放置在反光表面,如亚克力板或玻璃上,可以产生迷人的微妙倒影。

• 戒指可以用金属线或胶泥将其隐蔽地支撑起来,以改变人们看到戒指的角度。耳环和项链之类的饰品可以挂在架子上,也可以挂在其他物体上,但用于支撑的物体应该是中性的,除非它们是饰品概念的一部分,还要与展品融为一体。

无论你是在申请画廊、求职，还是在建立一个网站或作品集，都需要让人们浏览自己的作品。因此，首饰作品的图片将在其推广过程中发挥关键作用。

宣传材料

用图片来宣传自己的作品

你可以通过网站、名片、明信片、作品集以及媒体来宣传自己的设计作品。

所有宣传材料都应该传达明确的身份或品牌，它可以告诉受众你设计珠宝首饰的风格以及你本人的情况。使用的图片类型很能说明你在做什么、你是谁，所以需要仔细考虑。裁剪图像的方式对它所传达的信息有很大的影响。图像应该能够激发观众的好奇心，从而期待看到更多你的作品。明信片和名片也可以给看过你设计的人提供有用的提醒，所以要清晰地展示自己的作品，名片上还要有联系方式，这一点很重要。

一般来说，印刷所需图像的分辨率至少为 300 dpi（每英寸点数），以提供高质量的效果。通过电子邮件发送的图像分辨率可以小得多——在不损失太多图像质量的情况下来减少文件的大小——用 Web 保存文件可以减少它占用的内存，一些电子邮件应用程序允许在发送邮件之前选择文件大小。

创建个人网站

有网站设计公司或个人会按要求，建立一个属于你自己的网站。当最初申请和需要更新网站时，你需要提供所有的信息和图像。

越来越多的在线服务可以购买自己选择的域名，然后使用在线软件建立自己的网站。虽然效果比专业人士建立的网站略显简陋，但

具有图像库、视频链接、电子邮件服务和安全支付方式的在线商店功能对于许多人来说已经足够，而且这是一个很好的起步方式，毕竟成本较低。尽量保持简洁的风格，并在整个网站上保持风格统一。

制作作品集

作品集是一个展示作品图片的文件夹，可以展示给委托人、客户或潜在雇主，全面展示你工作实践的各个方面。其内容取决于作品集的用途：如果代表你的设计能力，那么它可能包含设计项目和演示图，或者提供你在职业生涯中所做的最好作品的详细记录。内容应该仔细编辑，以便只留下最有代表性的作品。使用活页相册展示作品或使用哑光塑料文件夹来保护它，尽量不要使用闪亮的塑料，因为它们反光，会很难看清其中的图片。

网站和传单
作品图片可以展示在多种媒体上：网站（下图）、明信片或小册子（上图）。

作品集
一个作品集必须清楚地传达出你想要表达的关于珠宝的信息——展示就是一切。

销售和展示

　　对许多人来说，从事珠宝首饰制作是自己的一个目标，但重要的是如何做出明智的决定以及如何着手制作首饰。选择正确的平台来销售自己的饰品在很大程度上取决于首饰类型和价格范围，这也是设计师成功的关键。本节将为作品定价和寻找合适的销售渠道提供实用建议，以及小规模珠宝商可以选择的不同渠道，包括手工艺品交易、贸易展览和在线画廊。展示珠宝饰品最好的一面对销售来说至关重要，一个好的展示所带来的视觉冲击绝不能被低估。

包装和展示
（第298页）

当对设计和制作首饰已经较为熟悉,下一步便是销售首饰。如何成功销售在很大程度上取决于制作的饰品类型,尽管创业听起来令人畏惧,但并不一定那么困难。

实务建议及成本计算

业务运营

向能够为具体业务提供准确信息的机构寻求建议,你的业务必须完成工商注册并按时纳税,并且应该了解自营珠宝商为确保其业务顺利运营而采用的一些做法,如开具发票、送货单及库存单。

加入一个支持珠宝饰品商的组织,它们可能由举办研讨会的组织或帮助手工艺人经营小型企业的机构运营。这些组织会提供帮助和商业建议,有时还会提供资助资金,并提供结识其他珠宝商的途径。

还有一些专门针对珠宝商的书籍,会就经营企业的各个方面提供详细的建议。

珠宝商的类型

弄清楚自己是哪种类型的珠宝商以及自己制作哪种类型的饰品,这对在哪里以及如何销售作品至关重要。你的加工方式将直接影响到成本,而成本决定了目标市场。例如,昂贵的、做工复杂的珠宝首饰不太可能在当地的小型工艺品交易会上获得很好的销售业绩,但手工制作的银器可能会非常受欢迎。

做一些市场调查来确定自己适合什么样的销售模式:是去参加贸易展、工艺品交易会,还是开放工作室,或者看看其他珠宝商在做什么工作并思考这是否是自己想进入的领域。有些珠宝商只参加贸易展览,有些仅接

受私人定制,还有些则专门为设计或制造公司代工。

为作品定价

给劳动成果贴上价格可能是一项艰巨的任务,但如果你想卖掉珠宝,这是必要的。定价常常会低估你的努力,所以在定价时要考虑以下几点:

创建你的品牌
品牌应该在整个业务中保持一致,包括信笺、名片和网站。

首饰类型

	 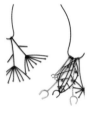  		
传统珠宝	工作室首饰	艺术首饰	时尚饰品
• 通常采用珍贵材料,如黄金、宝石等 • 通常设计较为传统	• 手工制作 • 以设计理论为卖点 • 通常带有强烈的认同感	• 通常是概念性的或基于创意的 • 有时会利用一些常规材料	• 一般采用相对廉价的材料制作,如在基础金属表面电镀或镶嵌人造宝石 • 通常是批量生产,设计紧跟潮流

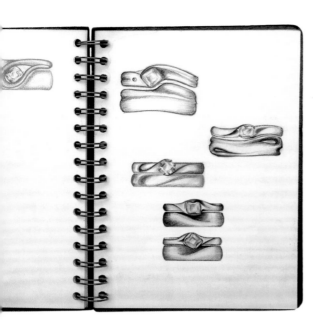

设计调整

在与客户初步讨论后,决定最终产品之前,可能会对设计做一些调整。

合同

委托合同应包含双方所需的所有信息,如费用和时间范围等。

- 材料成本和制作时间是价格中占比最大的。所花费的时间或劳动力可以按小时计算,也可以按设计一个作品所花费的时间计算。如果一个设计被制作成了多个相同的作品,那么这个设计成本可以在它们之间分摊。许多珠宝商在小时定价中包括了"间接费用",如经营工作室和购买锯片等易耗品的费用。
- 额外费用可能来自外部委托加工,如铸造或宝石镶嵌、鉴定、邮资和包装等。
- 利润是在总成本的基础上计算出来的,约为50%~100%,也可以对特别满意的产品收取溢价,尤其是孤品。一般来说,应该收取足够的费用,可以在同一类作品中多制作两件。

私人定制

刚开始做珠宝商的时候,第一批委托定制的饰品很可能是给朋友或家人的,而且会在相对非正式的基础上进行商定。如果是为客户工作,那么在开始工作之前,最好就合同条款和价格达成一致,并起草一份合同,清楚地说明你要做什么、花多长时间、花多少费用,然后双方签字确认。

在与客户初步讨论后,应确定设计的参数。通常要提供一份效果图供客户核对,以便他们看到作品效果。建议在协议时支付一半费用,另一半费用在交付作品时支付。这样你将有足够的资金为定制作品购买材料,且不用承担财务风险。

一定要预留出比需要更多的时间,尤其是使用外包加工的时候。

画廊、商店和在线零售商

珠宝饰品的销售方式可以有很多方式。画廊通常以"出售或退货"的寄卖式为基础,即除非作品被出售,否则不会有人为其付费。为了盈利,画廊会提高价格,所以出售作品符合他们的利益。而更多的是由商店收购作品然后进行转售。

工艺品展销会、贸易展和开放工作室活动提供了直接向公众销售作品的机会，故作品的价格应该以零售价标出。如果画廊有类似的作品，他们不会希望你以较低的价格出售。自行销售作品可能不太容易，因为需要大量时间和潜在客户谈论和销售沟通。画廊经理参加这些活动是为了寻找新的展品，因此应给与你交谈的每一个人留下良好的印象。

画廊网站上一般有"虚拟画廊"这一栏目，而有些画廊和商店甚至只存在于网络上。你也可以建立自己的网站和商店，除非营销做得很好，否则不太可能收到线上零售商一样可观的利润。网上销售总会存在距离问题，顾客不能试戴首饰，这会影响客户冲动购买的次数，所以要尽可能详细地提供作品的信息。

珠宝店及展销会
你也可以在专业珠宝店出售自己的作品。珠宝展销会和贸易展（中间三幅图）提供了直接向公众、画廊和商店老板展示珠宝的机会。

在线画廊
在线画廊可以实现在一个网站上出售许多独立设计师制作的手工作品。

展览是让客户、画廊和公众看到作品的好方法。展览的类型取决于作品，也取决于机遇——一次展览可以引发另一次展览。可以充分利用经验进行有组织的展出。

首饰作品展

展览场馆

场地的类型决定了展览的体验。画廊展览很可能由画廊工作人员策划和设置，他们组织展览的经验较丰富。交易会将提供一个"展台"，可能包括一张桌子或一个可上锁的柜子，以及照明工具。对于租用的开放式工作室或场地，可能需要自己进行大部分安排。

贸易展览和大型展览提供的场地会促进展会本身的发展，并提供传单和私人参观邀请，确保展会在媒体上有良好的宣传，费用将由预订费来承担。较小的场馆不会提供这项服务，因此需要自行安排，一些珠宝商更愿意聘请公关公司为他们提供这项服务。

商展和交易会的竞争可能会很激烈，因为空间有限，所以要确保通过高质量的图片给别人留下良好的第一印象。

展示珠宝

你的珠宝展示需要有视觉冲击力，这样才能吸引观众近距离观看。然而这方面并没有明确的指导方针，因为每个地点和珠宝类型都会影响作品的展示方式。

主要的标准是，你有足够的，类型较广泛的作品来展示。在销售展上，通常会展示一些更大的、引人注目的作品，同时搭配一些更小、更畅销的物品，如戒指和耳环。

考虑一下你的展位构成是否能吸引观众的目光？作品能否被清晰地看到和理解？

贵重的物品应放在可上锁的玻璃盒子中展示，其他物品则可以开放式陈列，并小心翼翼地用尼龙丝固定在墙壁或桌子表面，也可以用透明尼龙丝绑在小挂钩上，挂在展示盒或墙壁的立面或顶部。

用金属丝制成的小支架可以用来支撑戒指，也可以将它们套在木头或有机玻璃底座上。亚克力块等道具可以用来提高某件展品的高度，但关键是要保持布局简单。照明是形成良好展示效果的关键，所以要确保有足够的光源，这样所有的作品都能被充足的光源覆盖。

展示及包装物品（上图）从左至右：缎纹包、亚克力展示架、亚克力展示架道台。

在展览期间，可能需要：

• 名片和明信片	• 缎面袋、首饰盒	• 客户联系方式登记本
• 镜子供顾客试戴首饰	• 价目表	• 文件夹 —— 展示没有
• 包装材料——纸巾	• 库存单	展出的作品图片
	• 收据	
	• 客户订单合同	

布展时有用的工具：

• 抛光布或白手套	• 展示道具 ——亚克力块、纸	• 相机——拍摄现场照片
• 大头针、虎钳和钻头	• 玻璃清洗液	• 白色腻子
• 悬挂用尼龙丝	• 钳子	
• 小挂钩	• 钢丝	
• 剪刀	• 画笔	

如何清楚地显示每件作品的价格是一个需要考虑的问题，这取决于展览类型。许多珠宝商喜欢使用价格表，每件珠宝可能需要用与价格表相关的代码或编号来标记，也可以使用带有珠宝照片和对应价格的表格。

布展

布展所需要的时间总是比想象的要长。给自己一个明确的时间，先在家里或工作室尝试多种不同的布局，看看哪些行得通，哪些行不通。

在展览开始之前，必须确保你的展品已经被清楚地展示出来，因为展览当天你还需要做很多其他工作。

针对展示效果需要征求他人的意见，因为自己盯着作品看了几个小时之后，很难判断这个展示的构图是否令人满意。

首饰设计比赛

竞赛是让自己的作品得到关注的有效方式。竞赛种类繁多，可以由公司、慈善组织和文化机构管理。很多人会接受国际申请，其中有些会收取报名费，有些可以免费参加。奖品从金条到奖金种类繁多，但也有可能只是为了获得一个参展的机会——比赛通常会有展览伴随，即使没有获奖，也可能被选中与获奖者一起参展。在这种情况下，主办方将负责作品的展示，因此如果有任何特殊要求，需要将其与参赛作品一并附上，但可能要为作品的返回做出安排。

布展可能用到的工具（下图）

在布展时常用的工具包括防止留下手印的手套、铅笔、笔刷、剪刀和白色橡皮泥。用钳子可以剪切弯曲钢丝制成支架，还有小钩子、夹木柄中的钻头以及用来悬挂作品的尼龙丝，这些在举办展览时也可能派上用场。

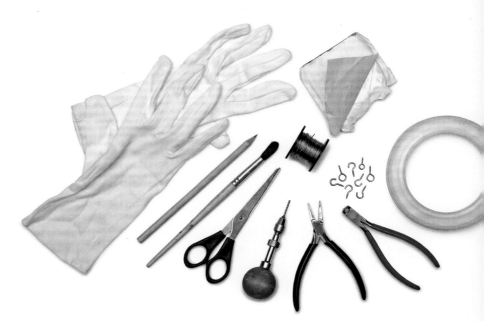

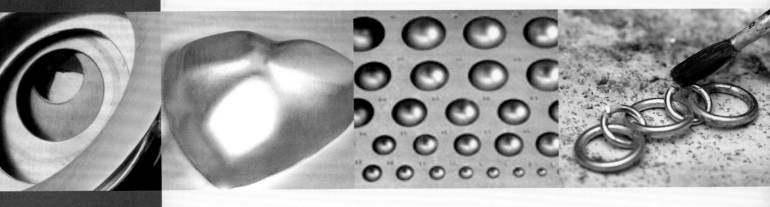

附 录

宝石检索

每一种宝石都有其独特的属性，并以各种形状和形式呈现。本章可以帮助你为作品选择合适的宝石，将硬度、耐久性、火彩、光泽等因素纳入考虑范围，从而降低选择难度。另外，还介绍了与特定宝石一起使用的搭配类型以及成功搭配的技巧。

钻石

宝石族：钻石

硬度：莫氏硬度 10

比重：3.14～3.55

性质：具有较强的金刚光泽

钻石按颜色、净度、重量、荧光、琢型和形状分级，这些因素都会影响价格。一定要从有信誉的经销商那里购买钻石，并坚持认证，以确保钻石交易公平。

适用范围：大多数钻石都适用明亮式琢型，可有一系列的自然颜色。经过热处理后的钻石，价格相对便宜，呈蓝色、绿色、粉色和黄色，且颜色往往有点灰暗。

红宝石

宝石族：刚玉

硬度：莫氏硬度 9

比重：3.97～4.05

性质：强烈的多色性

红宝石是除钻石外最坚硬的宝石，因其鲜艳的紫红色和耐用性而受到重视。质量好的宝石比那些浑浊的、颜色不理想的或含有杂质的宝石价格更高。红宝石通常经过热处理以改善成色。

适用范围：除了一系列琢型的刻面宝石，红宝石也可以作为蛋面宝石和珠子出售，但它们一般由低等级材料制作。蛋面带星光的红宝石也很受欢迎。

蓝宝石

宝石族：刚玉

硬度：莫氏硬度 8～9

比重：3.95～4.03

性质：多向色性

蓝宝石的价格取决于成色，蓝色是最理想的色彩。这种宝石非常耐用，适合戒指这样容易磨损的饰品。

适用范围：许多不同琢型和不同色调的蓝色蓝宝石是可用的。这种宝石也有黄色、粉色和白色的，可以用来代替钻石。粉红色的蓝宝石非常时髦，而且很贵。

金绿宝石

宝石族：金绿宝石

硬度：莫氏硬度 8.5

比重：3.7～3.78

性质：变色和变彩性

金绿宝石是一种晶莹剔透的宝石，非常耐久。它的颜色从黄色到绿色不一，还有棕色等种类。金绿宝石组的其他成员还有亚历山大变色石和猫眼金绿宝石。这些宝石对冲击、压力和热量很敏感。

适用范围：金绿宝石和亚历山大变色石通常经过多面切割，猫眼效果的则被切成圆形，以实现视觉效果的最优。

尖晶石

宝石族：尖晶石

硬度：莫氏硬度 8

比重：3.54～3.63

性质：具有玻璃光泽

尖晶石十分耐用，可冲洗，适合日常穿戴。

适用范围：橙红色火彩尖晶石最为昂贵。大多数尖晶石是一种柔和的红色，很少经过热处理或辐照来改善成色。尖晶石大多数尺寸较小，比红宝石和蓝宝石便宜，也有粉色和黑色可选。

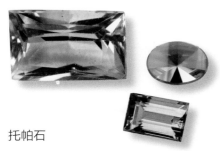

托帕石

宝石族： 托帕石

硬度： 莫氏硬度8

比重： 3.49～3.57

性质： 具有高亮度和玻璃光泽

黄色是最常见的颜色，但托帕石也有香槟色、浅红至中红色、蓝色和无色的种类。蓝托帕石往往经过处理，形成天蓝、瑞士蓝或绿蓝色等色调。镶嵌时必须小心，因为它可能会破裂，如果将宝石镶嵌在戒指上，则应使用保护性镶托。

适用范围： 大型的托帕石价格往往较贵。暗淡的宝石通常采用长梯形琢型或剪刀式琢型。

祖母绿石

宝石族： 绿柱石

硬度： 莫氏硬度7.5～8

比重： 2.69～2.80

性质： 二色性

祖母绿的理想色彩是清澈、充满活力的绿色和淡淡的蓝色。祖母绿经常有包裹体或内部裂缝，这会使宝石易碎。镶嵌时必须小心，且宝石不应暴露在热源下。

适用范围： 这些宝石通常经过"绿宝石"琢型以适合晶体的形状——一种无角的阶梯式琢型。较便宜的祖母绿通常为淡绿色，可能有混浊的包裹体。

海蓝宝石

宝石族： 绿柱石

硬度： 莫氏硬度7.5～8

比重： 2.69～2.80

性质： 二向色性

海蓝宝石是具有良好净度的蓝宝石，许多宝石经过热处理可产生更理想的色泽，但如果抛光时热过度，则容易损坏。尽管许多宝石没有包裹体和裂纹，但因为海蓝宝石热处理后可能会变脆，因此应谨慎镶嵌。

适用范围： 许多海蓝宝石被阶梯琢型以增强颜色。色彩强烈的宝石会比浅色宝石贵。有缺陷的材料常被用于切割、打磨成珠子和蛋面宝石。

电气石

宝石族： 电气石

硬度： 莫氏硬度7～7.5

比重： 3.01～3.06

性质： 强二色性

电气石是一种具有多种色彩的宝石，有时在一种宝石中具有多种颜色。镶嵌应有一定的保护性措施，因为宝石易碎，并且容易受压损伤。

适用范围： 切面处理可以最大限度地发挥出色彩效果。蛋面宝石以及刻面宝石都很容易采购。最昂贵的电气石是红碧玺，其色彩为粉红色或红色。粉红和绿色构成的西瓜碧玺具有多种颜色变化。蓝碧玺的色彩从蓝色至蓝绿色不一，绿碧玺则为多种绿色。镁电气石是橙褐色，价格相对便宜。

石榴石

宝石族： 石榴石

硬度： 莫氏硬度6.5～7.5

比重： 3.49～4.73

性质： 玻璃质光泽

石榴石有几种类型——镁铝榴石为血红色，镁铁榴石为紫红色，沙弗莱石为绿色，还可以找到棕色、橙色、黄色和黄绿色的石榴石。它是一种耐用的宝石，适用于大多数形式的珠宝。

适用范围： 相对便宜，但由于密度高，按体积计算起来比其他宝石略贵。沙弗莱石、翠榴石和橘榴石十分有价值。可购买到优质的刻面宝石、珠子以及蛋面宝石。

锆石

宝石族： 锆石

硬度： 莫氏硬度6.5～7.5

比重： 3.93～4.73

性质： 金刚光泽、强双折射

最理想的锆石是金棕色的，称为高型锆石；低型锆石为棕绿色。但人们经常将石材加工成鲜艳的蓝色。比起戒指，锆石更适合用于吊坠和耳环，因为它可能会碎裂，并且热处理会削弱宝石的强度。

适用范围： 可以采购到多种颜色的锆石，通常是切面宝石。

水晶

宝石族：石英

硬度：莫氏硬度7

比重：2.65

性质：具有结晶性、星状光彩、猫眼光芒

石英组包括紫水晶、黄水晶、水晶、虎眼石、玫瑰石、烟晶和幽灵花水晶。因只是中等硬度，所以很容易磨损，这使其成为雕刻和切割的理想材料。

适用范围：相对便宜。优质的材料通常是多面切割的，低等级的晶体被打磨、切割成珠子或蛋面状。虎眼石英石以蛋面造型居多。

玉石

宝石族：玉

硬度：莫氏硬度6.5～7

比重：2.96～3.33

性质：具有油脂或珍珠般的光泽

青玉有两种，一种是翡翠（硬玉），它是一种珍贵的宝石，通常呈绿色，也有多种柔和的色调。另一种是软玉，主要是和田碧玉、俄罗斯碧玉等，呈现菠菜绿或灰绿色，是雕刻的理想材料。

适用范围：硬、软玉均可制作手镯、珠子和雕刻品。亮绿色和淡紫色的翡翠如果颜色纯净、材质温润，就会很贵。染色的青玉价值不高。

玛瑙

宝石族：玛瑙玉

硬度：莫氏硬度6.5～7

比重：2.58～2.64

性质：纤维状、多孔集合体，有蜡质光泽

玛瑙在石英的微晶结构中经常含有带状或树枝状包裹体。基材半透明状，有矿物质沉淀造成的效果。

适用范围：带状的、苔藓样的和树枝状的玛瑙被切成最好的样子，以显示包裹体的造型或色彩，其形状自由且多样。宝石的效果越漂亮，价格就越高。

橄榄石

宝石族：橄榄石

硬度：莫氏硬度6.5～7

比重：3.27～3.37

性质：沿晶体长度有明显的条纹

橄榄石也被称为绿橄榄石，恰巧描述了它的内部色彩。橄榄石通常有包含二氧化硅、云母或尖晶石的包裹体。橄榄石应避免在镶嵌后再次对金属抛光打磨，因为其对热和化学物质非常敏感。通常采用梯级或混合琢型以减少破碎的风险。

适用范围：浅色相对便宜，较低等级的材料被用于制作蛋面宝石和珠子。含有较少包裹体的橄榄石价格就很高。

蛋白石（欧泊）

宝石族：蛋白石

硬度：莫氏硬度5.5～6.5

比重：1.98～2.50

性质：彩虹色变彩效应

蛋白石是由含水硅酸盐组成，含水量为5%～30%，通常用背景颜色来描述其名称，常见颜色有白色、黑色、橙色或红色（称为火欧泊）。彩虹闪烁的色彩赋予了蛋白石独特的效果。

适用范围：有各种各样的颜色组合可供选择，通常切成圆形。因为蛋白石颜色多样，经常被作为"双层"或"三层"重组后提供。这些复合宝石是在一层珍贵的蛋白石下面衬垫有一层普通的蛋白石基岩。三层复合的蛋白石还有会一个保护顶部的岩石晶体层。

月光石

宝石族：长石

硬度：莫氏硬度6～6.5

比重：2.56～2.62

性质：玻璃光泽、晕彩效应

月光石是一种乳白色长石，有蓝色、彩虹色、白色、粉红色，很少有绿色。最具吸引力、价格最高的是透明月光石，其有良好的晕彩效果，表面有一种浮动的蓝色光泽。内部裂缝会影响其耐久性，最好将其镶嵌在一个保护性的环境中。

适用范围：月光石通常被切割成圆形以获得最佳的视觉效果，越具吸引力的越贵。

赤铁矿

宝石族：赤铁矿

硬度：莫氏硬度5.5～6

比重：5.12～5.28

性质：不透明

赤铁矿是一种致密的氧化铁，不透明，由于比重较大而相对较重。其在抛光后呈金属灰色或枪色。作为一种宝石，赤铁矿很脆，很容易碎，所以应该使用保护性的镶嵌方法。磨光后的石头表面反射性很强，与金属表面的哑光肌理可以形成强烈的对比。

适用范围：赤铁矿价格相对较低，经常作为蛋面宝石、珠子和雕刻品使用。

青金石

宝石族：青金石

硬度：莫氏硬度5～6

比重：2.38～3.00

性质：天然不透明，常含有黄铁矿脉或层

天然青金石呈现强烈的、明亮的蓝色，是完全不透明的，通常含有小的金色或银色的黄铁矿包裹体，这些包裹体以层状或脉状的形式穿过材料。它们对压力、热量和化学物质都很敏感。

适用范围：虽然天然青金石价值较高，但市场上的产品经常是被染色处理的，并可以像绿松石一样用石粉重新组合，这种材料应该不贵。青金石最常做成蛋面宝石和珠子。

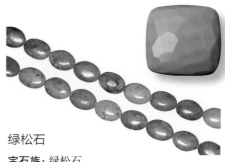

绿松石

宝石族：绿松石

硬度：莫氏硬度5～6

比重：2.80

性质：半透明至不透明、高孔隙率

微晶结构，与其他矿物伴生形成硬壳、结节或脉络，呈现迷人的蜘蛛网图案；比重较轻，但可以被渗透，容易受到热量和化学物质的影响，甚至可能随着时间的推移而褪色。

适用范围：低品质的绿松石可以以很便宜的价格买到，市场上很多绿松石是用树脂黏合剂染色或重组的。某些绿松石，如"睡美人"，有着强烈的蓝色，价格很高。

珍珠

宝石族：有机宝石

硬度：莫氏硬度3～4

比重：2.68～2.79

性质：珍珠色泽由体色和光泽（伴色）混合而成

海水珍珠来自牡蛎和贻贝，通常质量较好且昂贵。淡水珍珠是在蚌类软体动物中发现的，更不规则，变化更大。珍珠层由动物在珍珠核周围沉积，可能需要很多年才能形成。

适用范围：各种各样的形状、颜色和价格范围的珍珠可被寻找并利用。天然珍珠比人工养殖或染色的更珍贵。珍珠可供穿孔、半孔或全圆（没有钻洞），以便根据需要加以使用。

珊瑚

宝石族：有机宝石

硬度：莫氏硬度3～3.5

比重：2.68

性质：带状结构

由一种叫作珊瑚虫的小型海洋动物钙化的外部骨骼组成，形成树枝样的结构。天然珊瑚通常呈淡白色，也有红色、粉红色、白色、黑色和金色等。染色的材料会呈现更鲜艳、均匀的色彩，也更便宜。要小心，因为是有机宝石，珊瑚暴露在高温下会影响色彩。

适用范围：珊瑚可被做成枝状、珠子、雕刻品等。

琥珀

宝石族：有机宝石

硬度：莫氏硬度2～2.25

比重：1.05～1.09

性质：非晶体状态

琥珀是松树的树脂化石，它的外观有从透明到几乎不透明等多种效果，呈现树脂光泽。琥珀的颜色从乳白色、黄色、红色到黑色不一，最理想的颜色是明亮清透的黄色。

适用范围：天然琥珀价值较高，特别是其中包含昆虫的，但很多都是后期合成或用塑料模仿的，因此在购买时要注意辨别。用热针测试时，真正的琥珀会产生烟，闻起来像熏香。

宝石的切割

宝石的琢型方式决定了它的视觉效果、价值，也决定了它的镶嵌方式。一些宝石的晶体结构使得某些琢型方式更容易被使用到，如祖母绿琢型法就减少了脆弱的祖母绿在边角处被切碎的可能。

圆形切面宝石的重量（近似值）								单位：克拉
石材直径（毫米）	2	3	4	5	6	7	8	10
钻石	0.03	0.10	0.25	0.50	0.75	1.25	2.00	3.50
蓝黄玉	0.04	0.11	0.30	0.56	1.00	1.55	2.50	5.75
红宝石/蓝宝石	0.05	0.15	0.34	0.65	1.05	1.60	2.25	4.50
石榴石	0.05	0.13	0.30	0.60	1.00	1.60	2.50	5.75
海蓝宝石/翡翠	0.04	0.12	0.27	0.48	0.80	1.70	2.50	6.10
石英	0.04	0.10	0.20	0.40	0.70	1.30	1.80	3.30

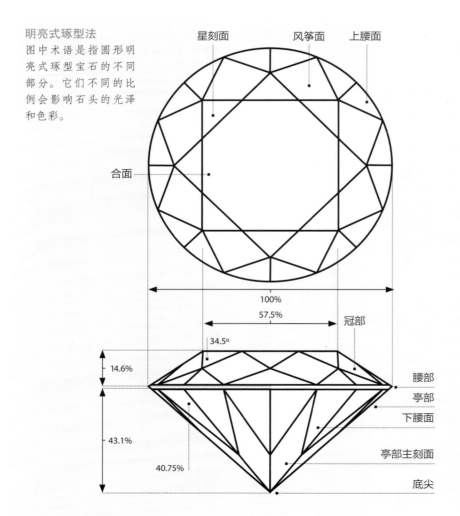

明亮式琢型法
图中术语是指圆形明亮式琢型宝石的不同部分。它们不同的比例会影响石头的光泽和色彩。

星刻面　　风筝面　　上腰面

合面

100%
57.5%
冠部
34.5°
14.6%
腰部
亭部
下腰面
43.1%
亭部主刻面
40.75%
底尖

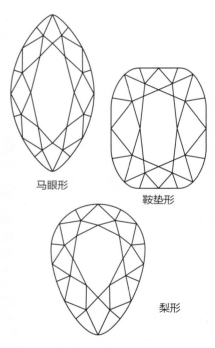

马眼形

鞍垫形

梨形

最大色散特性的利用
1919年发明的明亮式琢型法最大限度地分散了宝石内部的光，可以产生最大的火彩和亮度。这种琢型可以应用于圆形外的其他形状，如马眼形、鞍垫形、梨形、方形或公主方形。

玫瑰琢型法

玫瑰琢型法历史悠久，早在17世纪早期就被使用，在维多利亚时期的珠宝中仍然很流行。它的主要特点是平背，这使得它可以像未琢面的宝石一样镶嵌。它可以是简单的，只具有3个或6个小平面；也可以是复杂的，具有以6为倍数辐射的小平面。

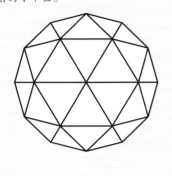

花式琢型

花式琢型可以在宝石上创造不同的光学效果，如镜面和棱镜效果。现有琢型方法的变化可以用来在形状不规则的晶体中保持最大的重量。

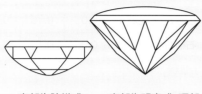

亭部为阶梯式，顶部平坦（侧视图）　亭部为明亮式，顶部呈面包形（侧视图）

 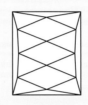

棋盘式琢型（顶视图）　弯曲的顶面被切割成矩形和三角形刻面（顶视图）

弧面琢型

弧面琢型可以改变腰形和表面的弧线形状，适用于平板型和高凸子弹型。其底部可以是平的，也可以是圆形的，这样的双凸面琢型可以增加浅色宝石的色彩浓度。

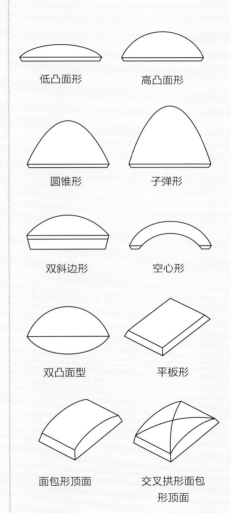

低凸面形　高凸面形

圆锥形　子弹形

双斜边形　空心形

双凸面型　平板形

面包形顶面　交叉拱形面包形顶面

阶梯式琢型

阶梯式琢型可用来更好地展现宝石的色彩，但不产生与花式琢型相同的火彩。阶梯式琢型的一种改进是法式琢型，它通常出现在长方形、正方形和三角形的小型宝石上。

阶梯式长梯形　阶梯式六边形　具有两层冠部阶梯的祖母绿式琢型　具有方形台面的法式琢型

法式等边三角形　交叉式矩形　交叉长六边形　交叉式枕形（桶形）

单位换算表

温度对照表				B＆S线规（gauge）	英 寸		毫米
°F	°C	°F	°C		千分小数	分数	
32	0	1 100	593	—	0.787	$^{51}/_{64}$	20.0
100	38	1 200	649	—	0.591	$^{19}/_{32}$	15.0
150	66	1 300	704	1	0.394	$^{13}/_{32}$	10.0
200	93	1 400	760	4	0.204	$^{13}/_{64}$	5.2
250	121	1 500	816	6	0.162	$^{5}/_{32}$	4.1
300	149	1 600	871	8	0.129	$^{1}/_{8}$	3.2
350	177	1 700	927	10	0.102	$^{3}/_{32}$	2.6
400	204	1 800	982	12	0.080	$^{5}/_{64}$	2.1
450	232	1 900	1 038	14	0.064	$^{1}/_{16}$	1.6
500	260	2 000	1 093	16	0.050	—	1.3
550	288	2 250	1 232	18	0.040	$^{3}/_{64}$	1.0
600	216	2 500	1 371	20	0.032	$^{1}/_{32}$	0.8
650	343	2 750	1 510	22	0.025	—	0.6
700	371	3 000	1 649	24	0.020	—	0.5
800	427	3 250	1 788	26	0.016	$^{1}/_{64}$	0.4
900	482	3 500	1 927	28	0.013	—	0.3
1 000	538	4 000	2 204	30	0.010	—	0.25

锉刀的类型

为每个工艺选择正确的工具始终是非常重要的，因为工具的形状将直接影响它所产生的效果。

锉刀的轮廓多种多样，其轮廓决定了它所锉削的凹槽形状。应该尽量将锉刀的形状与被锉削区域的形状相匹配，特别是在用针锉清理复杂的穿孔时。

刻刀的形状决定了它在雕刻时留下的痕迹。纺锤刀或三角刀形用于雕刻镶嵌宝石的底座，而方形刀则用于雕刻线条。

厚飞碟、吸珠针和薄飞碟针等铣刀主要用于宝石的镶嵌，其直径应与石材相同。其他形状的机针铣刀通常用于雕刻或制作表面肌理，这些机针每个形状都有许多型号可供选择。

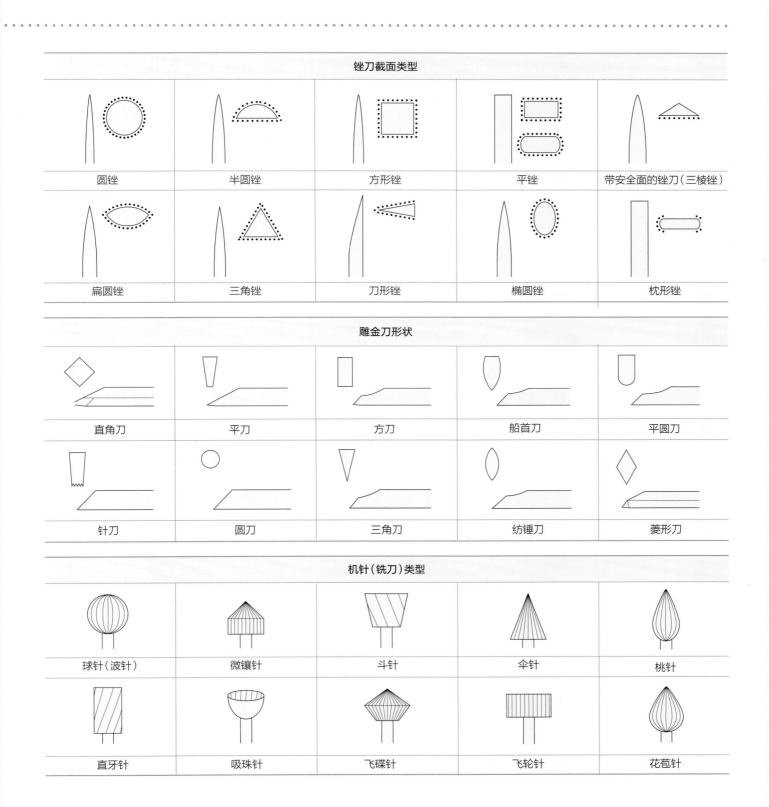

锉刀截面类型

圆锉	半圆锉	方形锉	平锉	带安全面的锉刀（三棱锉）
扁圆锉	三角锉	刀形锉	椭圆锉	枕形锉

雕金刀形状

直角刀	平刀	方刀	船首刀	平圆刀
针刀	圆刀	三角刀	纺锤刀	菱形刀

机针（铣刀）类型

球针（波针）	微镶针	斗针	伞针	桃针
直牙针	吸珠针	飞碟针	飞轮针	花苞针

数据测量与单位换算

英国标号	美国标号	欧盟标号	内径周长		内 径	
			毫米	英寸	毫米	英寸
A	$^1/_2$	38	40.8	1.61	12.1	0.47
B	1	39	42.0	1.65	12.4	0.49
C	$1^1/_2$	40.5	43.2	1.70	12.8	0.50
D	2	42.5	44.5	1.75	13.2	0.52
E	$2^1/_2$	43	45.8	1.80	13.6	0.54
F	3	44	47.2	1.85	14.0	0.55
G	$3^1/_4$	45	48.3	1.90	14.2	0.56
H	$3^3/_4$	46.5	49.5	1.95	14.6	0.57
I	$4^1/_4$	48	50.8	2.00	15.0	0.59
J	$4^3/_4$	49	52.7	2.05	15.4	0.61
K	$5^1/_4$	50	53.4	2.10	15.8	0.62
L	$5^3/_4$	51.5	54.6	2.15	16.2	0.64
M	$6^1/_4$	53	56.0	2.20	16.6	0.65
N	$6^3/_4$	54	57.8	2.25	17.0	0.67
O	7	55.5	58.4	2.30	17.2	0.68
P	$7^1/_2$	56.5	59.5	2.35	17.6	0.69
Q	8	58	60.9	2.40	18.0	0.71
R	$8^1/_2$	59	62.3	2.45	18.4	0.72
S	9	60	63.4	2.50	18.8	0.74
T	$9^1/_2$	61	64.8	2.55	19.2	0.76
U	10	62.5	65.9	2.60	19.6	0.77
V	$10^1/_2$	64	67.4	2.65	20.0	0.79
W	11	65	68.6	2.70	20.4	0.80
X	$11^1/_2$	66	69.9	2.75	20.8	0.82
Y	12	68	71.2	2.80	21.2	0.83
Z	$12^1/_2$	69	72.4	2.85	21.6	0.85

名 称	毫 米	英 寸
耳钉直径	0.8～0.9	0.031～0.035
项链长度	400	16
	450	18
	500	20
手镯周长	175	7
	190	7.5
	200	8.5
脚链周长	60	2.4
	65	2.6
	70	2.8

常用的几何公式

- 圆的周长：周长 = 3.142 × 直径。
- 圆的面积：圆的面积 = 3.142 × 半径^2。
- 圆的直径（常用于制作圆穹顶）：球体的外径减去金属厚度 × 1.43。例如，外径18毫米，厚度0.6毫米，其直径为 18 - 0.6 = 17.4，17.4 × 1.43 = 25毫米。
- 如果要求的精度不太高，可以将圆顶直径加上其拱起高度，得到所需圆直径的近似值。

戒指圈口尺寸的测量

　　为了确保制作精确，需要在周长的基础上再将金属厚度增加1.5倍，作为制作戒指所需金属条的总长度。测量手指时，尽可能选择与正在制作的戒指宽度相似的测量圈测量。如果佩戴的是较宽的光面戒指，通常需要的内径会比平时稍大，这样才能适合指节。

译后记

翻译本书时，正逢全国上下齐心协力抗击新冠肺炎疫情的关键时期，足不出户的2个月给了我集中精力完成本书的宝贵时间。在此，向奋战在抗疫一线的白衣天使们致以崇高敬意！

疫情的全球蔓延使命运共同体的理念进一步得到了认同和践行，而文化与技术的学习、交流与传播也同样要求我们有国际视野，从全球的高度来学习与探讨，这也是我翻译本书的初衷。

中华民族有着五千年的光辉历史与灿烂文化。很早以前，在我的心目中，祖国古代的各项工艺与技术都是首屈一指的。随着学习、交流的深入，我逐渐意识到我们仅是世界璀璨古文明中的重要组成部分，甚至只是"四大文明古国"中的一"国"。相较其他文明而言，每种文明都有其高度发达的工艺技术值得世界其他文明学习和借鉴。古代，我们在青铜器的铸造和冶炼、陶瓷烧制、纺织刺绣等诸多方面领先世界的同时，也有很多工艺技术是在不断学习其他文明的过程中实现本土化提升的，比如金银器的加工。

这是我翻译的第四本首饰工艺类图书。《珐琅艺术——工艺技术·作品展示·灵感启发》是系统介绍珐琅材料与烧制技巧的教材。《珠宝设计师魔法手册——首饰加工中的常见问题及化解》相对全面地列举了初学者首饰制作过程中出现的问题，分析其原因，并给出了解决方案。《金属锈蚀着色：为首饰设计师与金工匠人呈现300+缤纷的色彩效果》一书则将科学与艺术完美融合，呈现了以化学溶液为颜料、不同金属材料为纸张的全新艺术创作领域。希望我的工作能为大家的学习提供些许帮助。

最后，仍然是对于翻译精准度不足的不安，并不是所有的工艺技术我都已完全掌握，且国外工具与国内工具、技术名称等诸多方面无法一一对应，这些均为我翻译过程中的薄弱之处，恳请读者理解，并不吝赐教。

王 磊

2020年4月于山东大学威海校区

上海市版权局著作权合同登记号 图字：09-2018-526号

图书在版编目（ＣＩＰ）数据

首饰工艺完全指南 ：为首饰设计师呈现100+的技法
详解 ／（英）阿纳斯塔西娅·扬（Anastasia Young）著 ；
王磊译. -- 上海 ：上海科学技术出版社，2021.3
（灵感工匠系列）
书名原文：The Workbench Guide to Jewelry
Techniques
ISBN 978-7-5478-4773-2

Ⅰ．①首… Ⅱ．①阿… ②王… Ⅲ．①首饰－生产工
艺－指南 Ⅳ．①TS934.3-62

中国版本图书馆CIP数据核字(2021)第044141号

首饰工艺完全指南：为首饰设计师呈现 100+ 的技法详解
［英］阿纳斯塔西娅·扬（Anastasia Young） 著
王 磊 译

上海世纪出版（集团）有限公司
上 海 科 学 技 术 出 版 社　出版、发行
（上海钦州南路71号 邮政编码200235 www.sstp.cn）
上海中华商务联合印刷有限公司印刷
开本 889×1194 1/16 印张 19.5
字数 500千字
2021年3月第1版 2021年3月第1次印刷
ISBN 978-7-5478-4773-2／J·56
定价：285.00元

本书如有缺页、错装或坏损等严重质量问题，请向工厂联系调换